高等院校网络教育系列教材

电气控制技术

郭丙君　编著

華東理工大學出版社
EAST CHINA UNIVERSITY OF SCIENCE AND TECHNOLOGY PRESS
·上海·

图书在版编目(CIP) 数据

电气控制技术/郭丙君编著. —上海:华东理工大学出版社,2018.8（2020.8 重印）
高等院校网络教育系列教材
ISBN 978-7-5628-5525-5

Ⅰ.①电… Ⅱ.①郭… Ⅲ.①电气控制-高等学校-教材
Ⅳ. ①TM921.5

中国版本图书馆 CIP 数据核字(2018)第 155233 号

内容提要

本书既介绍了常用的低压电器和电气控制系统,又系统地介绍了 PLC 的基本组成、工作原理及其应用技术;以西门子 S7－1200 系列小型 PLC 为主,深入介绍了其组成、指令系统、I/O 系统和特殊功能 I/O 模块;对 S7－1200 的编程语言、编程方法和 PLC 的网络与通信技术也作了分析和介绍。本书通过对应用实例的深入分析使读者掌握 PLC 的基本原理和编程方法,并熟练利用 PLC 进行计算机控制系统的开发。

本书可作为本科电气工程类、机电一体化类和应用电子类等相关专业的教材,也可作为各类成人高校的 PLC 课程教材。对于从事 PLC 应用的工程技术人员也是一本实用的参考书。

项目统筹/ 周 颖 牛 东
责任编辑/ 李佳慧 徐知今
装帧设计/ 戚亮轩
出版发行/ 华东理工大学出版社有限公司
地 址:上海市梅陇路 130 号,200237
电 话:021-64250306
网 址:www.ecustpress.cn
邮 箱:zongbianban@ecustpress.cn
印 刷/ 江苏凤凰数码印务有限公司
开 本/ 787mm×1092mm 1/16
印 张/ 16.25
字 数/ 421 千字
版 次/ 2018 年 8 月第 1 版
印 次/ 2020 年 8 月第 2 次
定 价/ 48.00 元

前　言

为了适应电气控制新技术的发展，特别是可编程序控制器(Programmable Logic Controller，PLC)及其应用技术迅速发展的需要，结合作者的科研应用成果和教学经验编写本书，强调了 PLC 应用能力的培养，编写内容力求结合生产实际，突出应用和通俗易懂便于自学的特点。

PLC 自 20 世纪 70 年代诞生以来，得到了极其高速的发展，在各行各业都得到了广泛的应用。它综合了计算机技术、自动控制技术和通信技术，是一种新型的、通用的自动控制装置。它以功能强、可靠性高、使用灵活方便、易于编程和适应在工业环境下应用等一系列优点，成为现代工业控制的三大支柱之一。目前 PLC 在我国的应用相当广泛，尤其是小型和微型 PLC 产品，使用十分方便，备受电气工程技术人员的欢迎。

全书共分六章，其中第 1 章常用低压电器简要介绍低压电器的原理、结构和选型等，第 2 章电气控制基本线路与设计主要介绍电气控制的基本环节，原理设计等，第 3 至第 6 章系统地介绍了 PLC 的工作原理、特点与硬件结构，以目前广泛使用的西门子 S7－1200 系列小型 PLC 为主，介绍 PLC 的编程元件与指令系统、分析各种 PLC 程序设计方法，给出大量的常用基本环节编程。对于 PLC 的联网通信、PLC 控制系统的设计也做了重点介绍。对 PLC 的应用实例进行了详细分析。

本书由浅入深，通俗易懂，案例丰富；从继电接触控制过渡到 PLC 控制；从单台 PLC 过渡到 PLC 网络；从指令学习过渡到利用 PLC 进行控制系统设计与应用软件开发；从 PLC 控制到 PLC 开发计算机控制系统，使读者对于 PLC 的应用从设备和装置级过渡到系统级，应用的广度和深度逐步深入。

由于编者水平有限，加之时间仓促，书中难免存在不当和谬误之处，恳请有关专家和广大读者不吝赐教。

编　者

2018 年 2 月于华东理工大学

目　录

绪 论

1. 控制装置的发展

工业生产的各个领域,无论是过程控制系统还是电气传动控制系统,都包含着大量的开关量和模拟量。开关量又称数字量,如电机的启停、阀门的开闭、电子元件的置位与复位、计时、产品的计数等;模拟量又称连续量,如温度、压力、流量、液位等。

最初,数字量和模拟量的控制主要用继电器、接触器或分立元件的电子线路来实现,它取代了原来的手动控制方式,并迅速成为工业控制的主流,这是自动控制的开始,也是以后诸多形式控制设备产生的基础。

随着社会生产力的发展和科学技术的进步,人们对所用的控制设备不断提出新的要求,要求设备更加通用、灵活、易变、经济、可靠,固定接线式的老装置显然不能满足这种需要。电子和集成制造技术的不断发展和控制理论的不断完善,特别是计算机技术的诞生和发展,使自控装置得到飞速发展,历经多次变革,这种要求不断变为现实,而且又不断成为过去。

以电气传动自控装置的发展为例,可将发展过程大致分为以下几代。

1) 继电接触器控制系统

继电接触器控制系统产生于20世纪20年代,是自动控制的开端。它由为数不多的继电器、接触器和保护元件等组成。这种控制系统是为实现某一专门控制要求而设计的,通过电器元件之间的固定连线构成控制电路。它简单、经济,成本低,适用于动作比较简单、控制规模较小的场合,曾一度占据工业控制的主导地位。但是在动作复杂、规模较大的场合,就暴露出明显的缺点:体积庞大、耗电量高、接线复杂、可靠性差、维修困难,在今天控制对象经常变化的情况下,就越来越难以适应了,也就是灵活性差。

2) 顺序控制器

顺序控制器产生于20世纪60年代。所谓顺序控制,是以预先规定好的时间或条件为依据,按预先规定好的动作次序,对控制过程各阶段顺序地进行以开关量为主的自动控制。

曾经流行的顺序控制器主要有三种类型:基本逻辑型、条件步进型和时间步进型。

它们是直接从继电接触器控制系统演变而来,并首次采用了程序的思想。由固定位置的电子元件排列成的矩阵电路,控制程序通过元件间连线的接插来实现,程序的运行是通过在不同时间接通不同回路来实现的。改变矩阵板的配线就可以很容易地改变控制程序,增加了程序的灵活性,大大方便了用户的使用。

其特点是:通用性和灵活性强,通过更改程序可以很容易地适应经常更改的控制要求,容易对大型、复杂系统进行控制,但程序的实现和更改方式并没有从本质上改变,仍然是对硬件进行设置和更改。

3) 可编程序控制器(PLC)

PLC 产生于 1969 年,它是计算机技术与继电接触器控制技术相结合的产物,具有逻辑控制、定时、计数等功能,并取代了继电接触器控制。

它采用了计算机存储程序和顺序执行的原理;编程语言采用的是直观的类似继电接触器控制电路图的梯形图语言,这使得原来的工厂工作人员可以很容易地学习和使用。控制程序的更改可以通过直接改变存储器中的应用软件来实现,由于软件的更改极易实现,从而在实现方式上有了本质的飞跃,其通用性和灵活性进一步增强。

目前,可编程序控制器已经具有了顺序控制、算术运算、数据转换和通信等更为强大的功能,指令系统丰富,程序结构灵活,不但可以完成开关量及顺序控制,而且可以用来实现模拟量等复杂的控制。运行可靠、通用性和适应性强,发展非常迅速,既可以用来单独构成控制系统,其系统也可作为 DCS 系统中主要现场控制系统,是目前工业自动化应用得最广的控制设备。

4) 数控加工中心

数控机床(Center of numerical control,CNC)产生于 20 世纪 50 年代,它是一种具有广泛通用性的高效率自动化机床,它综合应用了电子技术、检测技术、计算机技术、自动控制和机床结构设计等各个技术领域的最新技术成就。目前仍然广泛应用,并且在一般数控机床的基础上发展成为附带自动换刀、自适应等功能的复杂数控系列产品,称为加工中心。它能够对多道工序的工件进行连续加工,节省了夹具,缩短了装夹定位、对刀等辅助时间,解决了占机械加工总量 80%左右的单件和小批量生产的自动化,提高了工效和产品质量。

5) 分布式计算机控制系统

分布式计算机控制系统(Distributed Control System,DCS)是随着计算机通信和网络技术的发展而发展起来的。它包含多台相对独立的计算机控制系统,分散布置,并行工作,独立或协同地完成不同的子功能。

在大型计算机控制系统中,通常采用分布式多级系统而形成工厂自动化网络系统。它是根据对数据处理量实时性要求不同,将计算机控制系统分为多级,下级接受上级的指令和控制,各级相对独立地完成不同性质的任务。多级分布控制系统的最低级目前通常由可编程序控制器及其他现场控制设备构成,接受上级计算机或人工设定值,对生产机械或生产过程的某些参数直接进行控制。

分布式控制系统大大提高了控制系统的可靠性和灵活性,成本低,是当前工厂自动化大规模控制系统的主要形式,目前应用广泛,发展迅速,技术日渐完善。

2. 课程的性质、内容与任务

1) 课程的性质和内容

"电气控制技术"是一门实践性较强的专业课。电气控制技术在生产过程、科学研究及其他各领域的应用十分广泛。本课程主要内容是以电动机或其他执行电器为控制对象,介绍电气控制基本原理、线路、程序及控制装置的设计方法。电气控制技术涉及面很广,各种电气设备种类繁多、功能各异,但就其控制原理、基本线路、设计基础而言是类似的。本课程从应用角度出发,以方法论为手段,讲授上述几方面内容,以培养学生对电气控制系统的分析和设计的基本能力。

本课程以传统的继电接触器控制系统为开端,主要有以下原因:

(1) 继电接触器控制是可编程序控制器产生的基础

虽然目前的可编程序控制器的功能极为强大,既可实现数字量的控制,又可实现模拟量的控制,但它最初是为了在数字量控制中取代继电接触控制系统而产生的,源自继电接触的思想,两者有许多相同和相似之处。熟悉继电接触器控制元件和控制电路,就很容易从思想上接受可编程序控制器的组成结构和编程语言,为后续进一步的学习和使用打下基础。

(2) 目前工业生产中继电接触器等传统设备仍大量应用

一方面,目前工厂为降低设备投资,不少控制要求不太复杂的场合仍在使用继电接触器。另一方面,如电机拖动中,主电路的通断仍由接触器来完成。另外,电力设备和工业配电设备仍以继电接触器等为主。继电接触控制与 PLC 控制各有特点,并不因为 PLC 的高性能而完全取代继电器、接触器等传统设备,当今工厂自动控制往往是传统与现代控制设备并存的状态。特别是作为电气工程专业的学生,掌握继电接触控制技术是很有必要的。

(3) 有利于在比较中学习掌握设备的使用

通过学习继电接触控制系统和可编程序控制器,比较两者在各方面的异同,便于掌握各种设备的应用知识,而且有利于将原有的较完善的继电接触控制系统很容易地改造为可编程序控制系统。这一点特别适合我国的国情。

PLC 是目前应用越来越广泛的一种工业控制器,由于它将计算机的编程灵活、功能齐全、应用面广等优点与继电器系统的控制简单、使用方便、抗干扰能力强、价格便宜等优点结合起来,而本身又具有体积小、重量轻、耗电省等特点,作为电气工程技术人员很有必要掌握 PLC 的基本原理与应用技术。本课程主要介绍占据工业自动控制装置中支柱地位的可编程序控制器。包括可编程序控制器的一般知识、西门子 S7-1200 系列可编程序控制器的原理、指令系统、编程及相关配套设备的使用方法,重点内容是掌握它的使用、程序设计、应用设计和仿真技术。

2) 课程任务

通过本课程的学习,使得学生熟悉工厂常用控制电气的原理、结构及使用,熟练掌握电气控制的基本环节,能够分析和设计一般规模的继电接触器的电气控制系统。

了解 PLC 的结构、工作原理及主要技术指标,掌握 PLC 的梯形图和语句表两种编程语言,掌握常用指令,能够根据工艺过程和控制要求完成 PLC 的程序设计和应用设计,而且能够进行程序的调试和修改,而后可用于实际应用。

切实加强实践环节,熟练使用 PLC 的主机、计算机编程软件及常用模块。

对 PLC 的系统扩展、现场技术、通信知识、仿真技术以及工业网络有一定的了解,能够完成简单的通信任务。

第 1 章

常用低压电器

本章主要介绍常用低压电器的结构、工作原理、型号、规格及用途等有关知识,同时介绍它们的图形符号及文字符号,为正确选择和合理使用这些电器打下基础。

1.1 概述

1.1.1 电器的定义与分类

凡是自动或手动接通和断开电路,以及能实现对电路或非电对象切换、控制、保护、检测、变换和调节目的的电气元件统称为电器。

电器的用途广泛,功能多样,种类繁多、构造各异。其分类方法很多,下面介绍几种常用的分类方法:

1. 按照工作电压等级分

(1) 低压电器:工作电压在交流1000V或直流1200V以下的各种电器。例如接触器、控制器、启动器、刀开关、自动开关、熔断器、继电器、电阻器、主令电器等。

(2) 高压电器:工作电压高于交流1000V或直流1200V以上的各种电器。例如高压断路器、隔离开关、高压熔断器、避雷器等。

2. 按动作原理分

(1) 手动电器:指需要人工直接操作才能完成指令任务的电器。例如刀开关、控制器、转换开关、控制按钮等。

(2) 自动电器:指不需要人工操作,而是按照电的或非电的信号自动完成指令任务的电器。例如自动开关,交直流接触器、继电器、高压断路器等。

3. 按用途分

(1) 控制电器:用于各种控制电路和控制系统的电器。例如接触器、各种控制继电器、控制器、启动器等。

(2) 主令电器:用于自动控制系统中发送控制指令的电器。如控制按钮、主令开关、行程开关、万能转换开关等。

(3) 保护电器:用于保护电路及用电设备的电器。如熔断器、热继电器、各种保护继电器、避雷器等。

(4) 配电电器:用于电能的输送和分配的电器。例如高压断路器、隔离开关、刀开关、自动开关等。

(5) 执行电器:指用于完成某种动作或传动功能的电器。如电磁铁、电磁离合器等。

1.1.2　低压电器发展概况

低压电器的生产和发展是和电的发明和广泛应用分不开的,从按钮、刀开关、熔断器等简单的低压电器开始,到各种规格的低压断路器、接触器以及由它们组成的成套电气控制设备,都是随着生产的需要而发展的。

自中华人民共和国成立以来,随着国民经济的恢复和大规模经济建设的进行,我国国民经济各部门对低压电器的种类、品种、质量提出了越来越高的要求。低压电器的品种也从少到多,产品质量从低到高逐渐发展。但是产品与电工行业的国际标准 IEC 仍有一定的差距。

改革开放以后,我国低压电器制造工业有了飞速发展。一方面,国产产品如 CJ20 系列接触器、RJ20 系列热继电器、DZ20 系列塑料外壳式断路器都是国内 20 世纪 80 年代更新换代的产品,符合国家新标准(参考 IEC 标准制订),有的甚至符合 IEC 标准。另一方面,积极从德国 BBC 公司、AEC 公司及西门子公司、美国西屋公司、日本寺崎公司等引进了接触器、热继电器、启动器、断路器等先进的产品制造技术,并基本实现国产化,使我国低压电器的产品质量有较大的提高。

当前,我国低压电器的发展总是不断提高其技术参数的性能指标,并在其经济性能上下功夫。其间,使用新材料、新工艺、新技术对产品质量的提高、性能的改善有着十分重要的作用。同时我国大力开发新产品,特别是多功能化产品及机电一体化产品,如电子化的新型控制电器(如接近开关、光电开关、固态继电器与接触器、电子式电机保护器等)正不断被研制、开发出来。总之,低压电器正向高性能、高可靠性、多功能、小型化、使用方便等方向发展。

1.1.3　低压电器电磁机构及执行机构

电磁机构的作用是将电磁能转换成为机械能并带动触点的闭合或断开,完成通断电路的控制作用。

电磁机构由吸引线圈、铁心和衔铁组成,其结构形式按衔铁的运动方式可分为直动式和拍合式,图 1-1 是直动式和拍合式电磁机构的常用结构形式。

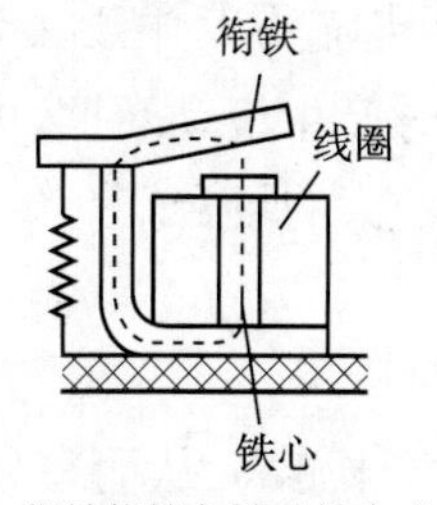

(a) 衔铁绕棱角转动拍合式

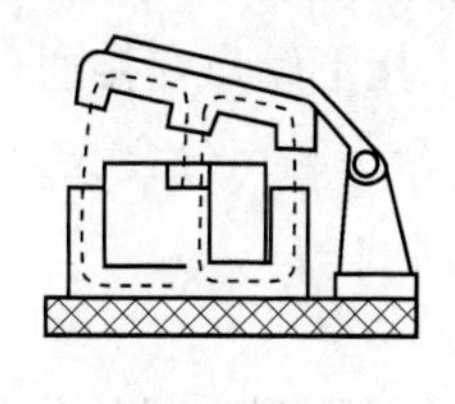

(b) 衔铁绕轴转动拍合式

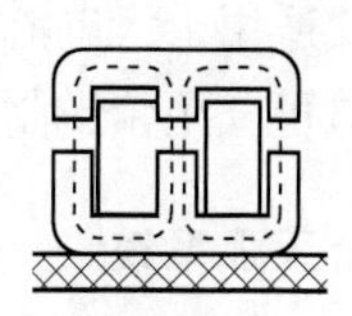

(c) 衔铁直线运动式

图 1-1　电磁机构

吸引线圈的作用是将电能转换为磁能,即产生磁通,衔铁在电磁吸力作用下产生机械位移使铁心吸合。通入直流电流的线圈称为直流线圈,通入交流电的线圈称为交流线圈。

对于直流线圈,铁心不发热,只是线圈发热,因此线圈与铁心接触以利散热。线圈做成无骨架、高而薄的瘦高型,以改善线圈自身散热。铁心和衔铁由软钢或工程纯铁制成。

对于交流线圈,除线圈发热外,由于铁心中有涡流和磁滞损耗,铁心也会发热。为了改善线圈和铁心的散热情况,在铁心与线圈之间留有散热间隙,而且把线圈做成有骨架的矮胖型。铁心用硅钢片叠成,以减少涡流。当线圈通过工作电流时产生足够的磁功势,从而在磁路中形成磁通,使衔铁获得足够的电磁力,克服反作用力而吸合。在交流电流产生的交变磁场中,为避免因磁通过零点造成衔铁的抖动,须在交流电器铁心的端部开槽,嵌入一铜短路环,使环内感应电流产生的磁通与环外磁通不同时过零,使电磁吸力总是大于弹簧的反作用力,因而可以消除铁心的抖动。

另外,根据线圈在电路中的连接方式可分为串联线圈(即电流线圈)和并联线圈(即电压线圈)。串联(电流)线圈串接在线路中,流过的电流大,为减少对电路的影响,线圈的导线粗、匝数少、线圈的阻抗较小。并联(电压)线圈并联在线路上,为减少分流作用,降低对原电路的影响,需要较大的阻抗,因此线圈的导线细而匝数多。

1.1.4　触点系统

触点的作用是接通或分断电路,因此要求触点具有良好的接触性能和导电性能,电流容量较小的电器,其触点通常采用银质材料。这是因为银质触点具有较低和较稳定的接触电阻,其氧化膜电阻率与纯银相似,可以避免触点表面氧化膜电阻率增加而造成接触不良。电流容量较大的电器,其触点通常采用铜质材料。

触点的结构有桥式和指形两种,图 1－2 为触点结构形式。

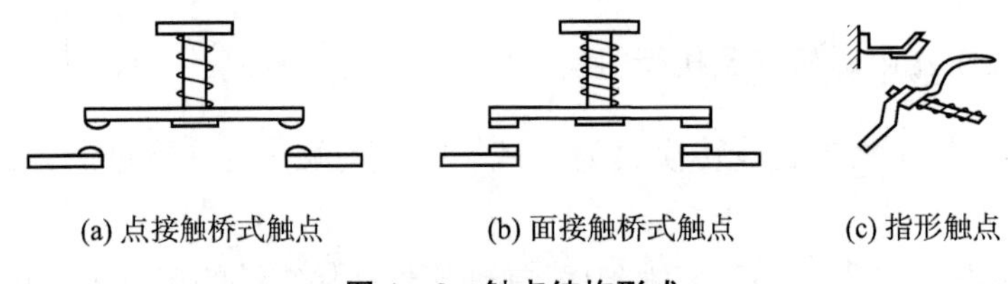
(a) 点接触桥式触点　　(b) 面接触桥式触点　　(c) 指形触点

图 1－2　触点结构形式

桥式触点又分为点接触式和面接触式。点接触式适用于电流不大并且触点压力小的场合,面接触式适用于大电流的场合。指形触点在接通与分断时产生滚动摩擦,可以去掉氧化膜,故其触点可以用紫铜制造,它适合于触点分合次数多、电流大的场合。

1.1.5　灭弧系统

触点分断电路时,由于热电子发射和强电场的作用,使气体游离,从而在分断瞬间产生电弧。电弧的高温能将触点烧损,缩短电器的使用寿命,又延长了电路的分断时间。因此,应采用适当措施迅速熄灭电弧。

低压控制电器常用的灭弧方法有以下三种。

1. 电动力吹弧

电动力吹弧如图1-3所示。桥式触点在分断时本身具有电动力吹弧功能,不用任何附加装置,就可使电弧迅速熄灭。这种灭弧方法多用于小容量交流接触器中。

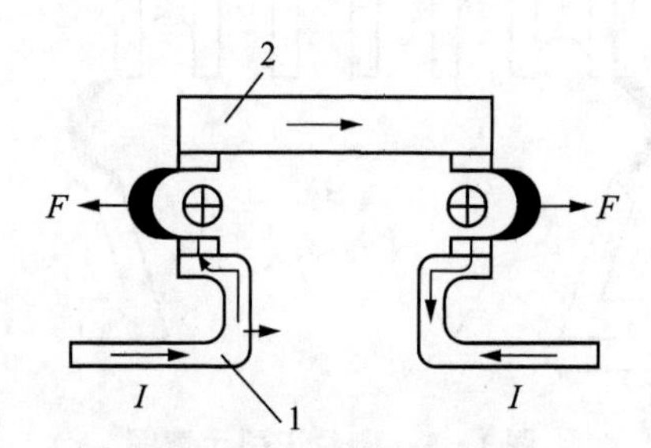

图1-3　电动力灭弧示意图

1—静触点;2—动触点

2. 磁吹灭弧

磁吹灭弧是在触点电路中串入吹弧线圈,如图1-4所示。该线圈产生的磁场由导磁夹板引向触点周围,其方向由右手定则确定(如图1-4中×所示)。触点间的电弧所产生的磁场,其方向为⊗⊙所示。这两个磁场在电弧下方方向相向(叠加),在弧柱上方方向相反(相减),所以弧柱下方的磁场强于上方的磁场。在下方磁场作用下,电弧受力的方向为F所指的方向,在F的作用下,电弧被吹离触点,经引弧角引进灭弧罩,使电弧熄灭。

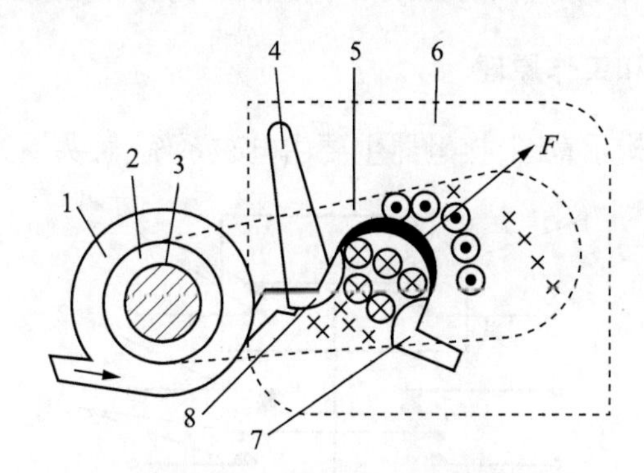

图1-4　磁吹灭弧示意图

1—磁吹线圈;2—绝缘套;3—铁心;4—引弧角;4—导磁夹板;5—灭弧罩;7—动触点;8—静触点

3. 栅片灭弧

灭弧栅片是一组薄铜片,它们彼此间相互绝缘,如图1-5所示。当电弧进入栅片被分割成一段段串联的短弧,而栅片就是这些短弧的电极。每两片电弧之间都有150～250V的绝缘强度,使整个灭弧栅的绝缘强度大大加强,以至于外电压无法维持,电弧迅速熄灭。由于栅片灭弧效应在交流时要比直流强得多,所以交流电器常常采用栅片灭弧。

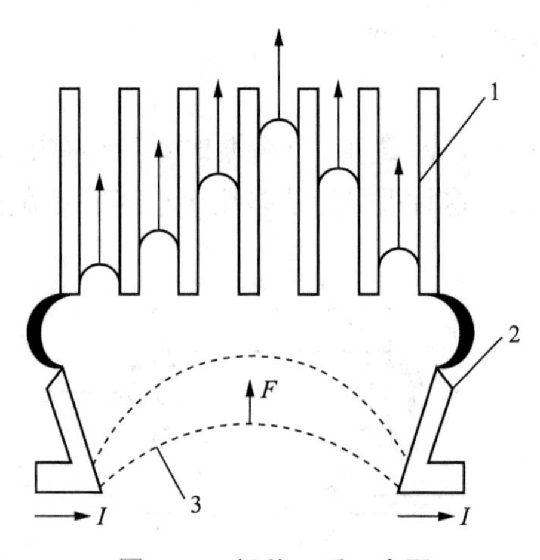

图 1-5　栅片灭弧示意图

1—灭弧栅片；2—触点；3—电弧

1.2　接触器

接触器是一种自动的电磁式电器，适用于远距离频繁接通或断开交直流主电路及大容量控制电路。其主要控制对象是电动机，也可用于控制其他负荷，如电焊机、电容器、电阻炉等。它不仅能实现远距离自动操作和欠电压释放保护及零电压保护功能，而且有控制容量大、工作可靠、操作频率高、使用寿命长等优点。常用的接触器分为交流接触器和直流接触器两类。

1.2.1　接触器结构和工作原理

图 1-6 为接触器结构示意图，接触器主要由电磁系统、触头系统和灭弧装置组成。

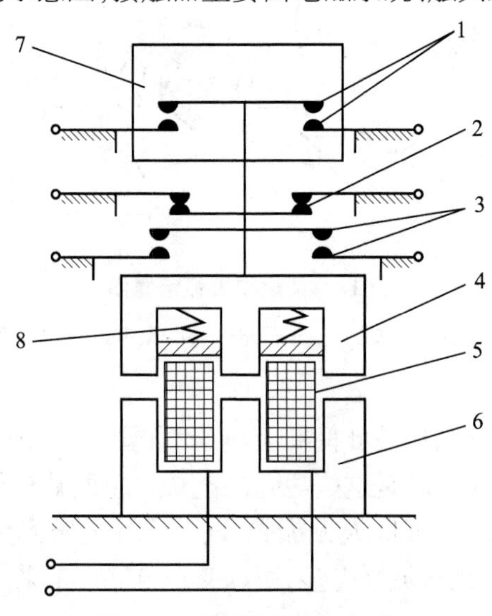

图 1-6　接触器结构示意图

1—主触点；2—常闭辅助触点；3—常开辅助触点；4—铁心

5—电磁线圈；6—衔铁；7—灭弧罩；8—弹簧

1. 电磁机构

电磁机构由电磁线圈、铁心和衔铁组成,其功能是操作触点的闭合和断开。

2. 触点系统

触点系统包括主触点和辅助触点。主触点用在通断电流较大的主电路中,一般由三对动合触点组成,体积较大。辅助触点用以通断小电流的控制电路,体积较小,它由"动合""动断"触点组成。动合触点(又称常开触点)是指线圈未通电时,其动、静触点是处于断开状态的;当线圈通电后就闭合。动断触点(又称常闭触点)是指在线圈未通电时,其动、静触点是处于闭合状态的,当线圈通电后,则断开。

线圈通电时,常闭触点先断开,常开触点后闭合;线圈断电时,常开触点先复位(断开)常闭触点后复位(闭合),其中间存在一个很短的时间间隔。分析电路时,应注意这个时间间隔。

3. 灭弧系统

容量在10A以下的接触器都有灭弧装置,常采用纵缝灭弧罩及栅片灭弧结构。

4. 其他部分

其他部分包括弹簧、传动机构、接线柱及外壳等。

当交流接触器线圈通电后在铁心中产生磁通。由此在衔铁气隙处产生吸力,使衔铁向下运动(产生闭合作用),在衔铁带动下,使常闭触点断开,常开触点闭合。当线圈断电或电压显著降低时,吸力消失或减弱,衔铁在弹簧的作用下释放,各触点恢复原来位置。这就是接触器的工作原理。

接触器的图形符号如图1-7所示,文字符号为KM。

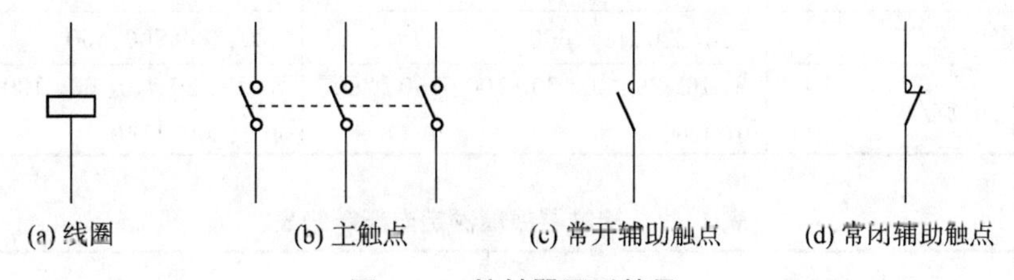

(a) 线圈　(b) 主触点　(c) 常开辅助触点　(d) 常闭辅助触点

图1-7　接触器图形符号

直流接触器的结构和工作原理与交流接触器基本相同,仅有电磁机构方面不同。

1.2.2　接触器的型号及主要技术参数

目前我国常用的交流接触器主要有CJ20、CJX1、CJX2、CJ12和CJ10等系列,引进产品应用较多的有引进德国BBC公司制造技术生产的B系列,德国西门子公司的3TB系列、法国TE公司的LC1系列等;常用的直流接触器有CZ18、CZ21、CZ22和CZ10、CZ2等系列,CZ18系列是取代CZ0系列的新产品。

1. 型号含义

交流接触器型号的含义如下:

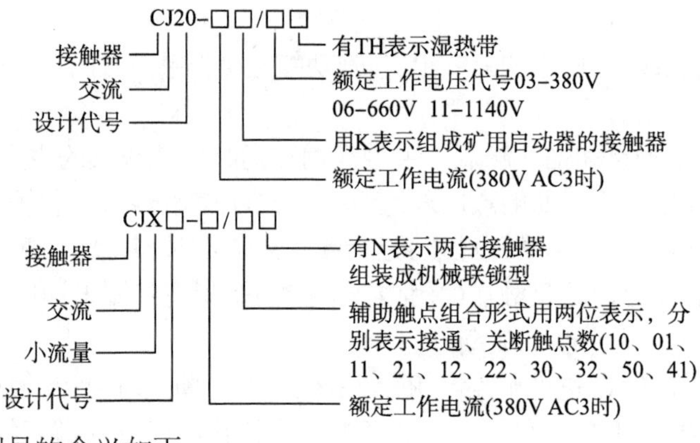

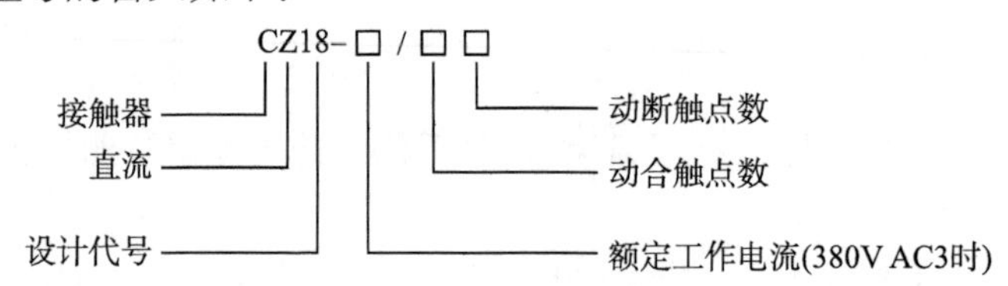

直流接触器型号的含义如下：

CZ18-□/□□

接触器
直流
设计代号
动断触点数
动合触点数
额定工作电流(380V AC3时)

2. 主要技术参数

(1) 额定电压是指主触点的额定工作电压。

(2) 额定电流是指主触点的额定电流。

(3) 线圈额定电压是指常用的额定电压等级,如表 1－2 所示。

表 1－1 接触器额定电压和额定电流等级表

	直流接触器	交流接触器
额定电压/V	110、220、440、660	220、380、500、660
额定电流/A	5、10、20、40、60、100、150、250、400、600	5、10、20、40、60、100、150、250、400、600、1140

表 1－2 接触器线圈额定电压等级表

直流线圈	交流线圈
24、48、110、220、440	36、110、220、380

(4) 接通和分断能力是指接触器在规定条件下,能在给定电压下接通和分断的预期电流值。在此电流值下接通和分断时,不应发生熔焊、飞弧和过分磨损等。在低压电器标准中,按接触器的用途分类,规定了它的接通和分断能力,可查阅相关手册获得。

(5) 机械寿命和电寿命。机械寿命是指需要维修或更换零、部件前(允许正常维护包括更换触点)所能承受的无载操作循环次数;电寿命是指在规定的正常工作条件下,不需要修理或更换零、部件的有载操作循环次数。

(6) 操作频率是指每小时的操作次数。交流接触器最高为 600 次/h,而直流接触器最高为 1200 次/h。操作频率直接影响到接触器的电寿命和灭弧罩的工作条件,对于交流接触器还影响到线圈的温升。

3. 接触器选用原则

应根据以下原则选用接触器。

(1) 根据被接通或分断的电流种类选择接触器的类型:使用时,一般交流负载用交流接触器,直流负载用直流接触器,但对于频繁动作的交流负载,可选用带直流电磁线圈的交流接触器。

(2) 根据被控电路中电流大小和使用类别来选择接触器的额定电流:接触器的额定电流应等于或稍大于负载的额定电流(按接触器设计时规定的使用类别来确定)。

(3) 根据被控电路电压等级来选择接触器的额定电压:应等于负载的额定电压。

(4) 根据控制电路的电压等级选择接触器线圈的额定电压:电磁线圈的额定电压等于控制回路的电源电压。

(5) 触头数目:接触器的触头数目应能满足控制线路的要求。各种类型的接触器触头数目不同。交流接触器的主触头有3对(常开触头),一般有4对辅助触头(两对常开、两对常闭),最多可达到6对(3对常开、3对常闭)。直流接触器主触头一般有两对(常开触头);辅助触头有4对(两对常开、两对常闭)。

1.3　继电器

继电器是一种根据电气量(如电压、电流等)或非电气量(如热、时间、压力、转速等)的变化接通或断开控制电路,以实现自动控制和保护电力拖动装置的电器。继电器一般由感测机构、中间机构和执行机构三个基本部分组成。感测机构把感测到的电气量或非电气量传递给中间机构,将它与额定的整定值进行比较,当达到整定值(过量或欠量)时,中间机构便使执行机构动作,从而接通或断开被控电路。

继电器种类繁多,常用的有电流继电器、电压继电器、中间继电器、时间继电器、热电器、速度继电器以及湿度、计数、频率继电器等。

1.3.1　电流电压继电器

1. 电流继电器

根据线圈中电流的大小而接通和断开电路的继电器称为电流继电器。使用时电流继电器的线圈与负荷串联,其线圈的匝数少而线径粗。当线圈电流高于整定值动作的继电器称为过电流继电器;低于整定值时动作的继电器称为欠电流继电器。过电流继电器线圈通过小于整定电流时继电器不动作,只有超过整定电流时,继电器才动作。过电流继电器的动作电流整定范围:交流过电流继电器为(110%～400%)I_N,直流过电流继电器为(70%～300%)I_N。欠电流继电器线圈通过的电流大于或等于额定电流时,继电器吸合,只有电流低于整定值时,继电器才释放。欠电流继电器动作电流整定范围:吸合电流为(30%～55%)I_N,释放电流为(10%～20%)I_N。

电流继电器型号含义如下:

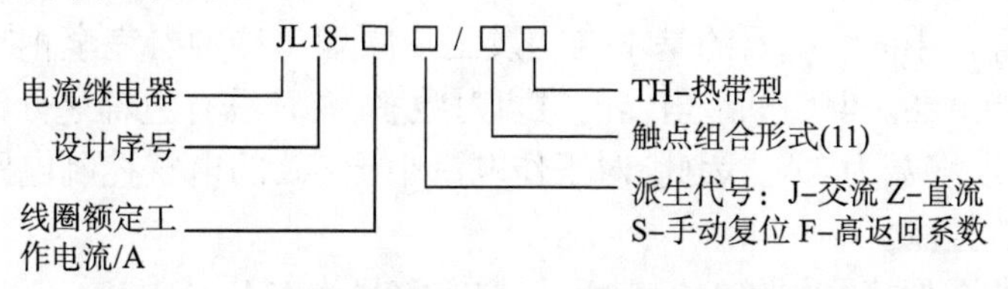

图1-8为过电流、欠电流继电器图形符号,其文字符号为KI。

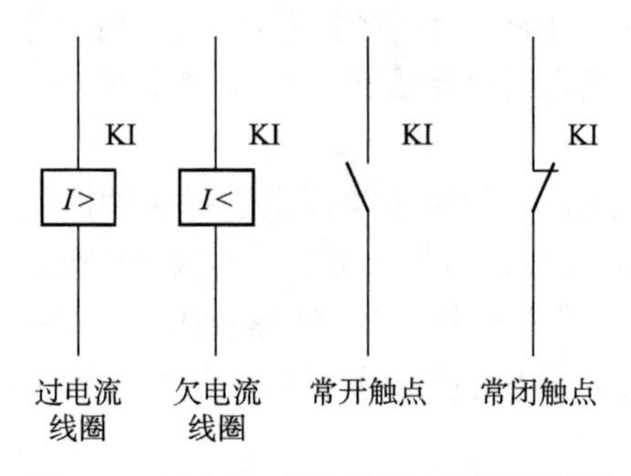

图 1-8　过电流、欠电流继电器图形符号

2. 电压继电器

电压继电器检测对象为线圈两端的电压变化信号。根据线圈两端电压的大小而接通或断开电路。实际工作中，电压继电器的线圈并联在被测电路中。

根据实际应用的要求，电压继电器分过电压继电器、欠电压继电器和零电压继电器。过电压继电器是当电压大于其整定值时动作的电压继电器，主要用于对电路或设备作过电压保护，其整定值为 105%～120%额定电压。欠电压继电器是当电压降至某一规定范围时动作的电压继电器；零电压继电器是欠电压继电器的一种特殊形式，是当继电器的端电压降至或接近消失时才动作的电压继电器。欠电压继电器和零电压继电器在线路正常工作时，铁心与衔铁是吸合的，当电压降至低于整定值时，衔铁释放，带动触点动作，对电路实现欠电压或零电压保护。欠电压继电器整定位为 40%～70%额定电压，零电压继电器整定值为 10%～35%额定电压。

电压继电器图形符号如图 1-9 所示，文字符号为 KV。

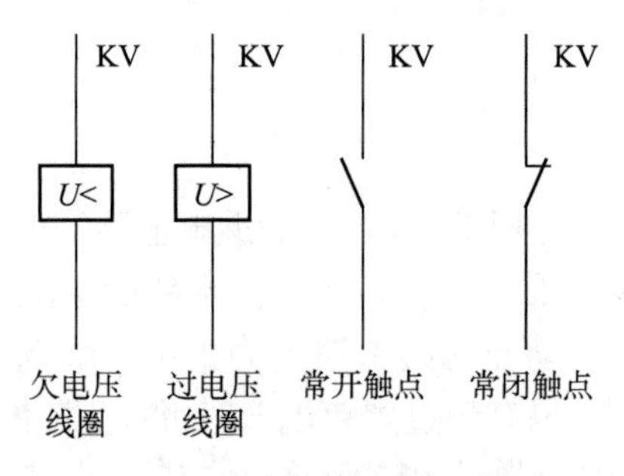

图 1-9　电压继电器图形符号

1.3.2　中间继电器

中间继电器在控制电路中主要用来传递信号，扩大信号功率以及将一个输入信号变换成多个输出信号等。中间继电器的基本结构及工作原理与接触器完全相同，中间继电器实际上是小容量的接触器。但中间继电器的触点对数多，并且没有主辅之分，各对触点允许通过的电流大小相同，多数为 5A。因此，对工作电流小于 5A 的电气控制电路，可用中间继电器代替接触器实施控制。

中间继电器的图形符号如图 1-10 所示，文字符号为 KA。

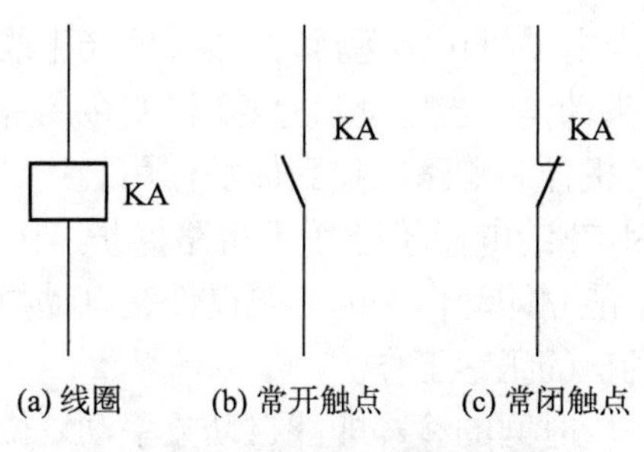

图1-10　中间继电器图形符号

目前,国内常用中间继电器有JZ7、JZ8(交流)、JZ14、JZ15、JZ17(交、直流)等系列。引进产品有德国西门子公司的3TH系列和BBC公司的K系列等。

JZ15系列中间继电器型号含义:

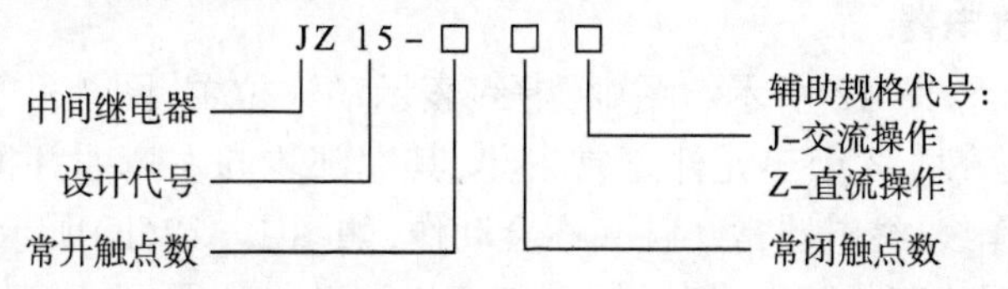

1.3.3　热继电器

热继电器是利用电流流过热元件时产生的热量,使双金属片发生弯曲而推动执行机构动作的一种保护电器。它主要用于交流电动机的过载保护、断相及电流不平衡运动的保护及其他电器设备发热状态的控制。

电动机在实际运行中,常会遇到过载情况,但只要过载不严重、时间短,绕组不超过允许的温升,这种过载是允许的。但如果过载情况严重、时间长,则会加速电动机绝缘的老化,甚至烧毁电动机,因此,必须对电动机进行长期过载保护。

1. 热继电器结构与工作原理

热继电器主要由热元件、双金属片和触头组成,如图1-11所示。

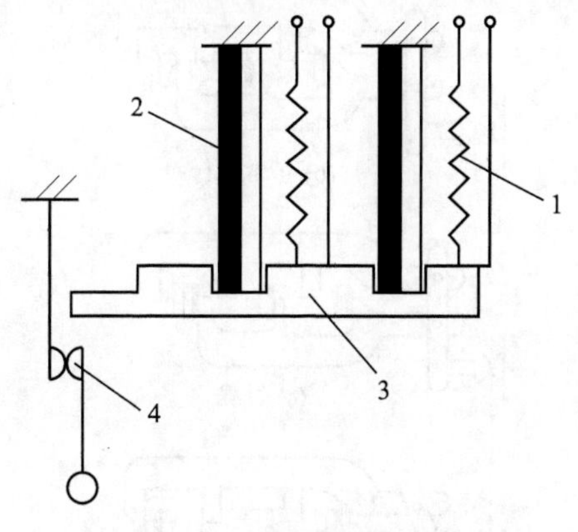

图1-11　热继电器结构

1—热元件;2—双金属片;3—导板;4—触头

热元件由发热电阻丝制成。双金属片由两种热膨胀系数不同的金属碾压而成,当双金属片受热时,会出现弯曲变形。使用时,把热元件串接于电动机的主电路中,而常闭触头串接于电功机的控制电路中。当电动机正常运行时，热元件产生的热量虽能使双金属片弯曲，但还不足以使热继电器的触头动作。当电动机过载时，双金属片弯曲位移增大，推动导板使常闭触头断开，从而切断电动机控制电路以起到保护作用。

可见，由于热惯性的原因，热继电器不能用于短路保护。因为发生短路事故时，要求电路立即断开，而热继电器却不能立即动作是因为热惯性在电动机启动或短时过载时，使继电器不会动作，从而保证了电动机的正常工作。

热继电器动作后，经过一段时间的冷却即能自动或手动复位。

在三相异步电动机电路中，一般采用两相结构的热继电器，即在两相主电路中串接热元件。如果发生三相电源严重不平衡、电动机绕组内部短路或绝缘不良等故障，使电动机某一相的线电流比其他两相要高，而这一相没有串接热元件的话，热继电器也不能起保护作用，这时须采用三相结构的热继电器。

2. 断相保护热继电器

断相保护结构如图 1－12 所示。图中，虚线表示动作位置，图 1－12(a)为断电时的位置。当电流为额定电流时，3 个热元件正常发热，其端部均向左弯曲并推动上、下导板同时左移，但不能到达动作线，继电器常开触头不会动作，如图 1－12(b)所示。当电流过载到达整定的电流时，双金属片弯曲较大，把导板和杠杆推到动作位置，继电器触头动作，如图 1－12(c)所示。当一相(设 U 相)断路时，U 相热元件温度由原来正常发热状态下降，双金属片由弯曲状态伸直，推动上导板右移；同时由于 V、W 相电流较大，故推动下导板向左移，使杠杆扭转，继电器动作，起到断相保护作用。

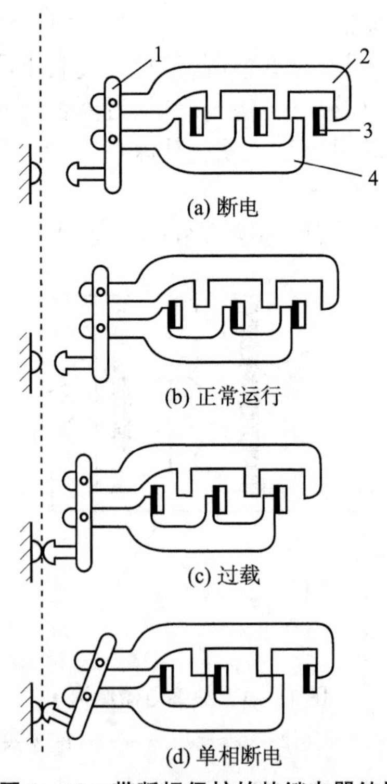

图 1－12　带断相保护的热继电器结构

1—杠杆；2—上导板；3—双金属片；4—下导板

3. 热继电器主要技术参数与选用

热继电器型号表示意义如下：

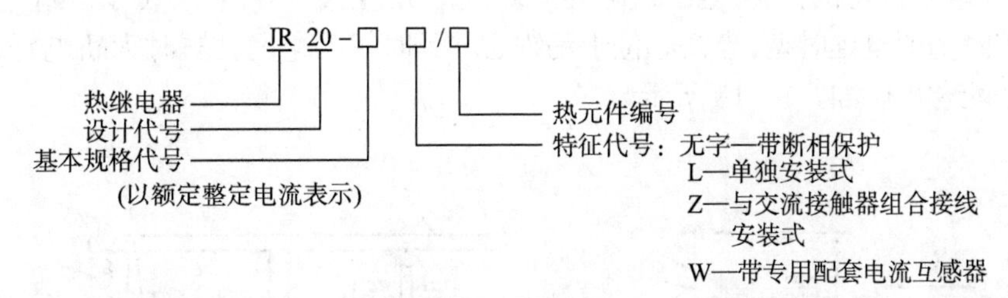

热继电器的选择主要根据电动机的额定电流来确定其型号及热元件的额定电流等级。热继电器的整定电流通常等于或稍大于电动机的额定电流，每一种额定电流的热继电器可装入若干种不同额定电流的热元件。

热继电器的图形、文字符号如图 1－13 所示。

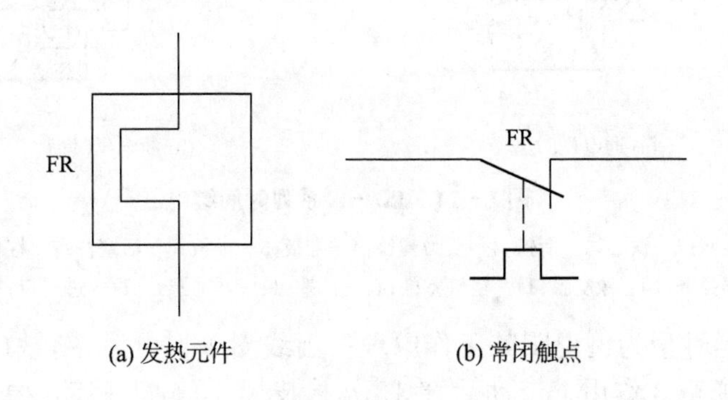

图 1－13 热继电器的图形、文字符号

1.3.4 时间继电器

从得到输入信号(线圈的通电或断电)开始，经过一定的延时后才输出信号(触点的闭合成断开)的继电器，称为时间继电器。

时间继电器延时方式有通电延时、断电延时两种。

通电延时，接受输入信号后延迟一定时间，输出信号才发生变化；当输入信号消失后，输出瞬时复原。

断电延时，接受输入信号时，瞬时产生相应的输出信号；当输入信号消失后，延时一定时间，输出才复原。

常用的时间继电器主要有电磁式、电动式、空气阻尼式、晶体管式等。其中，电磁式时间继电器的结构简单，价格低廉，但体积和重量较大，延时较短(如 JT3 型只有 0.3～5.5s)，且只能用于直流断电延时；电动式时间继电器的延时精度高，延时可调范围大(由几分钟到几小时)，但结构复杂，价格贵。目前在电力拖动线路中，应用较多的是空气阻尼式时间继电器。近年来，晶体管式时间继电器的应用日益广泛。

空气阻尼式时间继电器是利用空气阻尼作用而达到延时的目的。它由电磁机构、延时机构和触点组成。

空气阻尼式时间继电器的电磁机构有交流、直流两种。延时方式有通电延时型和断电延时型(改变电磁机构位置、将电磁铁翻转 180°安装)。当铁心(衔铁)位于静铁心和延时机构之间位置时为通电延时型;当铁心位于动铁心和延时机构之间位置时为断电延时型。JS7 - A 系列时间继电器如图 1 - 14 所示。

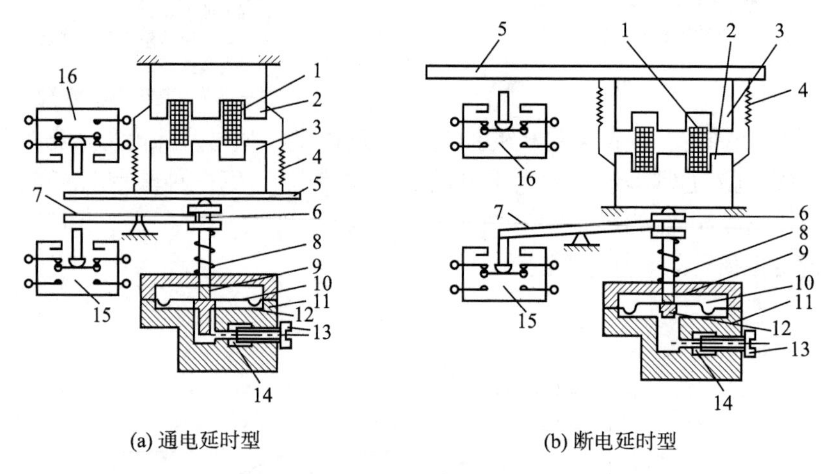

图 1 - 14 JS7 - A 系列时间继电器

1—线圈;2—铁心;3—衔铁;4—反力弹簧;4—推板;5—推板;6—活塞杆;7—杠杆;8—塔形弹簧;9—弱弹簧;10—橡皮膜;11—空气室壁;12—活塞;13—调节螺钉;14—进气口;15、16—微动开关

现以通电延时型为例说明其工作原理。当线圈 1 得电后,衔铁(动铁心)3 吸合,活塞杆 6 在塔形弹簧 8 作用下带动活塞 12 及橡皮膜 10 向上移动,橡皮膜下方空气室空气变得稀薄,形成负压,活塞杆只能缓慢移动,其移动速度由进气孔气隙大小来决定。经一段时间延时后,活塞杆通过杠杆 7 压动微动开关 15,使其触点动作,起到通电延时的作用。

当线圈断电时,衔铁释放,橡皮膜下方空气室内的空气通过活塞肩部所形成的单向阀迅速地排出,使活塞杆、杠杆、微动开关等迅速复位。由线圈得电到触点动作的一段时间即为时间继电器的延时时间,其大小可以通过调节螺钉 13 调节进气孔气隙的大小来改变。

断电延时继电器的结构、工作原理与通电延时继电器相似,只是电磁铁安装方向不同,即当衔铁吸合时推动活塞复位,排出空气。当衔铁释放时活塞杆在弹簧作用下使活塞向下移动,实现断电延时。

在线圈通电和断电时,微动开关 16 在推板 5 的作用下都瞬时动作,其触点即为时间继电器的瞬时触点。

时间继电器的图形符号如图 1 - 15 所示,文字符号为 KT。

空气阻尼式时间继电器结构简单,价格低廉,延时范围 0.4—180s,但是延时误差较大,难以精确地整定延时时间,常用于延时精度要求不高的交流控制电路中。

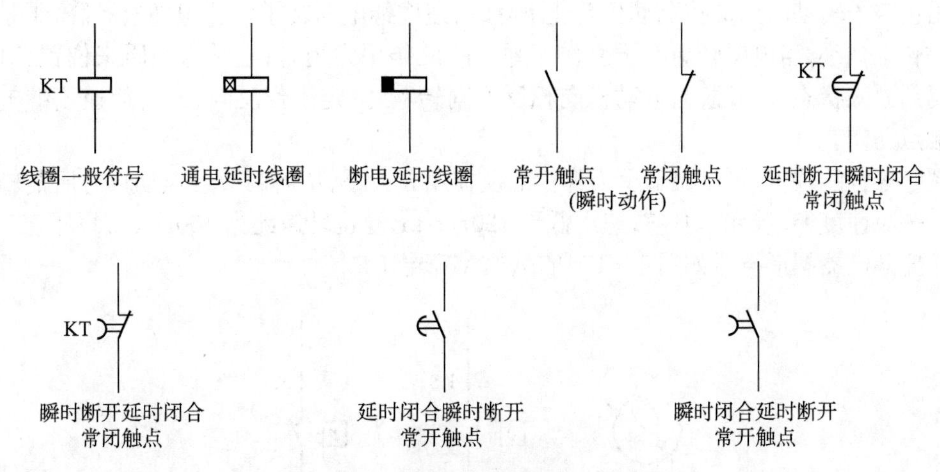

图1-15　时间继电器图形及文字符号

1.3.5　速度继电器

速度继电器是当转速达到规定值时动作的继电器，其作用是与接触器配合实现对电动机的制动，所以又称为反制动继电器。

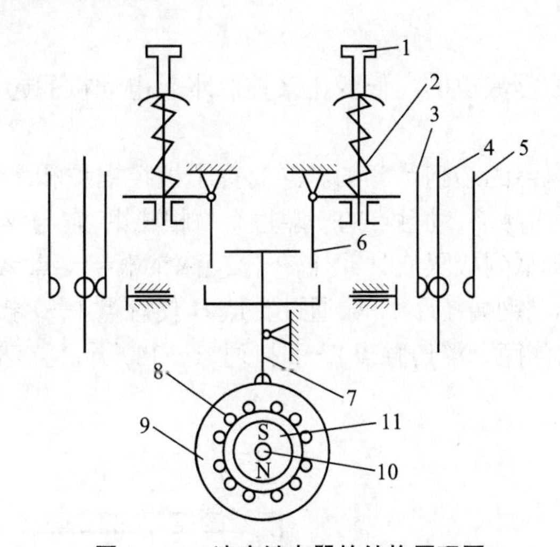

图1-16　速度继电器的结构原理图

1—螺钉；2—反力弹簧，3—常闭触点；4—动触点；5—常开触点；
6—返回杠杆；7—杠杆；8—定子导体；9—定子；10—转轴；11—转子

图1-16是速度继电器的结构原理图。速度继电器主要由转子、定子和触点三部分组成。转子是一个圆柱形永久磁铁，定子是一个笼型空心圆环，由硅钢片叠成并装有笼型绕组，速度继电器转子的轴与被控制电动机的轴相连，而定子空套在转子上。当电动机转动时，速度继电器的转子随之转动，这样，永久磁铁的静磁场就成了旋转磁场，定子内的短路导体因切割磁场而感应电动势并产生电流，带电导体在旋转磁场的作用下产生电磁转矩，于是定子随转子旋转方向转动，但由于有返回杠杆挡位，故定子只能随转子转动一定角度，定子的转动经杠杆作用使相应的触点动作，并在杠杆推动触点动作的同时，压缩弹簧，其反作用

力也阻止定子转动。当被控电动机转速下降时，速度继电器转子转速也随之下降，于是定子的电磁转矩减小，当电磁转矩小于反作用弹簧的反作用力矩时，定子返回原来位置，对应触点恢复到原来状态。同理，当电动机向相反方向转动时，定子作反向转动，使速度继电器的反向触点动作。

调节螺钉的位置，可以调节反力弹簧的反作用力大小，从而调节触点动作时所需转子的转速。一般速度继电器的动作转速不低于 120r/min，复位转速约为 100r/min 以下。

速度继电器图形符号如图 1－17 所示，文字符号 KS。

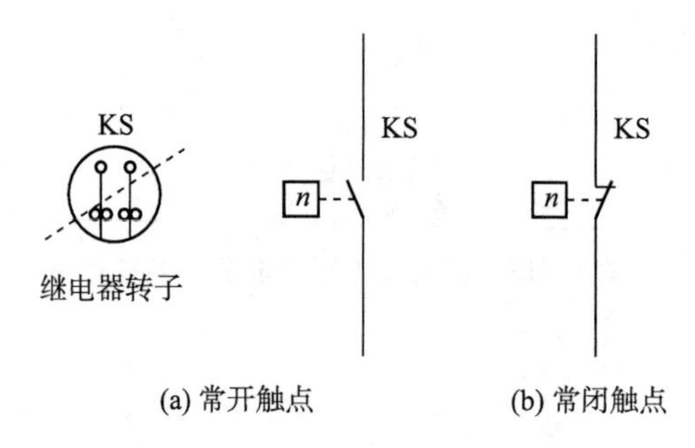

图 1－17　速度继电器图形符号

1.3.6　液位继电器

有些锅炉和水柜须根据液位的高低变化来控制水泵电动机的起停，这一控制可由液位继电器来完成。

图 1－18 为液位继电器的结构示意图。浮筒置于被控锅炉和水柜内，浮筒的一端有一根磁钢，锅炉外壁装有一对触点，动触点的一端也有一根磁钢，它与浮筒一端的磁钢相对应。当锅炉或水柜内的水位降低到极限值时，浮筒下落使磁钢端绕支点 A 上翘。由于磁钢同性相斥的作用，使动触点的磁钢端被斥下落，通过支点 B 使触点 1—1 接通，2—2 断开。反之，水位升高到上限位置时，浮筒上浮使触点 2—2 接通，1—1 断开。显然，液位继电器的安装位置决定了被控扦的液位。

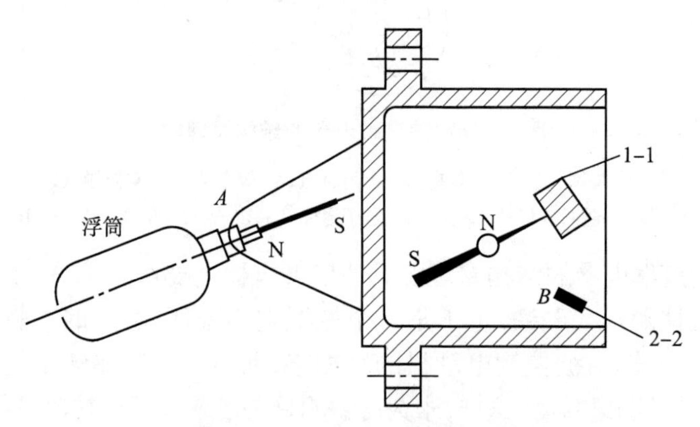

图 1－18　JYF－02 液位继电器

1.4　熔断器

熔断器是低压电路及电动机控制电路中主要用作短路保护的电器。使用时串联在被保护的电路中，当电路发生短路故障使得通过熔断器的电流达到或超过某一规定值时，以其自身产生的热量使熔体熔断，从而自动分断电路，起到保护作用。它具有结构简单、价格便宜、动作可靠、使用维护方便等优点，因此得到广泛应用。其图形符号和文字符号如图1-19所示。

图1-19　熔断器图形符号和文字符号

熔断器主要由熔体(俗称保险丝)和安装熔体的熔管(或熔座)两部分组成。熔体由熔点较低的材料如铅、锡、锌或铅锡合金等制成，通常制成丝状或片状。熔管是装熔体的外壳，由陶瓷、绝缘钢纸或玻璃纤维制成，在熔体熔断时兼有灭弧作用。

1.4.1　熔断器的分类

熔断器种类很多，常用的有以下几种。

1. 插入式熔断器(无填料式)

常用的插入式熔断器有RC1A系列，主要用于低压分支电路及中小容量的控制系统的短路保护，也可用于民用照明电路的短路保护。

RC1A系列结构简单，它由瓷盖、底座、触点、熔丝等组成。价格低、熔体更换方便；但它的分断能力低。

2. 螺旋式熔断器

常用的螺旋式熔断器有RL1、RL2、RL6、RL7等系列，其中RL6、RL7系列熔断器分别取代了RL1、RL2系列，常用于配电线路及机床控制电路中作短路保护。螺旋式快速熔断器有RLS2等系列，常用作半导体元器件的保护。

螺旋式熔断器由瓷底座、熔管、瓷套等组成。瓷管内装有熔体，并装满石英砂，将熔管置入底座内，旋紧瓷帽，电路就可以接通。瓷帽顶部有玻璃圆孔，其内部有熔断指示器，当熔体熔断时，指示器跳出。螺旋式熔断器具有较高的分断能力，限流性好，有明显的熔断指示，可不用工具就能安全更换熔体，在机床中被广泛采用。

3. 无填料封闭管式熔断器

常用的无填料封闭管式熔断器有RM1、RM10等系列，主要用作低压配电线路的过负荷和短路保护。

无填料封闭管式熔断器分断能力较低，限流特性较差，适合于线路容量不大的电网中，其最大优点是熔体可以很方便地拆换。

4. 有填料封闭管式熔断器

常用的有填料封闭管式熔断器有 RT0、RT12、RT14、RT15 等系列,引进产品有德国 AGE 公司的 NT 系列。有填料封闭管式熔断器主要作为工业电气装置、配电设备的过载和短路保护,亦可配套使用于熔断器组合电器中。有填料快速熔断器 RS0、RS3 系列,用作硅整流元件和晶闸管元件及其所组成的成套装置的过负荷和短路保护。

有填料封闭管式熔断器具有较高的分断能力,保护特性稳定、限流特性好,使用安全,可用于各种电路和电气设备的过负荷和短路保护。

1.4.2 熔断器型号及主要性能参数

1. 熔断器型号含义

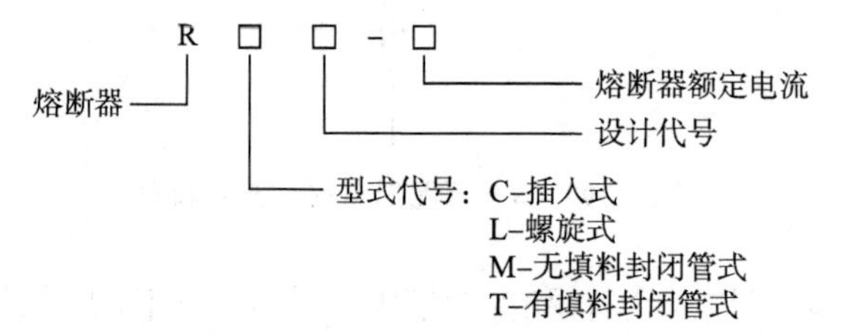

2. 主要性能参数

(1) 额定电压是指保证熔断器能长期正常工作的电压。

(2) 额定电流是指保证熔断器能长期正常工作的电流,是由熔断器各部分长期工作时的允许温升决定的。它与熔体的额定电流是两个不同的概念。熔体的额定电流是指在规定的工作条件下,长时间通过熔体而熔体不熔断的最大电流值。通常一个额定电流等级的熔断器可以配用若干个额定电流等级的熔体,但熔体的额定电流不能大于熔断器的额定电流值。

(3) 极限分断电流是指熔断器在额定电压下所能断开的最大短路电流。熔断器的极限分断能力必须大于线路中可能出现的最大短路电流。

(4) 时间-电流特性是指在规定工作条件下,表征流过熔体的电流与熔体熔断时间关系的函数曲线,也称保护特性或熔断特性,如图 1-20 所示。

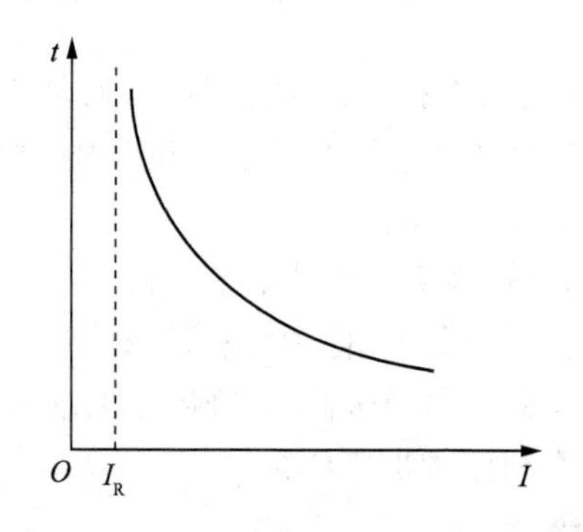

图 1-20　熔断器的时间——电流特性

熔断器的熔体串联在被保护电路中。当电路正常工作时,熔体允许通过一定大小的电流而长期不熔断;当电路严重过载时,熔体能在较短时间内熔断;而当电路发生短路故障时,熔体能在瞬间熔断。熔断器的特性可用通过熔体的电流和熔断时间的关系曲线来描述,如

图1-21所示。它是一反时限特性曲线。因为电流通道熔体时产生的热量与电流的二次方和电流通过的时间成正比,因此电流越大,熔体熔断时间越短。在特性中,有一个熔断电流与不熔断电流的分界线,与此相应的电流称为最小熔断电流 I_R。熔体在额定电流下,绝不能熔断,所以最小熔断电流必须大于额定电流。

1.5　低压开关和低压断路器

1.5.1　低压断路器

低压断路器曾称为自动空气开关或自动开关。它相当于刀开关、熔断器、热继电器、过电流继电器和欠电压继电器的组合,是一种既有手动开关作用又能自动进行欠电压、失电压、过载和短路保护的电器。它是低压配电网络中非常重要的保护电器,且在正常条件下,也可用于不频繁接通和分断的电路及不频繁启动的电动机。低压断路器与接触器不同的是:接触器允许频繁地接通和分断电路,但不能分断短路电流;而低压断路器不仅可分断额定电流、一般故障电流,还能分断短路电流,但单位时间内允许的操作次数较少。

低压断路器具有多种保护功能(过载、短路、欠电压保护等)、动作值可调、分断能力高、操作方便、安全等优点,所以目前被广泛应用。

低压断路器按其用途及结构特点可分为万能式(曾称框架式)、塑料外壳式、直流快速式和限流式等。万能式断路器主要用于配电网络的保护开关,而塑料外壳式断路器除用于配电网络的保护开关外,还可用于电动机、照明电路及热电电路等的控制开关。有的低压断路器还带有漏电保护功能。

1. 结构和工作原理

低压断路器由操作机构、触点、保护装置(各种脱扣器)、灭弧系统等组成。低压断路器工作原理图如图1-21所示。

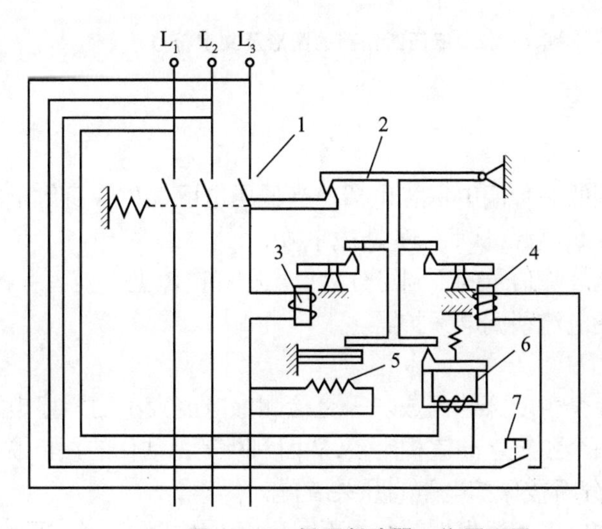

图1-21　低压断路器工作原理图

1—主触点;2—自由脱扣机构;3—过电流脱扣器;4—分励脱扣器;
5—热脱扣器;6—欠电压脱扣器;7—启动按钮

低压断路器的主触点是靠手动操作或电动合闸的。主触点闭合后,自由脱扣机构将主触头锁在合闸位置上。过电流脱扣器的线圈和热脱扣器的热元件与主电路串联,欠电压脱扣器的线圈和电源并联。当电路发生短路或严重过载时,过电流脱扣器 3 的衔铁吸合,使自由脱扣机构 2 动作,主触点断开主电路。当电路过载时,热脱扣器 5 的热元件发热使双金属片向上弯曲,推动自由脱扣机构动作。当电路欠电压时,欠电压脱扣器 6 的衔铁释放,也使自由脱扣机构动作。分励脱扣器 4 则作为远距离控制用,在正常工作时,其线圈是断电的,在需要远距离控制时,按下启动按钮,使线圈通电,衔铁带动自由脱扣机构 2 动作,使主触点断开。

2. 低压断路器型号及代表意义

低压断路器型号及代表意义如下:

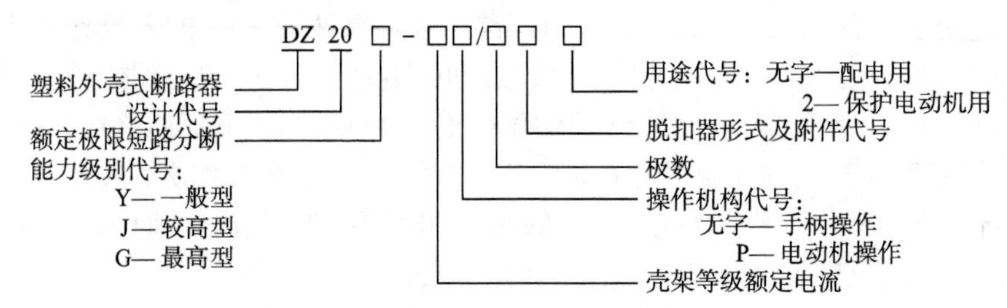

低压断路器的图形、文字符号如图 1-22 所示。

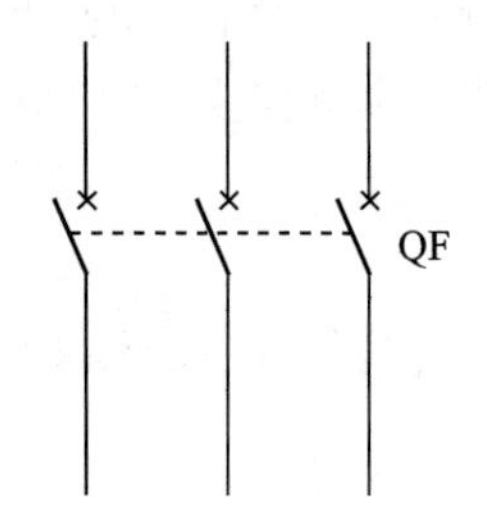

图 1-22 低压断路器的图形及文字符号

1.5.2 漏电保护器

漏电保护器是最常用的一种漏电保护电器。当低压电网发生人身触电或设备漏电时,漏电保护器能迅速自动切断电源,从而避免造成事故。

漏电保护器按其检测故障信号的不同可分为电压型和电流型。前者存在可靠性差等缺点,已被淘汰,下面仅介绍电流型漏电保护器。

1. 结构与工作原理

漏电保护器一般由 3 个主要部件组成。一是检测漏电流大小的零序电流互感器;二是能将检测到的漏电流与一个预定基准值相比较,从而判断是否动作的漏电脱扣器;三是受漏电脱扣器控制的能接通、分断被保护电路的开关装置。

目前常用的电流型漏电保护器根据其结构不同分为电磁式和电子式两种。

(1) 电磁式电流型漏电保护器:电磁式电流型漏电保护器的特点是把漏电电流直接通过漏电脱扣器来操作开关装置。

电磁式电流型漏电保护器由开关装置、试验回路、电磁式漏电脱扣器和零序电流互感器组成。其工作原理如图1-23所示。

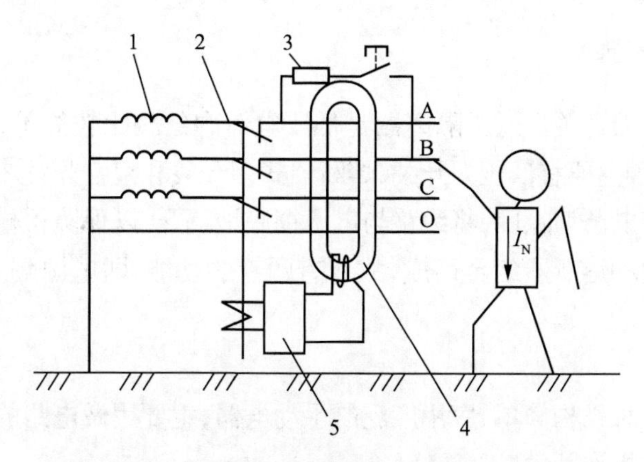

图1-23　电磁式电流型漏电保护器工作原理图

1—电源变压器；2—主开关；3—试验回路；4—零序电流互感器；5—电磁式漏电脱扣器

当电网正常运行时，不论三相负载是否平衡，通过零序电流互感器主电路的三相电流的相量和等于零，因此，其二次绕组中无感应电动势，漏电保护器也工作于闭合状态。一旦电网中发生漏电或触电事故.上述三相电流的相量和不再等于零，因为有漏电或触电电流通过人体和大地而返回变压器中性点。于是，互感器二次绕组中便产生感应电压加到漏电脱扣器上。当达到额定漏电动作电流时，漏电脱扣器就动作，推动开关装置的锁扣，使开关打开，分断主电路。

(2) 电子式电流型漏电保护器：电子式电流型漏电保护器的特点是把漏电电流经过电子放大线路放大后才能使漏电脱扣器动作，从而操作开关装置。

电子式电流型漏电保护器由开关装置、试验电路、零序电流互感器、电子放大器和漏电脱扣器组成，其工作原理图如图1-24所示。

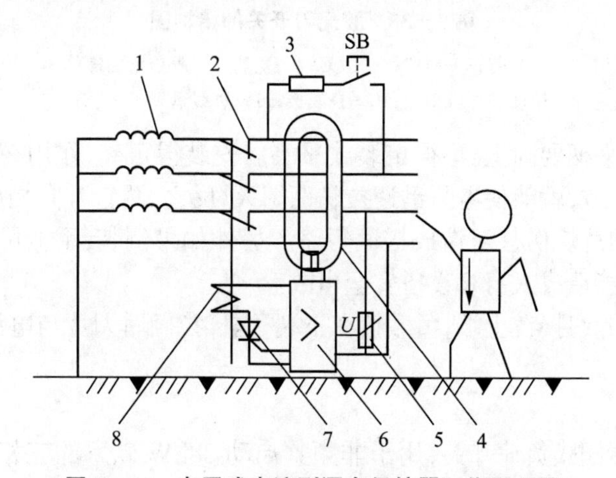

图1-24　电子式电流型漏电保护器工作原理图

1—电源变压器；2—主开关；3—试验回路；4—零序电流互感器；
5—压敏电阻；6—电子放大器；7—晶闸管；8—脱扣器

电子式漏电保护器的工作原理与电磁式的大致相同。只是当漏电电流超过基准值时，立即被放大并输出具有一定驱动功率的信号使漏电脱扣器动作。

1.5.3 低压隔离器

低压隔离器也称刀开关。低压隔离器是低压电器中结构比较简单、应用十分广泛的一类手动操作电器，品种主要有低压刀开关、熔断器式刀开关和组合开关3种。

隔离器主要是在电源切除后，将线路与电源彻底地隔开，以保障检修人员的安全。熔断器式刀开关由刀开关和熔断器组合而成，故兼有两者的功能，即电源隔离和电路保护功能，可分断一定的负载电流。

1. 胶壳刀开关

胶壳刀开关是一种结构简单、应用广泛的手动电器，主要用做电路的电源开关和小容量电动机非频繁启动的操作开关。

它是结构最简单、应用最广泛的一种手控电器。由操作手柄、刀片、触点座和底板等组成。如图1-25所示。

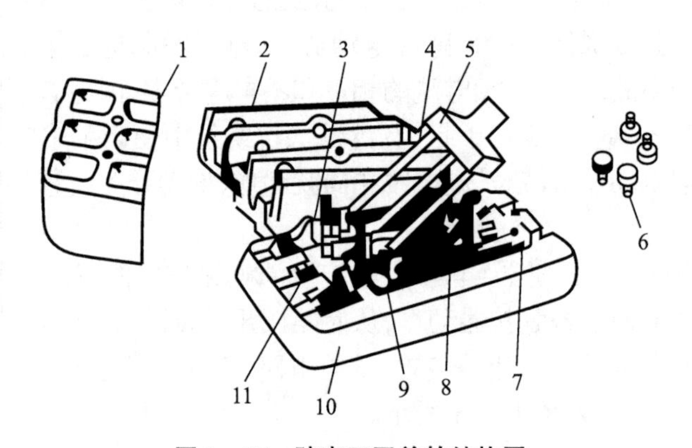

图1-25 胶壳刀开关的结构图

1—上胶盖；2—下胶盖；3—插座；4—触刀；4—瓷柄；5—胶盖紧固螺母；6—胶盖紧固螺母；7—出线盒；8—熔丝；9—触刀座；10—瓷底板；11—进线盒

刀开关安装时，手柄要向上，不得倒装或平装。安装得正确，作用在电弧上的电动力和热空气的上升方向一致，就能使电弧迅速拉长而熄灭，反之，两者方向相反电弧将不易熄灭，严重时会使触头及刀片烧伤甚至造成极间短路。另外如果倒装，手柄可能因自动下落而引起误动作合闸，将可能造成人身和设备安全事故。

接线时，应将电源线接在上端，负载接在下端，这样拉闸后刀片与电源隔离，可防止意外事故发生。

2. 铁壳开关

铁壳开关也称封闭式负荷开关，用于非频繁启动28kW以下的三相异步电动机。铁壳开关主要由钢板外壳、触刀、操作机构、熔丝等组成。如图1-26所示。

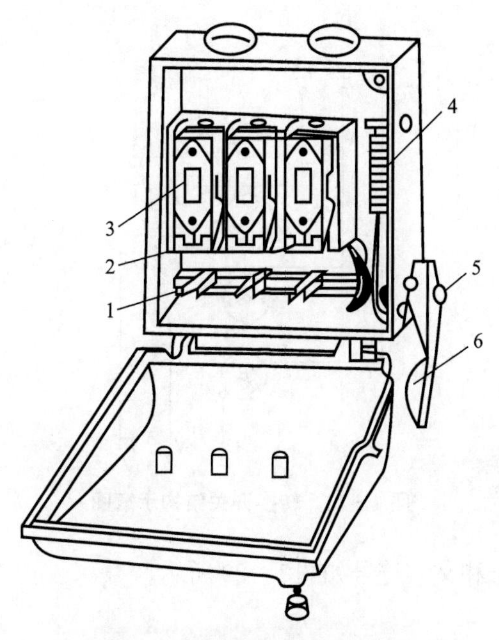

图 1-26 铁壳开关的结构图

1—触刀；2—夹座；3—熔断器；4—速断弹簧；4—转轴；5—手柄

操作机构具有两个特点：一是采用储能合闸方式，在手柄转轴与底座之间装有速断弹簧，以执行合闸或分闸，在速断弹簧的作用下，动触刀与静触刀分离，使电弧迅速拉长而熄灭。二是具有机械联锁功能，当铁盖打开时，刀开关被卡住，不能操作合闸。铁盖合上，操作手柄使开关合闸后，铁盖不能打开。

刀开关的图形、文字符号如图 1-27 所示。

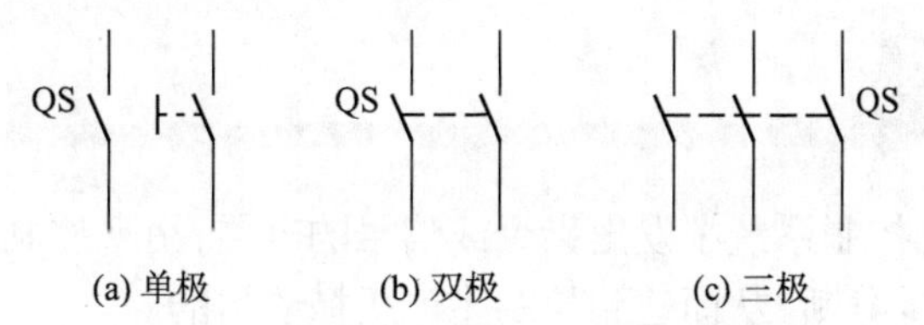

图 1-27 刀开关的图形符号及文字符号

3. 转换开关

转换开关又称组合开关，它是由动触点(动触片)、静触点(静触片)、方形转轴、手柄、定位机构及外壳等主要部分组成。它的动、静触点分别叠装于数层绝缘壳内，其结构示意如图 1-28 所示。当转动手柄时，每层的动触片随方形转轴一起转动，并使静触片插入相应的动触片中，使电路接通。

常用产品有；HZ5、HZ10 系列，HZ10 系列为全国统一设计产品，可代替 HZ1、HZ2 系列的老产品。而 HZ5 系列是类似万能转换开关的产品，其结构与一般转换开关有所不同，可代替 HZ1、HZ2、HZ3 等系列的老产品。

转换开关有单极、双极和多极之分。普通类型的转换开关，各极是同时接通或同时断开的，这类转换开关，在机床电气设备中，主要作为电源引入开关，也可用来直接控制小容量异步电动机非频繁地启动和停止。

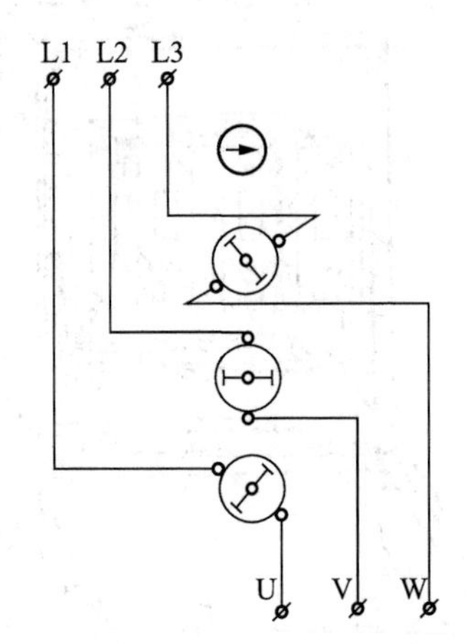

图 1-28　转换开关结构示意图

转换开关的图形符号和文字符号如图 1-29 所示。

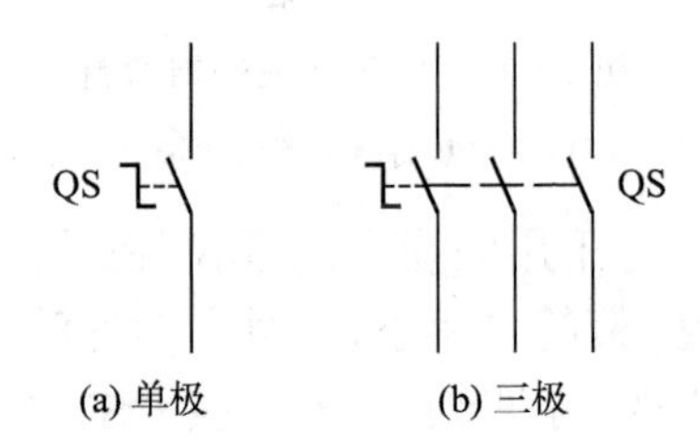

图 1-29　转换开关的图形及文字符号

1.6　主令电器

主令电器是在自动控制系统中发出指令或信号的电器,用来控制接触器、继电器或其他电器线圈,使电路接通或分断,从而达到控制生产机械的目的。

主令电器应用广泛、种类繁多。按其作用可分为:按钮、行程开关、接近开关、万能转换开关、主令控制器、凸轮控制器及其他主令电器(如脚踏开关、钮子开关、紧急开关)等。

1.6.1　按钮

按钮在低压控制电路中用于手动发出控制信号。

按钮由按钮帽、复位弹簧、桥式触点和外壳等组成,如图 1-30 所示。按用途和结构的不同,分为启动按钮、停止按钮和复合按钮等。

启动按钮带有常开触头,手指按下按钮帽,常开触头闭合;手指松开,常开触头复位。启动按钮的按钮帽采用绿色。停止按钮带有常闭触头,手指按下按钮帽,常闭触头断开;手指松开,常闭触头复位。停止按钮的按钮帽采用红色。复合按钮带有常开触头和常闭触头,手指按下按钮帽,先断开常闭触头再闭合常开触头;手指松开,常开触头和常闭触头先后复位。

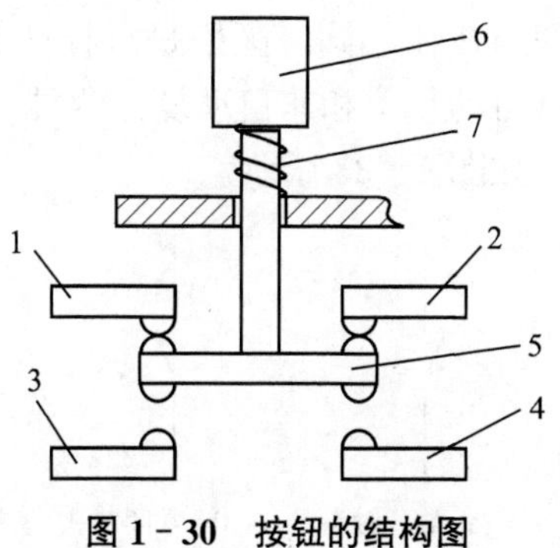

图1-30　按钮的结构图

1、2—常闭静触头；3、4—常开静触点；5—桥式触点；6—按钮；7—复位弹簧

在机床电气设备中，常用的按钮有LA-18、LA-19、LA-20、LA-25系列。其中最常用的是一个常开触头和一个常闭触头，最多有六个常开触头或者六个常闭触头。

按钮的图形、文字符号如图1-31所示。

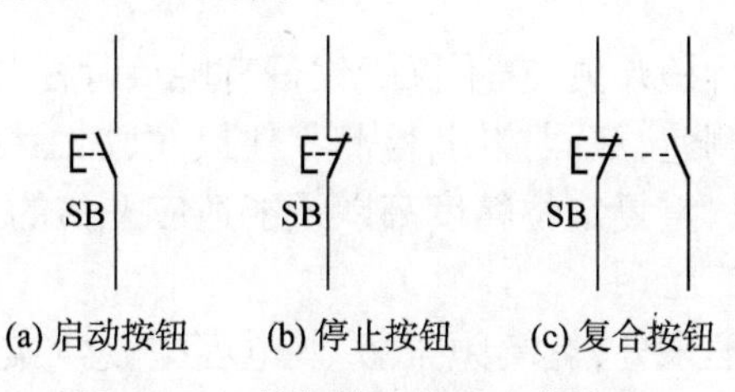

(a) 启动按钮　(b) 停止按钮　(c) 复合按钮

图1-31　按钮的图形及文字符号

1.6.2　行程开关

行程开关是利用运动部件的行程位置实现控制的电器元件，常用于自动往返的生产机械中，按结构不同可分为直动式、滚轮式、微动式，如图1-32所示。

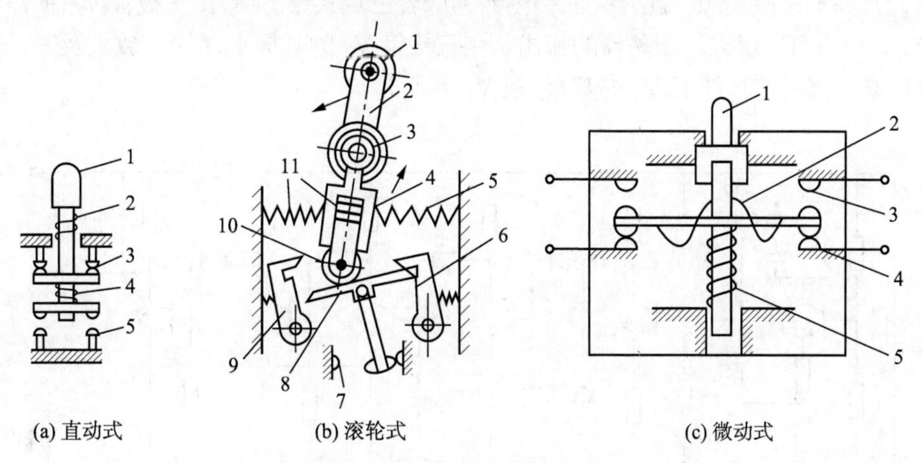

(a) 直动式　(b) 滚轮式　(c) 微动式

图1-32　行程开关的结构图

1—顶杆；2—弹簧；
3—常开触点；4—触头弹簧；
5—常闭触点

1—滚轮，2—上转臂；3、5、11—弹簧；
4—套架；6、9—压板；7—触点；
8—触头推杆；10—小滑轮

1—推杆；2—弯形片状弹簧；
3— 常开触点；4—常闭触头；
5—恢复弹簧

行程开关的结构、工作原理与按钮相同。区别是行程开关不靠手动而是利用运动部件上的挡块碰压而使触头动作，有自动复位和非自动复位两种。

行程开关的图形、文字符号如图 1－33 所示。

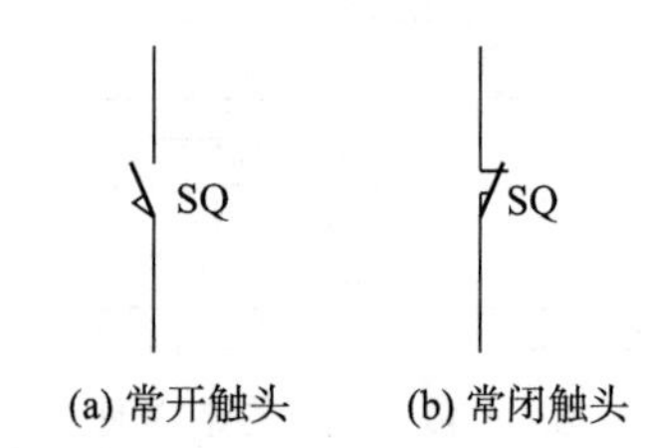

图 1－33 行程开关的图形及文字符号

常用的行程开关有 LX10、LX21、JLXK1 等系列。

1.6.3 接近开关

接近开关又称无触点行程开关，它不仅能代替有触点行程开关来完成行程控制和限位保护，还可用于高频计数、测速、液面控制、检测零件尺寸、加工程序的自动衔接等。由于它具有工作稳定可靠、寿命长、重复定位精度高以及能适应恶劣的工作环境等特点，所以在工业生产方面已逐渐得到推广应用。

接近开关按其工作原理来分，有高频振荡型、电容型、感应电桥型、永久磁铁型、霍尔效应型等，其中高频振荡型最为常用。高频振荡型接近开关的电路由振荡器、晶体管放大器和输出器三部分组成。其基本工作原理是：当有金属物体进入高频振荡器的线圈磁场（称感辨头）时，由于该物体内部产生涡流损耗使振荡回路电阻增大，能量损耗增大，使振荡减弱直至终止，开关输出控制信号。

常用的接近开关有 3SG、CJ、SJ、AB、LJ1、LJ2 和 LXJ0 等系列。图 1－34 为 LJ2 系列晶体管接近开关电路原理图。此开关的振荡器为电容三点式振荡器，由三极管 V_1、振荡线圈 L 及电容 C_1、C_2 和 C_3 组成。振荡器的输出加到三极管 V_2 的基极上，经 V_2 放大及二极管 V_7、V_8 整流，成为直流信号加至 V_3 的基极，使 V_3 导通。

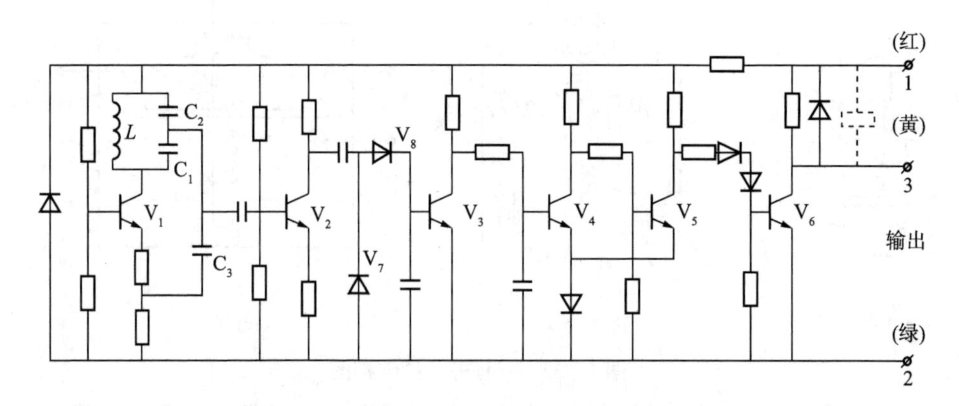

图 1－34 LJ2 系列晶体管接近开关电路原理图

当开关附近没有金属物体时三极管 V_4 截止，V_5 导通，V_6 截止，开关无输出。

当金属物体接近开关感应头时，由于在该物体内产生涡流损耗，使振荡回路等效电阻增加，能量损耗增加，以致振荡减弱直到终止，这时 V_7、V_8 整流电路无输出电压。则 V_3 截止，使 V_4 导通 V_5 截止，V_6 导通并有信号输出。

接近开关的图形符号及文字符号如图 1-35 所示。

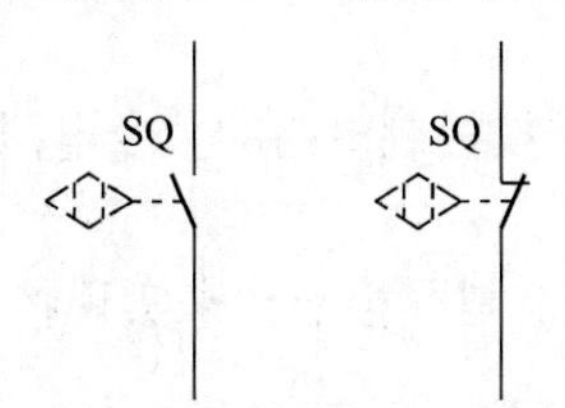

图 1-35　接近开关的图形及文字符号

1.6.4　凸轮控制器

凸轮控制器用于起重设备和其他电力拖动装置，以控制电动机的启动、正反转、调速和制动。结构主要由手柄、定位机构、转轴、凸轮和触点组成，如图 1-36 所示。

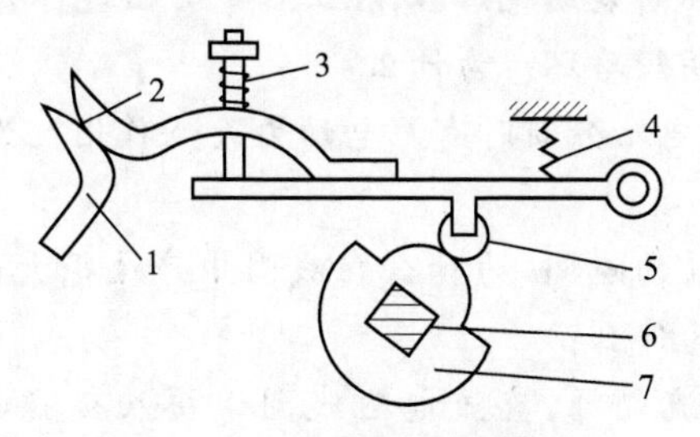

图 1-36　凸轮控制器结构图

1—静触头；2—动触点；3—触头弹簧；4—弹簧；
5—滚子；6—方轴；7—凸轮

转动手柄时，转轴带动凸轮一起转动，转到某一位置时，凸轮顶动滚子，克服弹簧压力使动触点顺时针方向转动，脱离静触点而分断电路。在转轴上叠装不同形状的凸轮，可以使若干个触点组按规定的顺序接通或分断。

目前国内生产的有 KT10、KT14 等系列交流凸轮控制器和 KTZ2 系列直流凸轮控制器。

凸轮控制器的图形、文字符号如图 1-37 所示。

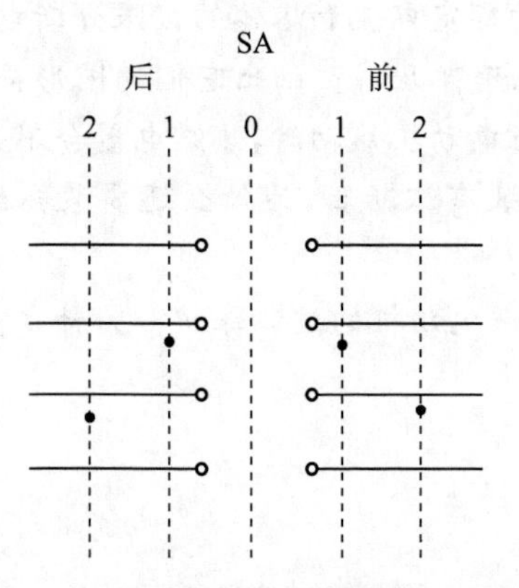

图 1-37　凸轮控制器的图形及文字符号

1.6.5 主令控制器

当电动机容量较大、工作繁重、操作频繁、调速性能要求较高时，往往采用主令控制器操作。由主令控制器的触点来控制接触器，再由接触器来控制电动机。这样，触点的容量可大大减小，操作更为轻便。

主令控制器是按照预定程序转换控制电路的主令电器，其结构和凸轮控制器相似，只是触头的额定电流较小。

在起重机中，主令控制器是与控制屏相配合来实现控制的，因此，要根据控制屏的型号来选择主令控制器。

目前，国内生产的有 LK14～LX16 系列的主令控制器。LK14 系列主令控制器的额定电压为 380V，额定电流为 15A，控制电路数为 12 个。

习题与思考题一

1. 单相交流电磁铁的短路环断裂或脱落后，在工作中会出现什么现象？为什么？
2. 三相交流电磁铁要不要获短路环？为什么？
3. 两个端面接触的触点，在电路分断时有无电动力灭弧作用？为什么把触点设计成双断口桥式结构？
4. 交流接触器在衔铁吸合前的瞬间，为什么在线圈中产生很大的冲击电流，而直流接触器会不会出现这种现象？为什么？
5. 交流电磁线圈误接入直流电源，直流电磁线圈误接入交流电源，会发生什么问题？为什么？
6. 线圈电压为 220V 的交流接触器，误接入 380V 交流电源上会发生什么问题？为什么？
7. 试从结构上、控制功能上及使用场合上等方面比较主令控制器与凸轮控制器的异同。
8. 从接触器强的结构上，如何区分是交流还是直流接触器？
9. 中间继电器和接触器有何异同？在什么条件下可以用中间继电器来代替接触器启动电动机？
10. 交流接触器在运行中有时在线圈断电后，衔铁仍掉不下来，电动机不能停止，这时应如何处理？故障原因在哪里？应如何排除？
11. 熔断器的额定电流、熔体的额定电流和熔体的极限分断电流三者有何区别？
12. JS7－A 型时间继电器触头有哪几种？画出它们的图形符号。
13. 电动机的启动电流很大，当电动机启动时，热继电器会不会动作？为什么？
14. 既然在电动机的主电路中装有熔断器，为什么还要装热继电器？装有热继电器是否就可以不装熔断器？为什么？
15. 是否可用过电流继电器来做电动机的过载保护？为什么？

第2章 电气控制基本线路与设计

在各行各业广泛使用的电气设备和生产机械中，其自动控制电路大多以各类电动机或其他执行电器为被控对象，以继电器、接触器、按钮、行程开关、保护元件等器件组成的自动控制线路，通常称为电气控制线路。

各种生产机械的电气控制设备有着各种各样的电气控制电路。这些控制电路无论是简单还是复杂，一般是由一些基本控制环节组成，在分析电路原理和判断其故障时，一般都是从这些基本控制环节入手。因此，掌握基本电气控制线路，对生产机械整个电气控制电路的工作原理分析及电气设备维护有着重要的意义。

2.1 电气控制线路的绘制

电气控制线路是用导线将电动机、电器、仪表等电器元件按一定的要求和方式联系起来，并能实现某种功能的电气电路。为表达电气控制电路的组成、工作原理及安装、调试、维修等技术要求，需要用统一的工程语言即用图的形式来表示。在图上用不同的图形符号来表示各种电器元件，用不同的文字符号来进一步说明图形符号所代表的电器元件的基本名称、用途、主要特征及编号等。因此，电气控制线路应根据简学易懂的原则，采用统一规定的图形符号、文字符号和标准画法来进行绘制。

为了便于掌握引进的先进技术和先进设备，便于国际交流和满足国际与国家标准，采用新的图形和文字符号及回路标号，颁布了 GB 4728—1984《电气图用图形符号》、GB 6988—1987《电气制图》和 GB 7159—1987《电气技术中的文字符号制订通则》。规定从 1990 年 1 月 1 日起，电气控制线路中的图形和文字符号必须符合新的国家标准。

电气工程图中的文字符号，分为基本文字符号和辅助文字符号。基本文字符号有单字母符号和双字母符号。单字母符号表示电气设备、装置和元件的大类，如 K 为继电器类元件这一大类；双字母符号由一个表示大类的单字母与另一个表示器件某些特性的字母组成，如 KT 表示继电器类器件中的时间继电器，KM 表示继电器类器件中的接触器。

辅助文字符号用来进一步表示电气设备、装置和元件的功能、状态和特征。

表 2-1 至表 2-3 中列出了部分常用的电气图形符号和基本文字符号，实际使用时如需要更详细的资料，请查阅有关国家标准。

表 2－1　常用电气图形、文字符号

名称		图形符号	文字符号
一般三相电源开关			QS
低压断路器			QF
位置开关	常开触点		SQ
	常闭触点		
	复合触点		
熔断器			FU
按钮	启动		SB
	停止		
	复合		

续表

名称		图形符号	文字符号
接触器	线圈		KM
	主触点		
	常开辅助触点		
	常闭辅助触点		
速度继电器	常开触点		KS
	常闭触点		
时间继电器	线圈		KT
	常开延时闭合触点		
	常闭延时断开触点		
	常闭延时闭合触点		
	常开延时断开触点		

续表

名称		图形符号	文字符号
热继电器	热元件	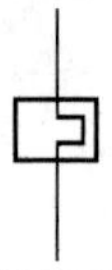	FR
	常闭触点		
继电器	中间继电器线圈	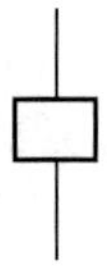	KA
	欠电压继电器线圈	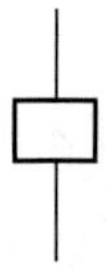	KA
	欠电流继电器线圈	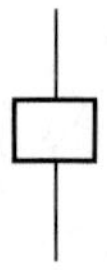	KI
	过电流继电器线圈	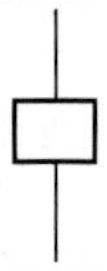	KI
	常开触点		相应继电器符号
	常闭触点		
转换开关		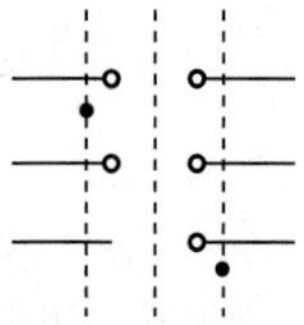	SA
制动电磁铁		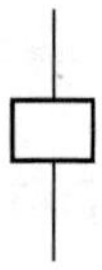	YB

续表

名称	图形符号	文字符号
电磁离合器	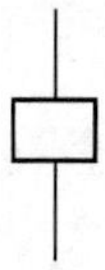	YC
电位器	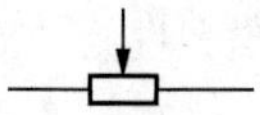	RP
桥式整流装置	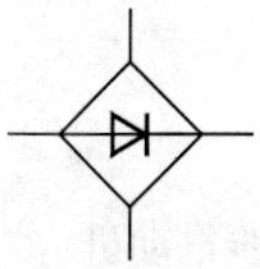	VC
照明灯	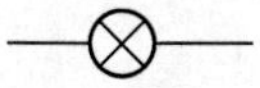	EL
信号灯	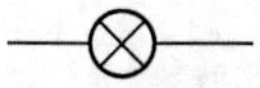	HL
电阻器	 或	R
接插器	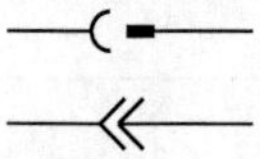	X
电磁铁	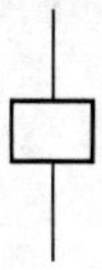	YA
电磁吸盘	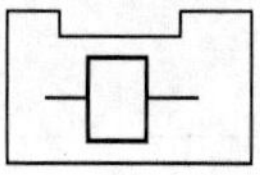	YH
串励直流电动机	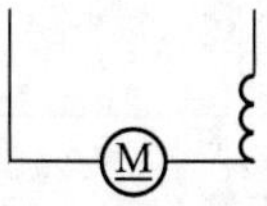 M	M
他励直流电动机	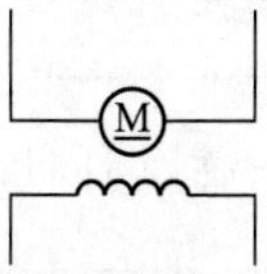 M	
并励直流电动机	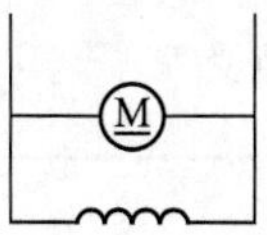 M	
复励直流电动机	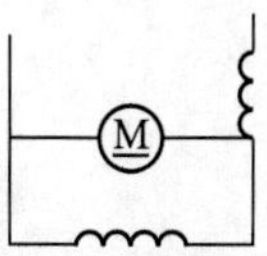 M	

续表

名称	图形符号	文字符号
直流发动机	G	G
三相笼型异步电动机	M 3～	M
三相绕线转子异步电动机		M
单相变压器 整流变压器 照明变压器		T
控制变压器		TC
三相自耦变压器		T
半导体二极管		V
PNP 型三极管		V
NPN 型三极管		V
晶闸管(阴极侧受控)		V

表 2-2　电气技术中常用基本文字符号

基本文字符号		项目种类	设备、装置、元器件举例
单字母	双字母		
A	AT	组件部件	抽屉柜
B	BP	非电量到电量变换器或电量到非电量变换器	压力变换器
	BQ		位置变换器
	BT		温度变换器
	BV		速度变换器
F	FU	保护电器	熔断器
	FV		限压保护器
H	HA	信号器件	声响指示器
	HL		指示灯
K	KM	接触器、继电器	接触器
	KA		中间继电器
	KP		极化继电器
	KR		簧片继电器
	KT		时间继电器
P	PA	测量设备 试验设备	电流表
	PJ		电度表
	PS		记录仪器
	PV		电压表
	PT		时钟、操作时间表
Q	QF	开关器件	断路器
	QM		电动机保护开关
	QS		隔离开关
R	RP	电阻器	电位器
	RT		热敏电阻器
	RV		压敏电阻器
S	SA	控制、记忆、信号电路的开关器件选择器	控制开关
	SB		按钮开关
	SP		压力传感器
	SQ		位置传感器
	ST		温度传感器

续表

基本文字符号		项目种类	设备、装置、元器件举例
单字母	双字母		
T	TA	变压器	电流互感器
	TC		电源变压器
	TM		电力变压器
	TV		电压互感器
X	XP	端子、插头、插座	插头
	XS		插座
	XT		端子板
Y	YA	电气操作的机械器件	电磁铁
	YV		电磁阀
	YB		电磁离合器

2.1.1 电气原理图

电气原理图是根据工作原理而绘制的，具有结构简单、层次分明、便于研究和分析电路的工作原理等优点。在各种生产机械的电气控制中，无论在设计部门或生产现场都得到了广泛的应用。

1. 电路绘制

电气控制线路图中的支路、节点，一般都加上标号。

主电路标号由文字符号和数字组成。文字符号用以标明主电路中的元件或线路的主要特征；数字标号用以区别电路的不同线段。三相交流电源引入线采用 L_1、L_2、L_3 标号，电源开关之后的三相交流电源主电路分别标 U、V、W。如 U11 表示电动机的第一相的第一个节点代号，U21 为第一相的第二个节点代号，依次类推。

控制电路由 3 位或 3 位以下的数字组成，交流控制电路的标号一般以主要压降元件（如电气元件线圈）为分界，左侧用奇数标号，右侧用偶数标号。直流控制电路中，正极按奇数标号，负极按偶数标号。

绘制电气原理图应遵循以下原则：

(1) 电气控制线路根据电路通过的电流大小可分为主电路和控制电路。主电路包括从电源到电动机的电路，是强电流通过的部分，用粗线条画在原理图的左边。控制电路是通过弱电流的电路，一般由按钮、电器元件的线圈、接触器的辅助触点、继电器的触点等组成，用细线条画在原理图的右边。

(2) 电气原理图中，所有电气元件的图形、文字符号必须采用国家规定的统一标准。

(3) 采用电气元件展开图的画法。同一电气元件的各部件可以不画在一起，但须用同一文字符号标出。若有多个同一种类的电气元件，可在文字符号后加上数字序号，如 KM1、KM2 等。

(4) 所有按钮、触点均按没有外力作用和没有通电时的原始状态画出。

(5) 控制电路的分支线路,原则上按照动作先后顺序排列,两线交叉连接时的电气连接点须用黑点标出。

如图 2-1 所示为笼型电动机正、反转控制线路的电气原理图

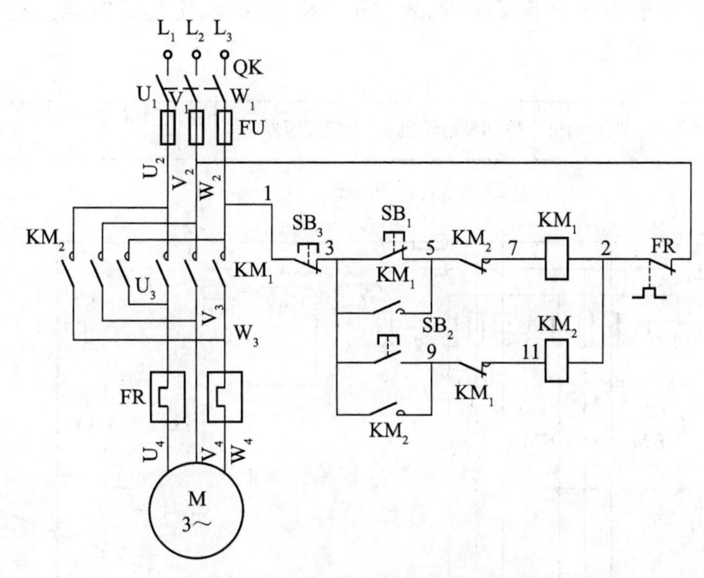

图 2-1　电动机正、反转控制原理图

2. 图上元器件位置表示法

在绘制和阅读、使用电路时,往往需要确定元器件、连线等的图形符号在图上的位置。例如:

(1) 当继电器、接触器在图上采用分开表示法(线圈与触点分开)绘制时,需要采用图或表格表明各部分在图上的位置;

(2) 较长的连接线采用中断画法,或者连接线的另一端需要画到另一张图上去时,除了要在中断处标记中断标记外,还须标注另一端在图上的位置;

(3) 在供使用、维修的技术文件(如说明书)中,有时需要对某一元件或器件作注释和说明,为了找到图中相应的元器件的图形符号,也需要注明这些符号在图上的位置;

(4) 在更改电路设计时,也需要表明被更改部分在图上的位置。

图上位置表示法通常有 3 种:电路编号法、表格法和横坐标图示法。

1) 电路编号法

图 2-2 所示的某机床电气原理图就是用电路编号法来表示元器件和线路在图上的位置的。

电路编号法特别适用于多分支电路,如继电控制和保护电路,每一编号代表一个支路。编制方法是对每个电路或分支电路按照一定顺序(自左至右或自上至下)用阿拉伯数字编号,从而确定各支路项目的位置。例如,图 2-2(a)有 8 个电路或支路,在各支路的下方顺序标有电路编号 1～8。图上方与电路编号对应的方框内的“电源开关”等字样表明其下方元器件或线路功能。

继电器和接触器的触点位置采用附加图表的方式表示,图表格式如图 2-2(b)所示。此

图表可以画在电路图中相应线圈的下方,此时,可只标出触点的位置(电路编号)索引,也可以画在电路图上的其他地方。以图中线圈 KM1 下方的图表为例,第一行用图形符号表示主、辅触点种类,表格中的数字表示此类触点所在支路的编号。例如,第 2 列中的数字“6”表示 KM1 的一个常开触点在第 6 支路内,表中的“×”表示未使用的触点。有时,所附图表中的图形符号也可以省略不画。

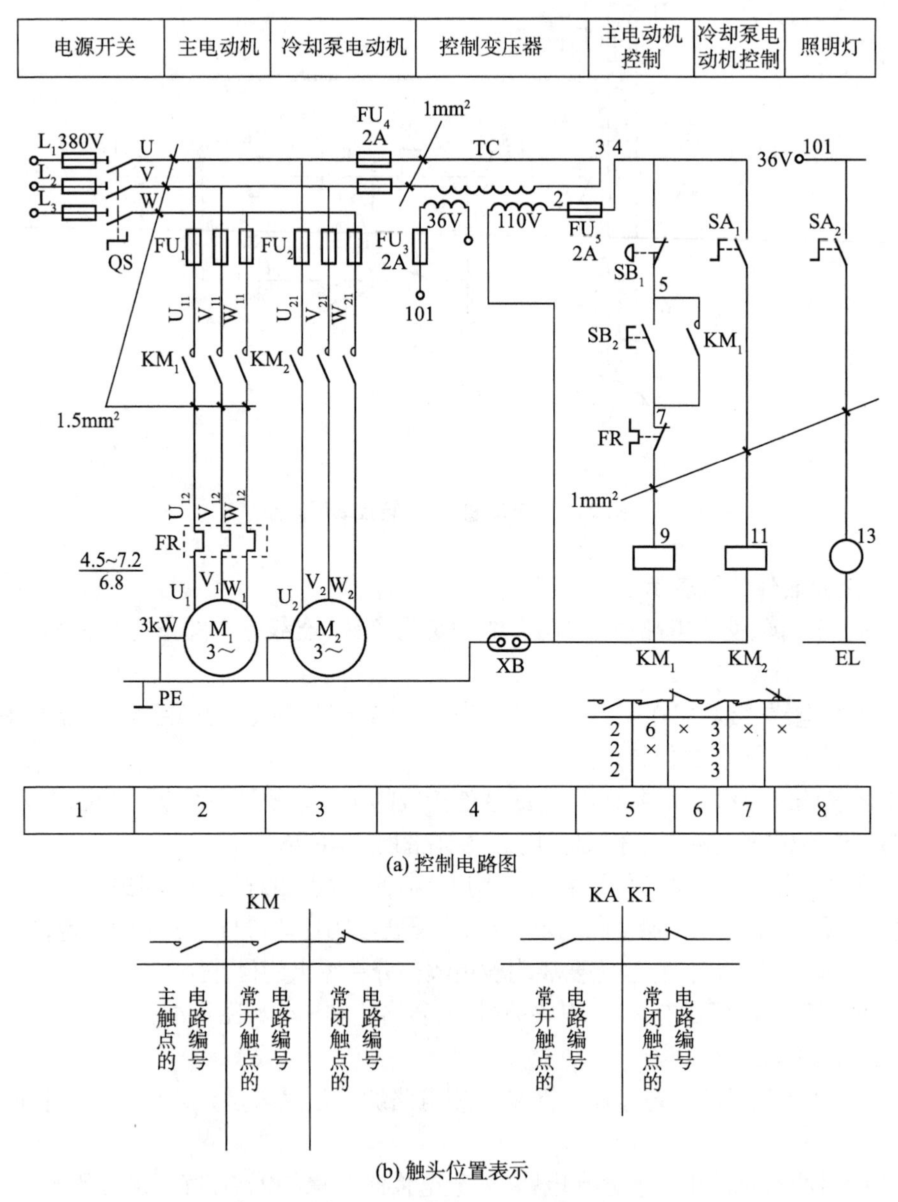

(a) 控制电路图

(b) 触头位置表示

图 2-2　某机床电气原理图

2) 横坐标图示法

电动机正、反转横坐标图示法电气原理图如图 2-3 所示。采用横坐标图示法,线路中各电器元件均按横向画法排列。各电气元件线圈的右侧,由上到下标明各支路的序号 1,

2,……,并在该电器元件线圈旁标明其常开触点(标在横线上方)、常闭触点(标在横线下方)在电路中所在支路的标号,以便阅读和分析电路时查找。例如,接触器 KM1 常开触点在主电路有 3 对,控制回路 2 支路中有一对;常闭触点在控制电路 3 支路中有一对。此种表示法在机床电气控制线路中普遍采用。

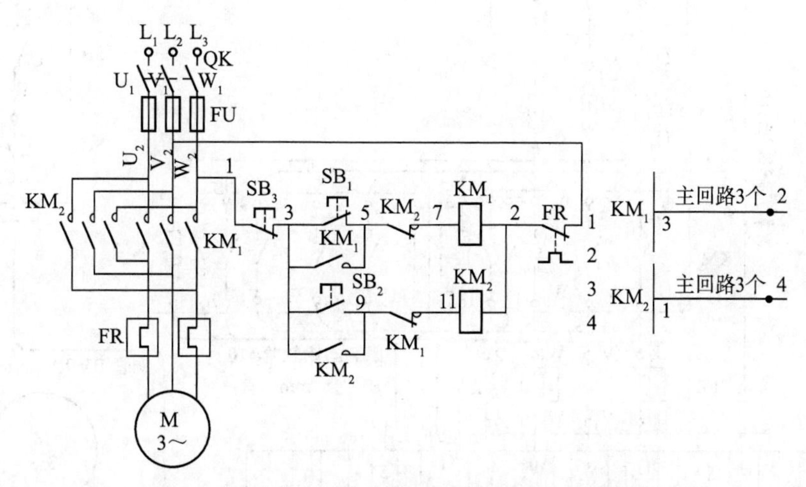

图 2－3　电动机正、反转横坐标图示法电气原理图

2.1.2　电气元件布置图

电气元件布置图主要用来表明电气设备上所有电机、电器的实际位置,是机械电气控制设备制造、安装和维修必不可少的技术文件。布置图根据设备的复杂程度或集中绘制在一张图上,或将控制柜与操作台的电气元件布置图分别绘制。绘制布置图时,机械设备轮廓用双点画线画出,所有可见的和需要表达清楚的电气元件及设备,用粗实线绘制出其简单的外形轮廓。电气元件及设备代号必须与有关电路图和清单上的代号一致。

2.1.3　电气安装接线图

电气安装接线图是按照电气元件的实际位置和实际接线绘制的,根据电气元件布置最合理、连接导线最经济等原则来安排。它为安装电气设备、电气元件之间进行配线及检修电气故障等提供了必要的依据。图 2－4 所示为笼型电动机正、反转控制的安装接线图。

绘制安装接线图应遵循以下原则:

(1) 各电气元件用规定的图形、文字符号绘制,同一电气元件各部件必须画在一起。各电气元件的位置,应与实际安装位置一致。

(2) 不在同一控制柜或配电屏上的电气元件的电气连接必须通过端子板进行。各电气元件的文字符号及端子板的编号应与原理图一致,并按原理图的接线进行连接。

(3) 走向相同的多根导线可用单线表示。

(4) 画连接线时,应标明导线的规格、型号、根数和穿线管的尺寸。

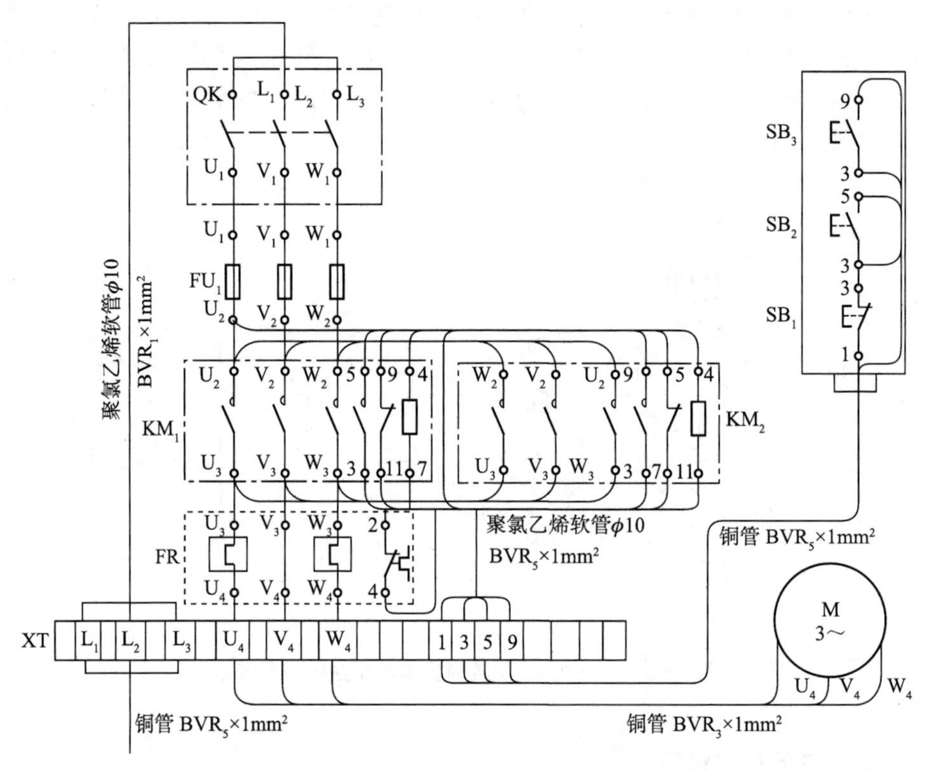

图 2-4　笼型电动机正、反转控制的安装接线图

2.2　三相异步电动机的全压启动控制

2.2.1　启动、点动和停止控制环节

1. 单向全压启动控制线路

图 2-5 是一个常用的最简单、最基本的电动机控制电路。主电路由刀开关 QS、熔断器 FU1、接触器 KM 的主触点、热继电器 FR 的热元件与电动机 M 构成；控制回路由启动按钮 SB_2、停止按钮 SB_1、接触器 KM 的线圈及其常开辅助触点、热继电器 FR 的常闭触点等几部分构成；正常启动时，合上 QS，引入三相电源，按下 SB_2，交流接触器 KM 的吸引线圈通电，接触器主触点闭合，电动机接通电源直接启动运转。同时与 SB_2 并联的常开辅助触点 KM 也闭合，使接触器吸引线圈经两条路通电。这样，当手松开，SB_2 自动复位时，接触器 KM 的线圈仍可通过辅助触点 KM 使接触器线圈继续通电，从而保持电动机的连续运行。这个辅助触点起着自保持或自锁的作用。这种由接触器(继电器)自身的常开触点来使其线圈长期保持通电的环节叫“自锁”环节。

按下停止按钮 SB_1，控制电路被切断，接触器线圈则断电，其主触点释放，将三相电源断开，电动机停止运转。同时 KM 的辅助常开触点也释放，“自锁”环节被断开，因而当手松开停止按钮后，SB_1 在复位弹簧的作用下，恢复到原来的常闭状态，但接触器线圈也不能再依靠自锁环节通电了。

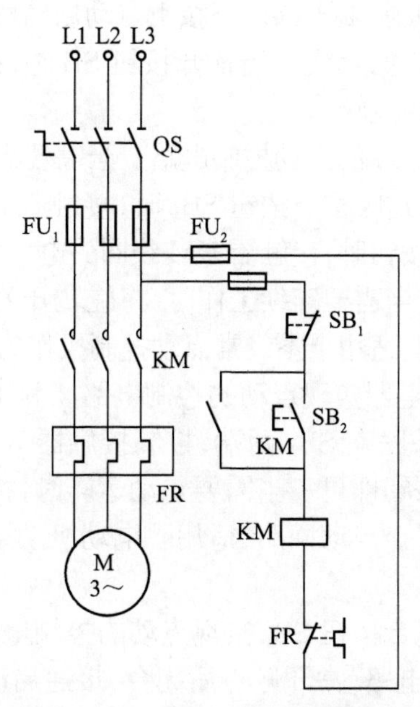

图 2-5　单向全压启动控制线路

2. 电动机的点动控制线路

某些生产机械在安装或维修时,常常需要试车或调整,此时就需要点动控制。点动控制的操作要求为;按下点动启动按钮时,常开触点接通电动机启动控制回路,电动机转动;松开按钮后,由于按钮自动复位,常开触点断开,切断了电动机启动控制回路,电动机停转。点动启、停的时间长短由操作者手动控制。

图 2-6 中列出了实现点动的几种控制电路。

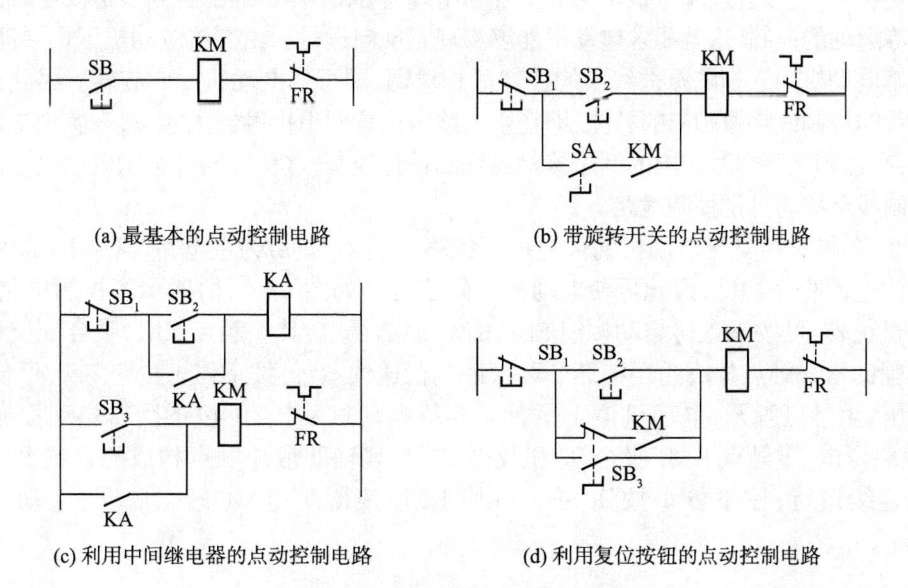

(a) 最基本的点动控制电路　(b) 带旋转开关的点动控制电路

(c) 利用中间继电器的点动控制电路　(d) 利用复位按钮的点动控制电路

图 2-6　实现点动的几种控制电路

图 2－6(a)是最基本的点动控制电路。当按下点动启动按钮 SB 时，接触器 KM 线圈得电，主触点吸合，电动机电源接通，运转。当松开按钮 SB 时，接触器 KM 线圈失电，主触点断开，电动机被切断电源而停止运转。

图 2－6(b)是带旋转开关 SA 的点动控制电路。当需要点动操作时，将旋转开关 SA 转到断开位置，使自锁回路断开，这时按下按钮 SB_2 时，接触器 KM 线圈得电，主触点闭合，电动机接通电源启动；当手松开按钮时，接触器 KM 线圈失电，主触点断开，电动机电源被切断而停止，从而实现了点动控制、当需要连续工作时，将旋转开关 SA 转到闭合位置，即可实现连续控制。这种方案比较实用，适用于不经常点动控制操作的场合。

图 2－6(c)是利用中间继电器实现点动的控制电路。利用连续启动按钮 SB_2 控制中间继电器 KA，KA 的常开触点并联在 SB_3 两端，控制接触器 KM，再控制电动机实现连续运转；当需要停转时，拉下 SB_1 按钮即可。当需要点动运转时，按下 SB_3 按钮即可。这种方案的特点是在电路中单独设置一个点动回路，适用于电动机功率较大并须经常点动控制操作的场合。

图 2－6(d)是采用一个复合按钮 SB_3 实现点动的控制电路。点动控制时，按下点动按钮 SB_3，常闭触点先断开自锁电路，常开触点后闭合，接通启动控制电路，接触器 KM 线圈通电，主触点闭合，电动机启动旋转。当松开 SB_3 时，接触器 KM 线圈失电，主触点断开电动机停止转动。若需要电动机连续运转，则按启动按钮 SB_2，停机时按下停止按钮 SB_1 即可。这种方案的特点是单独设置一个点动按钮，适用于须经常点动控制操作的场合。

2.2.2　可逆控制和互锁环节

在生产加工过程中，各种生产机械常常要求具有上下、左右、前后、往返等相反方向的运动。如电梯的上下运行、起重机吊钩的上升与下降、机床工作台的前进与后退及主轴的正转与反转等运动的控制，这就要求电动机能够实现正反向运行。由交流电动机工作原理可知，若将接至电动机的三相电源进线中的任意两相对调，即可使电动机反向旋转。因此需要对单向运行的控制线路做相应的补充，即在主电路中设置两组接触器主触点，来实现电源相序的转换；在控制电路中对相应的两个接触器线圈进行控制，这种可同时控制电动机正转或反转的控制线路称为可逆控制线路。

图 2－7 是三相交流电动机的可逆控制线路。图 2－7(a)为主电路，其中 KM_1 和 KM_2 所控制的电源相序相反，因此可使电动机反向运行。如图 2－7(b)所示的控制电路中，要使电动机正转，可按下正转启动按钮 SB_2，KM_1 线圈得电，其主触点 KM_1 吸合，电机正转，同时其辅助常开触点构成的自锁环节可保证电机连续运行；按下停止按钮 SB_1，可使 KM_1 线圈失电，主触点脱开，电动机停止运行。要位电动机反转，可按下反转启动按钮 SB_3，KM_2 线圈得电，主触点 KM_2 吸合，电机反转，同时其辅助常开触点构成的自锁环节可保证电机连续运行；按下停止按钮 SB_1，可使 KM_2 线圈失电，主触点脱开，电动机停止运行。

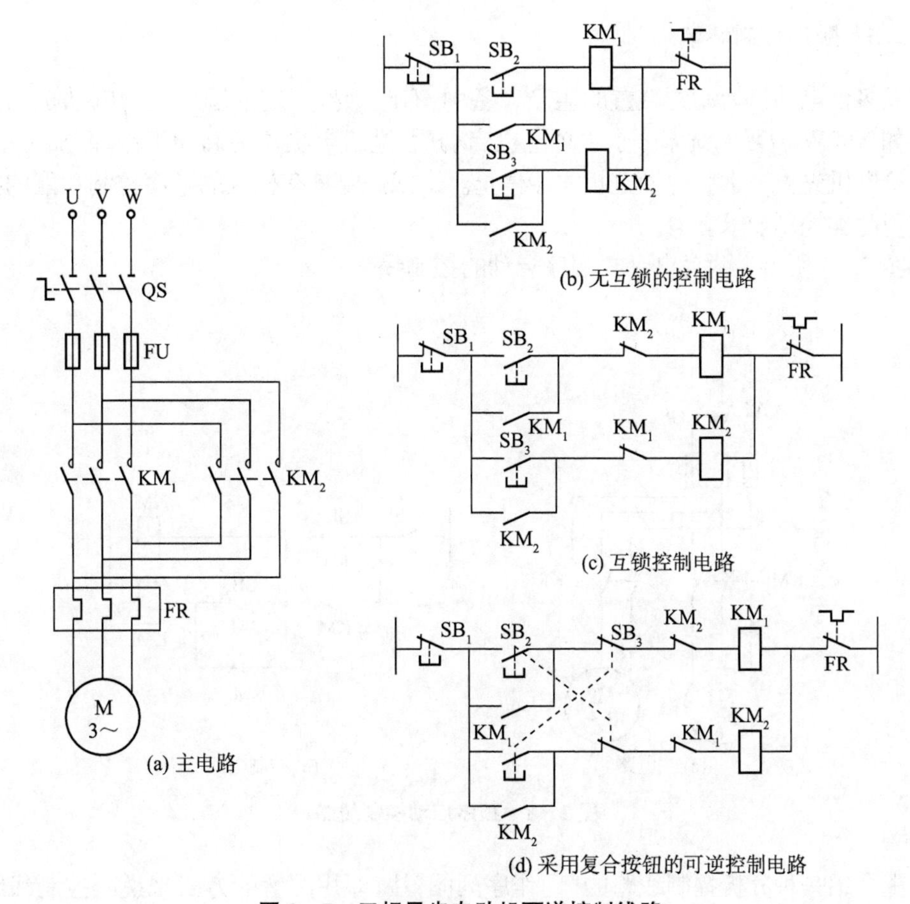

(a) 主电路

(b) 无互锁的控制电路

(c) 互锁控制电路

(d) 采用复合按钮的可逆控制电路

图 2-7　三相异步电动机可逆控制线路

如图 2-7(c)所示的电路既有互锁功能,这种在控制电路中利用辅助触点互相制约工作状态的控制环节,称为"互锁"环节。设置互锁环节是可逆控制电路中防止电源线间短路的保证。

按照电动机可逆运行操作顺序的不同,有"正—停—反"和"正—反—停"两种控制电路。图 2-7(c)控制电路做正反向操作控制时,必须首先按下停止按钮 SB_1,然后再进行反向启动操作,因此它是"正—停—反"控制电路。但在有些生产工艺中,希望能直接实现正反转的变换控制。由于电动机正转的时候,按下反转按钮时首先应断开正转接触器线圈电路,待正转接触器释放后再接通反转接触器,为此可以采用两个复合按钮来实现。其控制线路如图 2-7(d)所示。在这个线路中既有接触器的互锁,又有按钮的互锁,保证了电路可靠地工作,在电力拖动控制系统中常用。正转启动按钮 SB_2 的常开触点用来使正转接触器 KM_1 的线圈瞬时通电,常闭触点则串接在反转接触器 KM_2 线圈的电路中,用来使之释放。反转启动按钮 SB_3 也按 SB_2 同样安排,当按下 SB_2 或 SB_3 时,首先其常闭触点断开,然后才是常开触点闭合。这样在需要改变电动机运转方向时,就不必按 SB_1 停止按钮了,可直接操作正反转按钮即能实现电动机运转情况的改变。

2.2.3 顺序控制环节

在以多台电动机为动力装置的生产设备中，有时须按一定的顺序控制电动机的启动和停止。如 X62W 型万能铣床要求主轴电机启动后，进给电机才能启动工作，而加工结束时，要求进给电机先停车之后主轴电机才能停止。这就需要具有相应的顺序控制功能的控制线路来实现此类控制要求。

如图 2－8 所示为两台电动机顺序启动的控制线路。

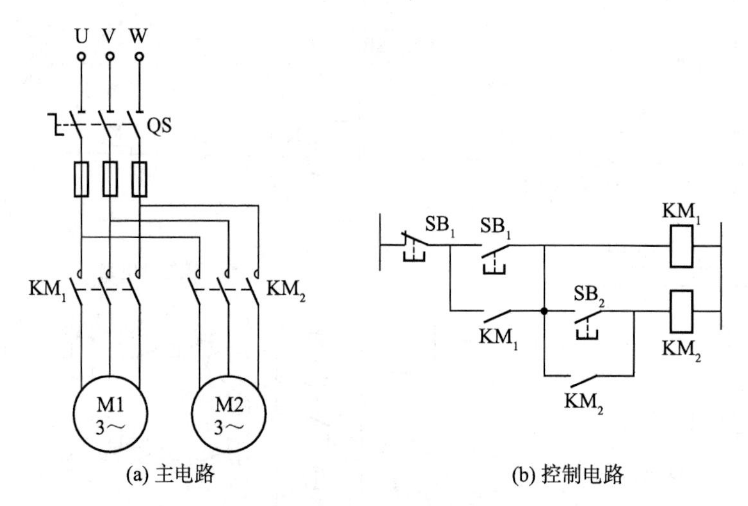

(a) 主电路 (b) 控制电路

图 2－8 顺序启动控制线路

首先介绍一种分析控制线路的“动作序列图”法，即用图解的方式来说明控制线路中各元件的动作状态、线圈的得电与失电状态等。动作图符号规定如下：

(1) 用带有“×”或“√”作为上角标的线圈的文字符号来表示元件线圈的失电或得电状态；

(2) 用带有“＋”或“－”作为上角标的文字符号来表示元件触点的闭合或断开。

下面用“动作序列图”法来分析图 2－8 所示的顺序启动控制线路的工作过程：

按下 SB_1^+→$KM_1^{\surd}$→KM_1^+主触点吸合，M1 启动。

↘→KM_1^+辅助常开触点吸合，自锁。

↘按下 SB_2^+→$KM_2^{\surd}$→KM_2^+主触点吸合，M2 启动。

↘→KM_2^+辅助常开触点吸合，自锁。

两台电机都启动之后，要使电动机停止运行，可如下操作：

按下 SB_3^-→$KM_1^{\times}$→KM_1^-主触点释放脱开，M1 停止运转。

↘→$KM_2^{\times}$→KM_2^-主触点释放脱开，M2 停止运转。

可见，电动机 M2 必须在电动机 M1 先启动之后才可以启动，如果 M1 不工作，M2 就无法工作。这里 KM_1 的常开辅助触点起到两个作用：一是构成自锁环节，保证其自身的连续运行；二是作为 KM_2 得电的先决条件，实现顺序控制。

如图 2－9 是一个实现顺序启动逆序停车的控制电路。由 KM_1 和 KM_2 分别控制两台电动机 M1、M2，要求 M1 启动之后 M2 才可以启动，M2 停车之后 M1 才可以停车。现用“动作序列图”法分析此控制电路的工作过程。

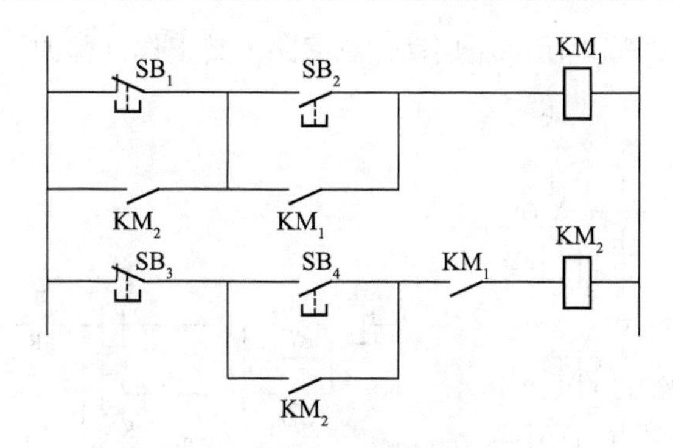

图 2-9　顺序启动逆序停车控制电路

启动操作：

$SB_2^+ \rightarrow KM_1^{\surd} \rightarrow KM_1^+$主触点吸合，M1 启动。

$\searrow \rightarrow KM_1^+$辅助常开触点吸台，自锁。

$SB_4^+ \rightarrow KM_2^{\surd} \rightarrow KM_2^+$主触点吸合，M2 启动。

$\searrow \rightarrow KM_2^+$辅助常开触点吸合，自锁。

停车操作：

$SB_3^- \rightarrow KM_2^{\times} \rightarrow KM_2^-$主触点释放脱开，M2 停止运转。

$SB_1^- \rightarrow KM_1^{\times} \rightarrow KM_1^-$主触点释放脱开，M1 停止运转。

由于 KM_2 控制支路中串有 KM_1 的常开辅助触点，使得 KM_2 不能单独先得电，而只有在 KM_1 得电之后才可以，因而实现了顺序启动的控制要求；在 KM_1 停止按钮的下面并接着 KM_2 的常开辅助触点，使得 KM_2 未断电的情况下，KM_1 也无法断电，只有当 KM_2 先断电，KM_1 才可以由停止按钮 SB_1 使其断电，因而实现了顺序停车的控制要求。

2.3　三相异步电动机的降压启动控制

降压启动方式是指在启动时将电源电压降低到一定的数值后再施加到电动机定子绕阻上，待电动机的转速接近同步转速后，再使电动机回到电源电压下运行。

通常对小容量的三相异步电动机均采用直接启动方式，启动时将电动机的定子绕阻直接接在交流电源上，电动机在额定电压下直接启动。对于大、中容量的电动机（具体容量计算可以参考相关的电力拖动基础教材），因启动电流较大，一般应采用降压启动方式，以防止过大的启动电流引起电源电压的波动，影响其他设备的正常运行。

常用的降压启动方式有星形-三角形（Y-△）降压启动、串自耦变压器降压启动、定子串电阻（电抗器）降压启动、软启动（固态降压启动器）、延边三角形降压启动等。目前，星形-三角形降压启动和串自耦变压器降压启动两种方式应用最广泛。

1. 定子串电阻降压启动控制线路

定子串电阻降压启动方法就是电动机启动时，在三相定子电路中串接电阻，使电动机定子绕阻电压降低，启动结束后再将电阻短接，电动机在全压下运行。显然，这种方法会消耗大量的电能且装置成本较高，一般仅适用于绕线式交流电动机的一些特殊场合下使用，如起重机械等。

图 2 - 10 所示是定子串电阻降压启动控制线路。其工作过程如下：

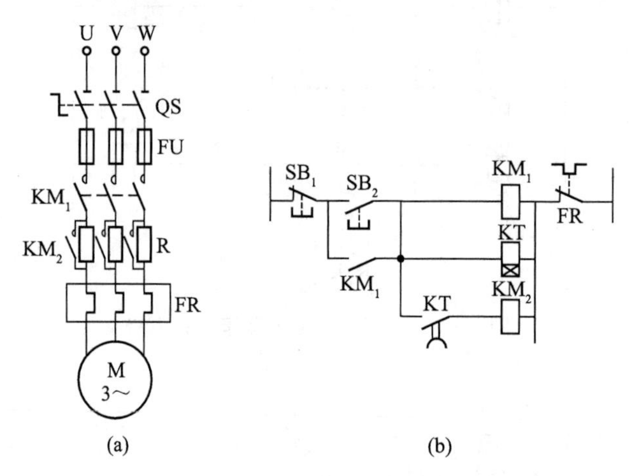

图 2 - 10 定子串电阻降压启动控制线路

按下 SB_2^+→$KM_1^{\checkmark}$→KM_1^+主触点吸合，M 串电阻启动。

↘→KM_1^+辅助常开触点吸合，自锁。

$KT^{\checkmark}$开始延时→延时时间到→KT^+→$KM_2^{\checkmark}$→KM_2^+主触点吸合→将定子串接的电阻短接，使电动机在全电压下进入稳态运行。

此控制电路中 KT 在电动机启动后，仍须一直通电，处于动作状态，这是不必要的，可以调整控制线路，使得电动机启动完成后，只由接触器 KM_1、KM_2 得电使之正常运行。

定子串电阻降压启动的优点是按时间原则切除电阻，动作可靠，电路结构简单；缺点是电阻上功率损耗大，启动电阻一般采用由电阻丝绕制的板式电阻。经常应用在绕线异步电动机的启动中(如起重机等)。为降低电功率损耗，可采用电抗器代替电阻，但价格较贵，成本较高。

2. 星形-三角形降压启动控制线路

凡是正常运行时定子绕组接成三角形的笼形异步电动机，常可采用星形-三角形(Y-△)降压启动方法来限制启动电流。Y-△降压启动方法是，启动时先将电动机定子绕组接成 Y，这时加在电动机每相绕组上的电压为电源电压额定值的 1/3，从而其启动转矩为△接法时直接启动转矩的 1/3，启动电流降为△连接直接启动电流的 1/3，减小了启动电流对电网的影响。待电动机启动后，按预先设定的时间再将定子绕组切换成△接法，使电动机在额定电压下正常运转。

星形-三角形降压启动控制线路如图 2 - 11 所示。其启动过程分析如下：

按下 SB_2^+→$KM_1^{\checkmark}$→KM_1^+主触点吸合→电动机 Y 接法启动。

↘→$KM_2^{\checkmark}$→KM_2^+主触点吸合↗

$KT^{\checkmark}$→开始延时→时间到→KT^+→$KM_3^{\checkmark}$→KM_3^+主触点吸合→电动机△接法运行

↘→KT^-→$KM_2^{\times}$→KM_2^-主触点释放脱开↗

此线路中，KT 仅在启动时得电，处于动作状态；启动结束后，KT 处于失电状态。与其他降压启动方法相比，Y-△降压启动方法的启动电流小、投资少、线路简单、价格便宜，但启动转矩小，转矩特性差。因而这种启动方法适用于小容量电动机及轻载状态下启动，并只能用于正常运转时定子绕组接成三角形的三相异步电动机。

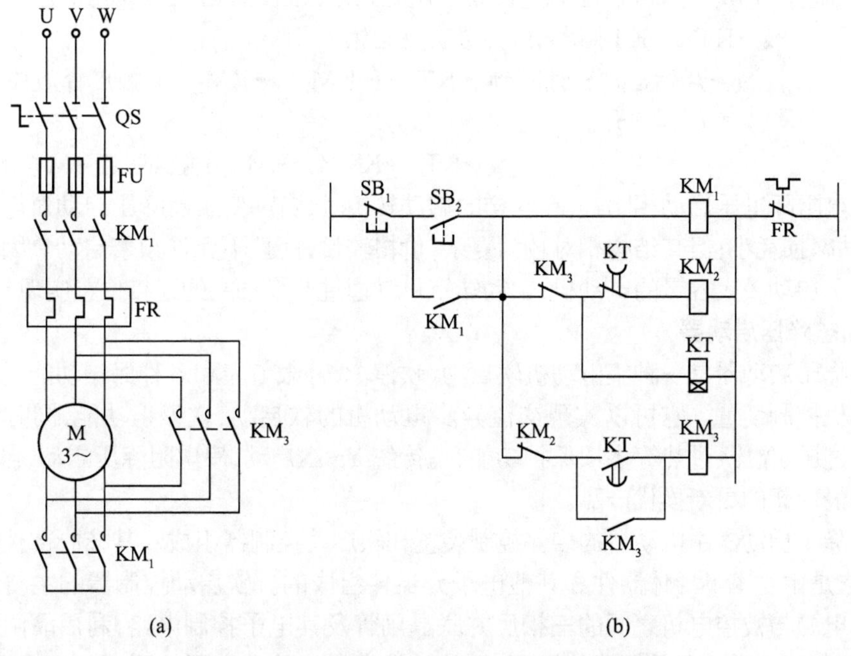

图 2 - 11　星形-三角形降压启动控制线路

3. 自耦变压器降压启动控制线路

自耦变压器降压启动控制线路中，电动机启动电流是通过自耦变压器的降压作用实现的。在电动机启动的时候，定子绕组上的电压是自耦变压器的二次端电压，待启动完成后，自耦变压器被切除，定子绕组重新接上额定电压，电动机在全电压下进入稳态运行。图 2 - 12 为自耦变压器降压启动的控制线路。其启动过程分析如下：

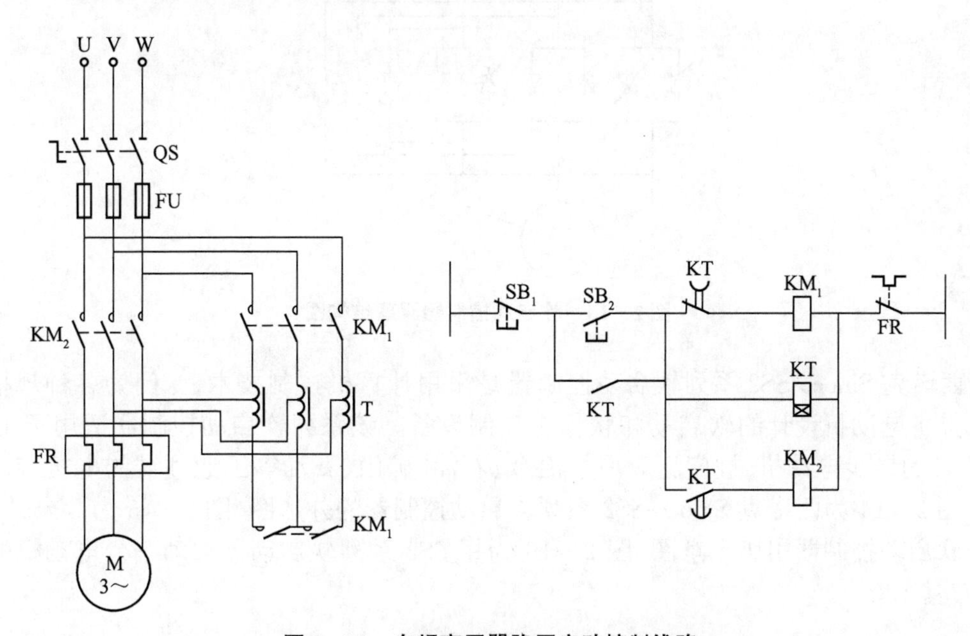

图 2 - 12　自耦变压器降压启动控制线路

按下 SB_2^+→$KM_1^{\surd}$→KM_1^+主触点吸合→M 定子绕组经自耦变压器降压启动。

↘→$KT^{\surd}$→KT^+瞬动触点吸合→自锁

↘→开始延时→时间到→KT^-→ $KM_1^{\times}$→KM_1^-主触点释放脱开→自耦变压器断开。

↘→KT^+→$KM_2^{\surd}$→KM_2^+主触点吸合→M 全电压运行。

与串电阻降电压启动相比较，在同样的启动转矩时，自耦变压器降压启动对电网的电流冲击小，功率损耗小；但其结构相对较为复杂，价格较贵，而且不允许频繁启动。因此这一方法主要用于启动较大容量的电动机，启动转矩可以通过改变抽头的连接位置实现。

4. 固态降压启动器

固态降压启动器是一种集电动机软启动、软停车、轻载节能和多种保护功能于一体的新颖的电动机控制装置。它可以实现交流异步电动机的软启动、软停止功能，同时还具有过载、缺相、过压、欠压、过热等多项保护功能，是传统 Y -△启动、串电阻降压启动、自耦变压器降压启动最理想的更新换代产品。

固态降压启动器由电动机的启停控制装置和软启动控制器组成。其核心部件是软启动控制器，它是由功率半导体器件和其他电子元器件组成的。软启动控制器的主要结构是一组串接于电源与被控电机之间的三相反并联晶闸管及其电子控制电路，利用晶闸管移相控制原理，控制三相反并联晶闸管的导通角，使被控电机的输入电压按不同的要求而变化，从而实现不同的启动功能。启动时，使晶闸管的导通角从零开始，逐渐前移，电机的端电压从零开始，按预设函数关系逐渐上升，直至达到满足启动转矩而使电动机顺利启动，再使电动机全电压运行。软启动控制器原理结构如图 2 - 13 所示。

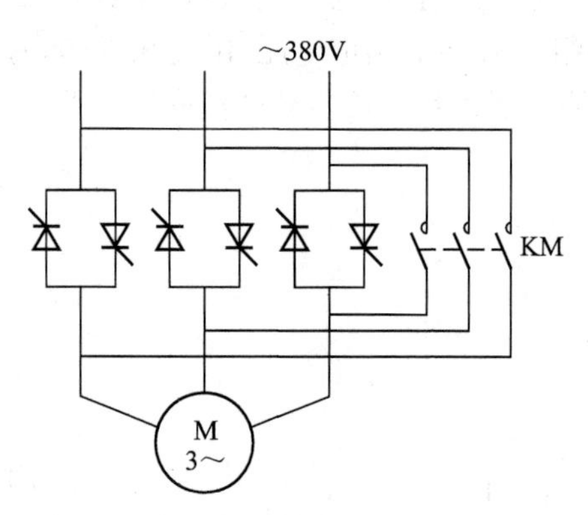

图 2 - 13　软启动控制器原理结构图

西诺克 Sinoco-SS2 系列软启动控制器是采用计算机控制技术，专门为各种规格的三相异步电动机设计的软启动和软停止控制设备。该系列软启动控制器适用于 15～315kW 的异步电动机，被广泛应用于冶金、石油、矿山、石油等工业领域的电机传动设备。图 2 - 14 为西诺克 Sinoco-SS2 系列软启动控制器的外形图，图 2 - 15 为 Sinoco-SS2 系列软启动控制器引脚示意图，图 2 - 16 为用 SS2 系列软启动器启动一台电动机的控制线路。

图 2－14　SS2 系列软启动控制器的外形图

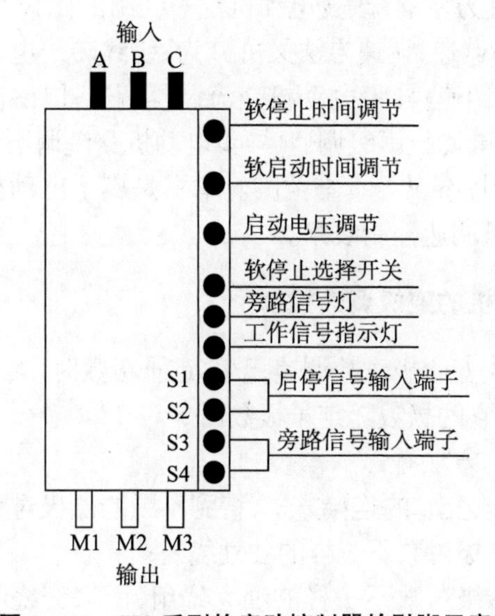

图 2－15　SS2 系列软启动控制器的引脚示意图

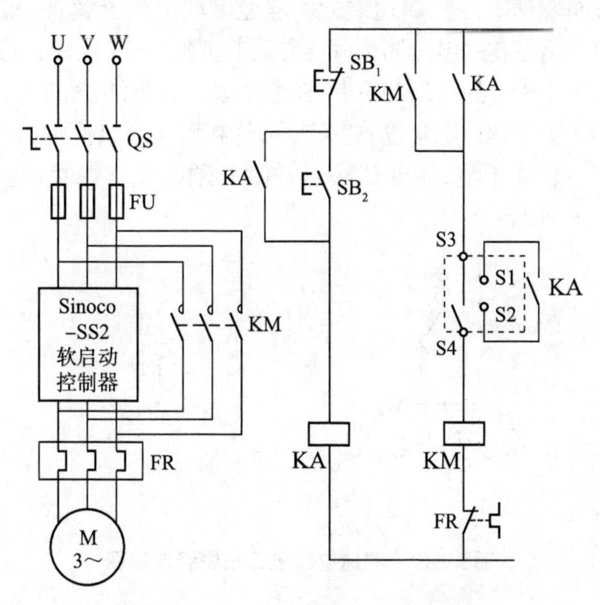

图 2－16　SS2 系列软启动器控制线路

2.4　三相异步电动机的调速控制

异步电动机调速常用来改善机械装置的调速性能和简化机械变速装置。三相异步电动机的转速公式为

$$n=\frac{60f_1}{p}(1-s) \tag{2-1}$$

式中，s 为转差率；f_1 为电源频率(Hz)；p 为定子绕组的磁极对数。

三相异步电动机的调速方法有：改变电动机定子绕组的磁极对数 p，改变电源频率 f_1；改变转差率 s。改变转差率调速；调速方法又可分为；绕线转子电动机在转子电路串接电阻调速；绕线转子电动机串级调速；异步电动机交流调压调速；电磁离合器调速。上述控制方法中的变频调速、绕线转子电动机串级调速、异步电动机交流调压调速和电磁离合器调速是属于电动机的连续控制范围，不属于本书范围。本书是属于电动机的断续控制。下面分别介绍几种常用的异步电动机调速控制线路。

2.4.1　三相笼型电动机的变极调速控制

三相笼型电动机采用改变磁极对数调速，改变定子极数时，转子极数也同时改变。笼型转子本身没有固定的极数，它的极数随定子极数而定。

改变定子绕组极对数的方法有；

(1) 装一套定子绕组，改变它的连接方式，得到不同的磁极对数；

(2) 定子槽里装两套磁极对数不一样的独立绕组；

(3) 定子槽里装两套磁极对数不一样的独立绕组，而每套绕组本身又可以改变其连接方式，得到不同的极对数。

多速电动机一般有双速、三速、四速之分。双速电动机定子装有一套绕组，三速、四速电动机则装有两套绕组。双速电动机三相绕组连接图如图 2－17 所示。图 2－17(a)为三角形与双星形连接法；图 2－17(b)为星形与双星形连接法。应当注意，当三角形或星形连接时，$p=2$(低速)，各相绕组互为 240°电角度；当双星形连接时 $p=1$(高速)，各相绕组互为 120°电角度。为保持变速前后转向不变，改变磁极对数时必须改变电源相序。对应于图 2－17 的电流接线图如图 2－18 所示。

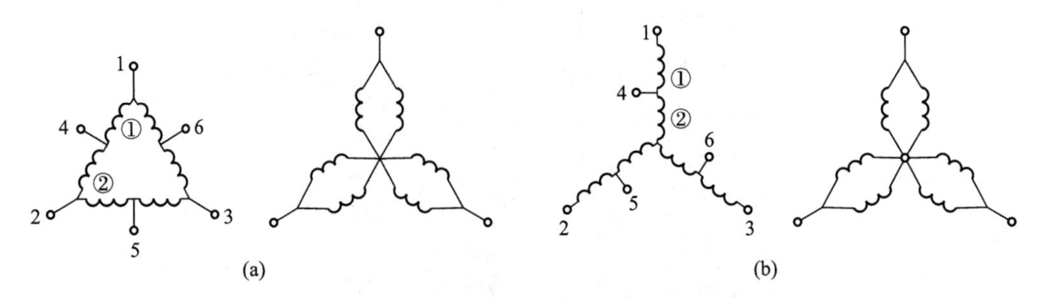

图 2－17　双速电动机三相绕组连接图

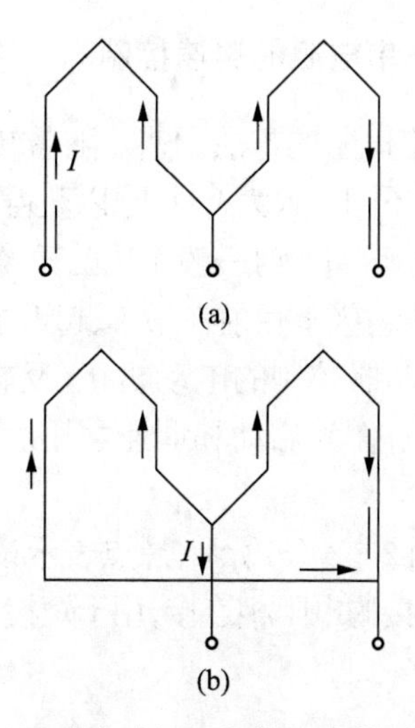

图 2 - 18　双速电动机三相绕组连接时的电流图

双速电动机调速控制线路如图 2 - 19 所示。图中,SC 为转换开关,置于“低速”位置时,电动机连接成三角形,低速运行;SC 置于“高速”位置时,电动机连接成双星形,高速运行。

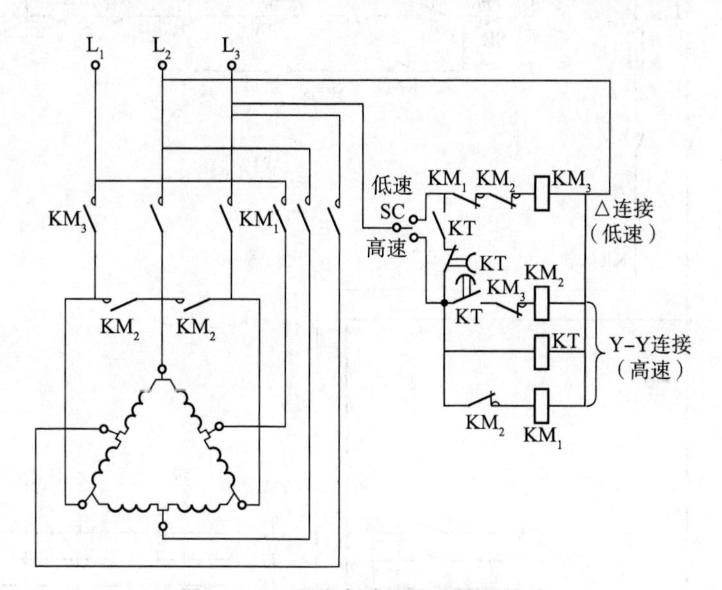

图 2 - 19　双速电动机调速控制线路

工作过程如下。

低速运行:SC 置于低速位置→接触器 KM_3 通电→KM_3 主触点闭合→电动机 M 连接成三角形,低速运行。

高速运行:SC 置于高速位置→时间继电器 KT 通电→接触器 KM_3 通电→电动机 M 先连接成三角形以低速启动→开始延时→时间到→KT 延时打开常闭触点→KM_3 断电→KT 延时闭合常开触点→接触器 KM_2 通电→接触器 KM_1 通电→电动机连接成双星形投入高速运行。电动机实现先低速后高速的控制,目的是限制启动电流。

2.4.2　绕线转子电动机转子串电阻的调速控制

绕线转子电动机可采用转子串电阻的方法调速。随着转子所串电阻的增大，电动机的转速降低，转差率增大，使电动机工作在不同的人为特性上，以获得不同的转速，实现调速的目的。

对于绕线转子电动机，当电动机容量小时一般采用凸轮控制器进行调速控制，而当电动机容量大时一般采用主令控制器进行调速控制，目前在吊车、起重机一类的生产机械上被普遍采用。

图 2－20 所示为采用凸轮控制器控制的电动机正、反转和调速的线路。在电动机 M 的转子电路中，串接三相不对称电阻，作为启动和调速之用。转子电路的电阻和定子电路相关部分与凸轮控制器的各触点连接。

凸轮控制器的触点展开图如图 2－20(c)所示，黑点表示该位置触点接通，没有黑点则表示不通。触点 SA_1～SA_5 和转子电路串接的电阻相连接，用于短接电阻，控制电动机的启动和调速。

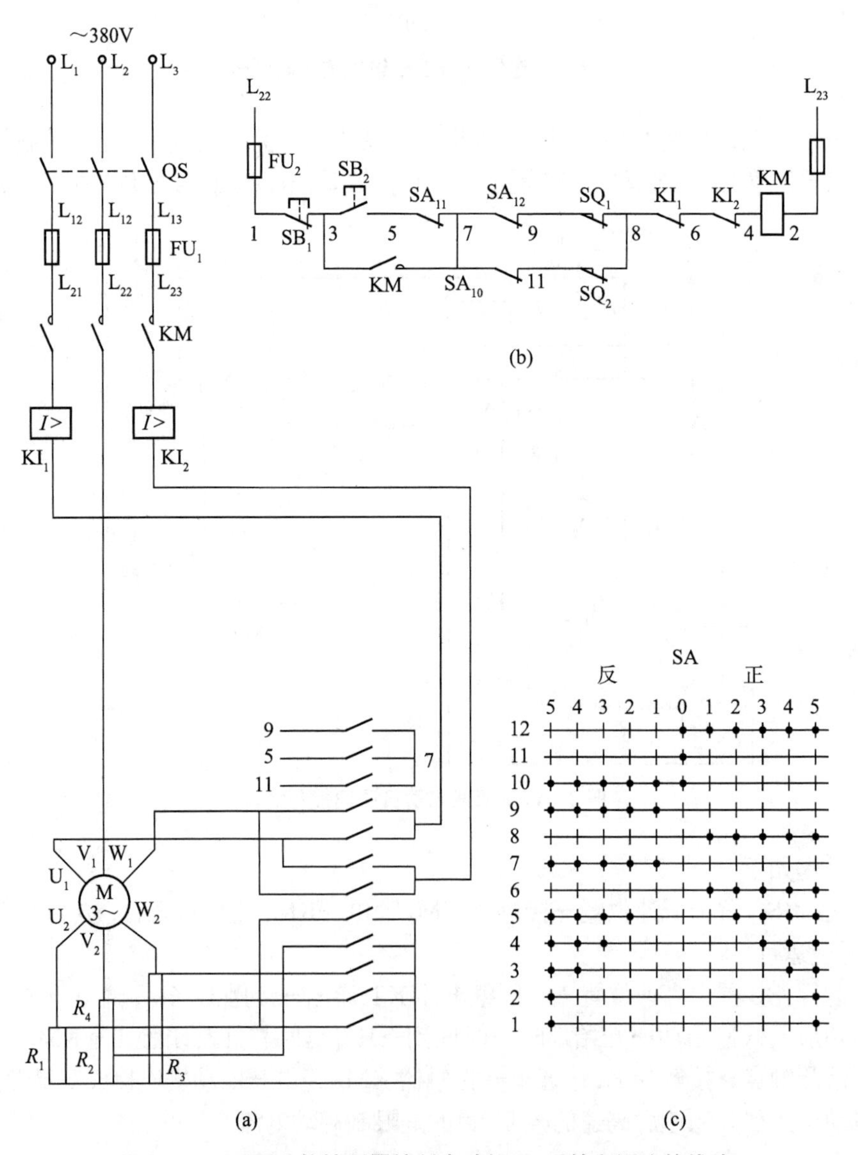

图 2－20　采用凸轮控制器控制电动机正、反转和调速的线路

工作过程如下:凸轮控制器手柄置"0",SA_{10}、SA_{11}、SA_{12} 三对触点接通→合上刀开关 QK→按下启动按钮 SB_2→KM 接触器通电→KM 主触点闭合→把凸轮控制器手柄置正向"1"位→触点 SA_{12}、SA_6、SA_8 闭合→电动机 M 接通电源,转子串入全部电阻($R_1+R_2+R_3+R_4$)正向低速启动→KT 手柄位量打向正向"2"位→SA_{12}、SA_6、SA_8、SA_5 四对触点闭合→电阻 R_1 被切除,电动机转速上升,当凸轮控制器手柄从正向"2"位依次转向"3","4","5"位时,触点 KT_4～KT_1 先后闭合,电阻 R_2,R_3,R_4 被依次切除,电动机转速逐步升高,直至以额定转速运转。

当凸轮控制器手柄由"0"位扳向反向"1"位时,触点 SA_{10}、SA_9、SA_7 闭合,电动机 M 电源相序改变而反向启动。手柄位置从"1"位依次板向"5"位时,电动机转子所串电阻被依次切除,电动机转速逐步升高。过程与正转相同。

另外,为了安全运行,在终端位置设置了两个限位开关 SQ_1、SQ_2,分别与触点 SA_{11}、SA_{12} 串接,在电动机正、反转过程中,当运动机构到达终端位置时,挡块压动限位开关,切断控制电路电源,使接触器 KM 断电,切断电动机电源,电动机停止运转。

2.5　三相异步电动机的制动控制

三相异步电动机从切断电源到安全停止转动,由于惯性的关系总要经过一段时间,影响了劳动生产率。在实际生产中,为了实现快速、准确停车,缩短时间,提高生产效率,对要求停转的电动机强迫其迅速停车,必须采取制动措施。

三相异步电动机的制动方法有机械制动和电气制动两种。

机械制动是利用机械装置使电动机迅速停转。常用的机械装置是电磁抱闸,抱闸装置由制动电磁铁和闸瓦制动器组成。机械制动可分为断电制动和通电制动。制动时,将制动电磁铁的线圈切断或接通电源,通过机械抱闸制动电动机。

电气制动方法有反接制动、能耗制动、发电制动和电容制动等。

这里介绍反接制动、能耗制动控制线路。

2.5.1　三相异步电动机反接制动控制

反接制动是利用改变电动机电源相序,使定子绕组产生的旋转磁场与转子旋转方向相反因而产生制动力矩的一种制动方法。应注意的是,当电动机转速接近零时,必须立即断开电源,否则电动机会反向旋转。

另外,由于反接制动电流较大,制动时须在定子回路中串入电阻以限制制动电流。反接制动电阻的接法有两种:对称电阻接法和不对称电阻接法。

单向运行的三相异步电动机反接制动控制线路如图 2 - 21 所示。接制动电阻采用了对称电阻接法,控制线路按速度原则实现控制,通常采用速度继电器。速度继电器与电动机同轴相连,在 120～3000r/min 范围内,速度继电器触头动作;当转速低于 100r/min 时,其触头复位。

工作过程如下:合上刀开关 QK→按下启动按钮 SB_2→接触器 KM_1 通电→电动机 M 启动运行→速度继电器 KS 常开触头闭合,为制动作准备。制动时按下停止按钮 SB_1→KM_1 断电→KM_2 通电(KS 常开触头尚未打开)→KM_2 主触头闭合,定子绕组串入限流电阻 R 进行反接制动→$n\approx0$ 时,KS 常开触头断开→KM_2 断电,电动机制动结束。

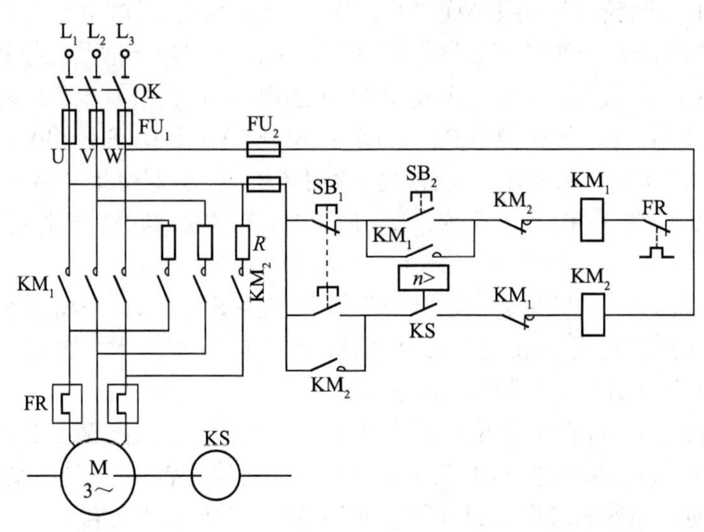

图 2-21　单向运行的三相异步电动机反接制动控制线路

图 2-22 所示为电动机可逆运行的反接制动线路。图中，KS_F 和 KS_R 是速度继电器 KS 的两组常开触头，正转时 KS_F 闭合，反转时 KS_R 闭合，工作过程请读者自行分析。

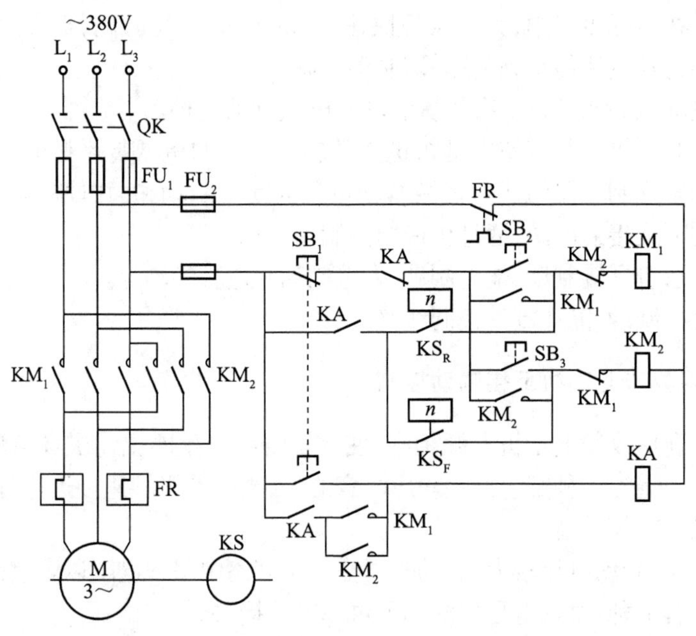

图 2-22　电动机可逆运行的反接制动控制线路

2.5.2　三相异步电动机能耗制动控制

三相异步电动机能耗制动时，切断定子绕组的交流电源后，在定子绕组任意两相通入直流电流，形成一固定磁场，与旋转着的转子中的感应电流相互作用产生制动力矩，制动结束后，必须及时切除直流电源。

能耗制动控制线路如图 2－23 所示。

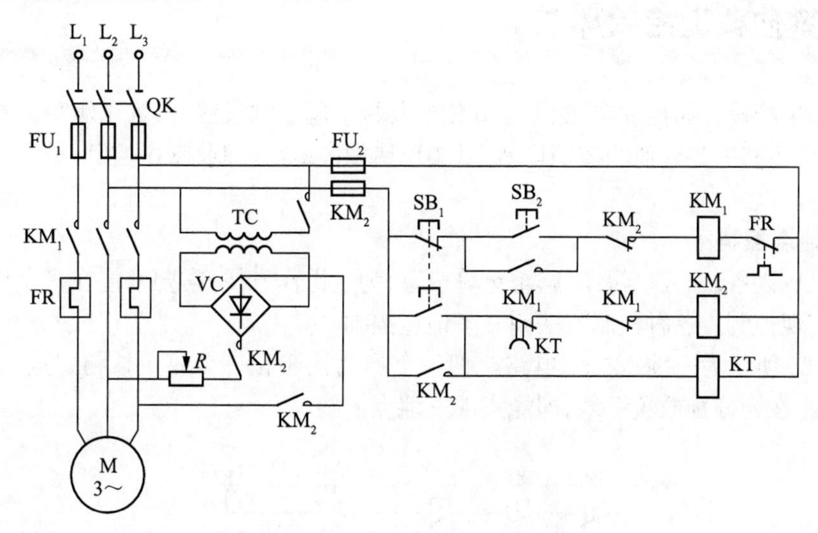

图 2－23　能耗制动控制线路

工作过程如下：合上刀开关 QK→按下启动按钮 SB_2→接触器 KM_1 通电→电动机 M 启动运行。

制动时，按下复合按钮 SB_1→KM_1 断电→电动机 M 断开交流电源→

→KM_2 通电→电动机 M 两相定子绕组通入直流电，开始能耗制动。

→时间继电器 KT 通电→延时到→KT 延时打开常闭触头→KM_2 断电→电动机 M 切断直电

流电→能耗制动结束。

该控制线路制动效果好，但对于较大功率的电动机要采用三相整流电路，则所需设备多、投资成本高。

对于 10kW 以下的电动机，在制动要求不高的场合，可采用无变压器单相半波整流控制线路，如图 2－24 所示。

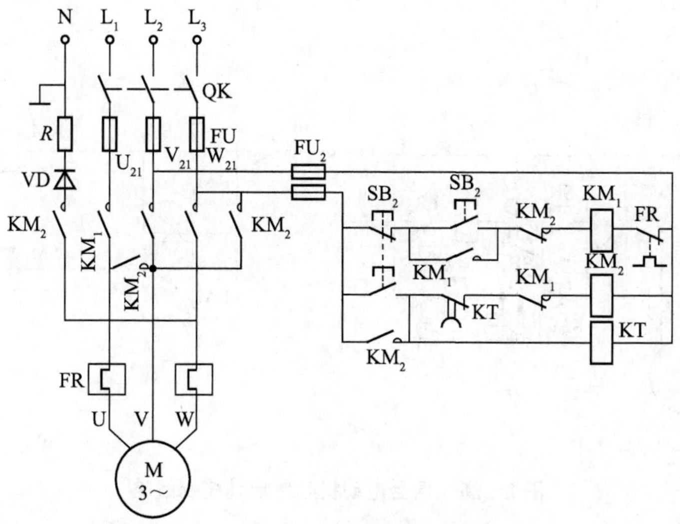

图 2－24　无变压器单相半波整流控制线路

2.6 其他典型控制环节

在实际生产设备的控制中，除上述介绍的几种基本控制线路外，为了满足某些特殊要求和工艺需要，还有一些其他的控制环节，以实现诸如多地点控制、顺序控制、循环控制及各种保护控制等。

1. 多地点控制

有些电气设备，如大型机床、起重运输机等，为了操作方便，常要求能在多个地点对同一台电动机实现控制。这种控制方法叫做多地点控制。

图 2-25 所示为三地点控制电路。把一个启动按钮和一个停止按钮组成一组，并把 3 组启动、停止按钮分别放置三地，即能实现三地点控制。

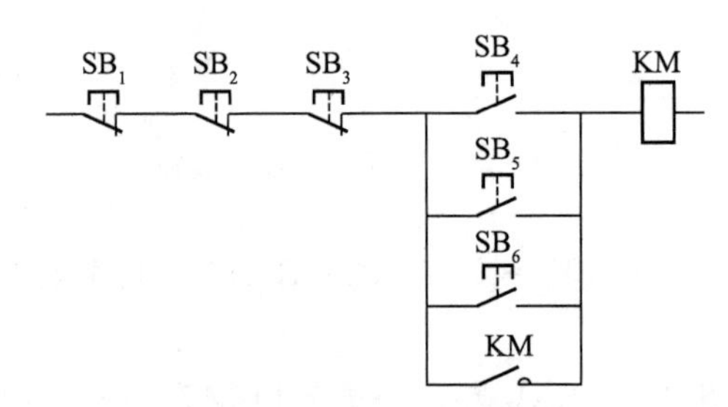

图 2-25 三地点控制电路

多地点控制的接线原则是：启动按钮应并联连接，停止按钮应串联连接。

2. 多台电动机先后顺序工作的控制

前面已经说明了顺序控制的工作原理，这里进一步介绍这方面的线路。在很多生产过程或机械设备中，常常要求电动机按一定顺序启动。例如，机床中要求润滑电动机启动后，主轴电动机才能启动；铣床进给电动机必须在主轴电动机已启动的情况下才能启动工作，图 2-26 所示为两台电动机顺序启动控制线路。

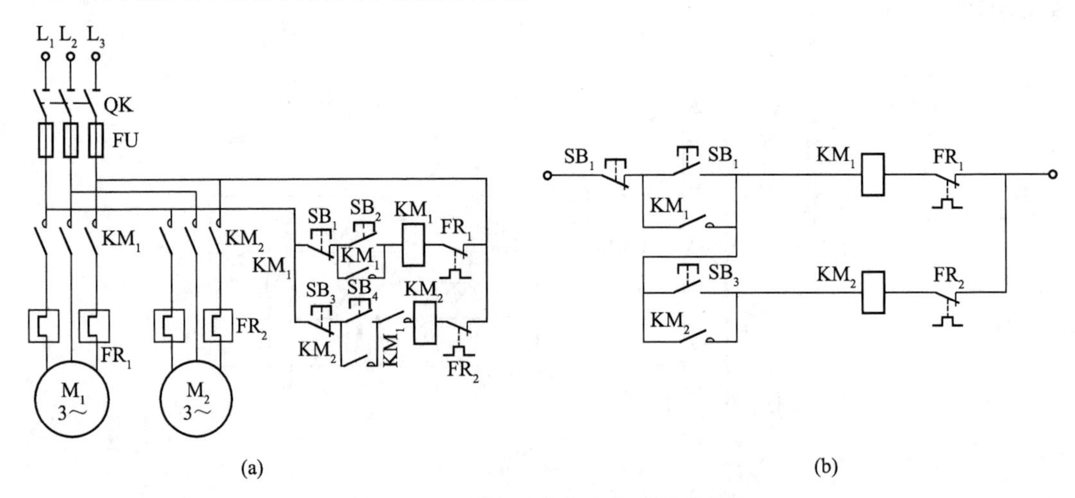

图 2-26 两台电动机顺序启动控制线路

在图2-26(a)中,接触器KM_1控制电动机M_1的启动、停止;接触器KM_2控制电动机M_2的启动、停止。现要求电动机M_1启动后,电动机M_2才能启动。工作过程如下:合上刀开关QK→按下启动按钮SB_2→接触器KM_1通电→电动机M_1启动→KM_1常开辅助触头闭合→按下启动按钮SB_2→接触器KM_2通电→电动机M_2启动。

按下停止按钮SB_1,两台电动机同时停止。如改用图2-26(b)电路的接法,可以省去接触器KM_1的常开触头,使电路得到简化。

图2-27所示为采用时间继电器按时间原则顺序启动的控制电路。该线路要求电动机M_1启动t(s)后,电动机M_2自动启动。可利用时间继电器的延时闭合常开触头来实现。

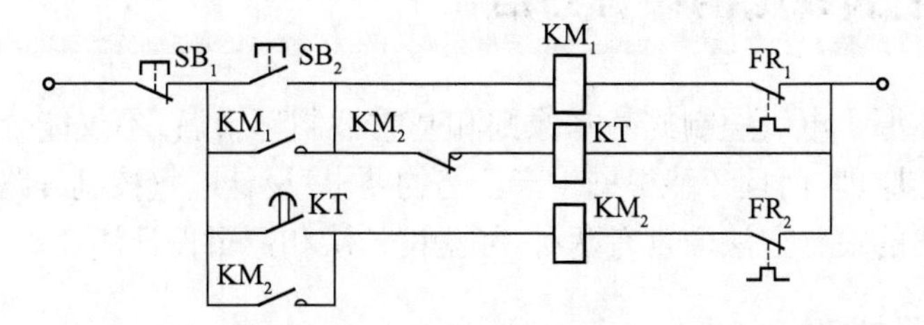

图2-27　采用时间继电器按时间原则顺序启动的控制电路

3. 自动循环控制

在机床电气设备中,有些是通过工作台自动往复循环工作的,如龙门刨床的工作台前进、后退等。电动机的正、反转是实现工作台自动往复循环的基本环节。自动循环控制线路如图2-28所示。

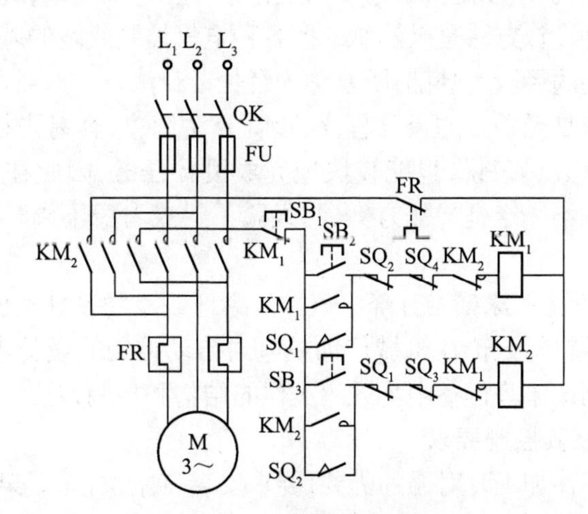

图2-28　自动循环控制线路

控制线路按照行程控制原则,利用生产机械运动的行程位置实现控制,通常采用限位开关。

工作过程如下。

合上电源开关QK→按下启动按钮SB_2→接触器KM_1通电→电动机M正转,工作台向前→工作台前进到一定位置,挡块压动限位开关SQ_2→SQ_2常闭触头断开→KM_1断电→电动机M停止前进。

↘→SQ_2 常开触头闭合→KM_2 通电→电动机 M 改变电源相序而反转，工作台向后→工作台向后退到一定位置，挡块压动限位开关 SQ_1→SQ_1 常闭触头断开→KM_2 断电→电动机 M 停止后退。

↘→SQ_1 常开触头闭合→KM_1 通电→电动机 M 又正转，工作台又向前。

如此往复循环工作，直至按下停止按钮 SB_1→KM_1(或 KM2)断电→电动机停转。

另外，SQ_3、SQ_4 分别为反、正向终端保护限位开关，防止出现限位开关 SQ_1 和 SQ_2 失灵时造成工作台从床身上冲出的事故。

2.7 电气控制线路的设计方法

人们希望在掌握了电气控制的基本原则和基本控制环节后，不仅能分析生产机械的电气控制线路的工作原理，而且还能根据生产工艺的要求，设计电气控制线路。

电气控制线路的设计方法通常有两种：经验设计法和逻辑设计法。

2.7.1 经验设计法

经验设计法是根据生产工艺的要求去选择适当的基本控制环节(单元电路)或经过考验的成熟电路按各部分的联锁条件组合起来并加以补充和修改，综合成满足控制要求的完整线路。当找不到现成的典型环节时，可根据控制要求边分析边设计，将主令信号经过适当的组合与变换，在一定条件下得到执行元件所需要的工作信号。设计过程中，要随时增减元器件和改变触点的组合方式，以满足拖动系统的工作条件和控制要求，经过反复修改得到理想的控制线路。由于这种设计方法是以熟练掌握各种电气控制线路的基本环节和具备一定的阅读分析电气控制线路的经验为基础，所以称为经验设计法。

经验设计法的特点是无固定的设计程序，设计方法简单，容易为初学者所掌握，对于具有一定工作经验的电气人员来说，也能较快地完成设计任务，因此在电气设计中被普遍采用。其缺点是设计方案不一定是最佳方案，当经验不足或考虑不周时会影响线路工作的可靠性。

下面通过 C534J1 立式车床横梁升降电气控制原理线路的设计实例，进一步说明经验设计法的设计过程。这种机构无论在机械传动或电力传动控制的设计中都有普遍意义，在立式车床、摇臂钻床、龙门刨床等设备中均采用类似的结构和控制方法。

1. 电力拖动方式及其控制要求

为适应不同高度工件加工时对刀的需要，要求安装有左、右立刀架的横梁能通过丝杠传动快速做上升下降的调整运动。丝杠的正反转由一台三相交流异步电动机拖动，同时，为了保证零件的加工精度，当横梁移动到需要的高度后应立即通过夹紧机构将横梁夹紧在立柱上。每次移动前要先放松夹紧装置，因此设置另一台三相交流异步电动机拖动夹紧放松机构，以实现横梁移动前的放松和到位后的夹紧动作。在夹紧、放松机构中设置两个行程开关 SQ_1 与 SQ_2 分别检测已放松与已夹紧信号。

横梁升降控制要求是如下。

(1) 采用短时工作的点动控制。

(2) 横梁上升控制动作过程：按上升按钮→横梁放松(夹紧电动机反转)。压下放松位置开关→停止放松→横梁自动上升(升/降电动机正转),到位放开上升按钮→横梁停止上升→横梁自动夹紧(夹紧电动机正转)→已放松位置开关松开,已夹紧位置开关压下,达到一定夹紧紧度→上升过程结束。

(3) 横梁下降控制动作过程:按下降按钮→横梁放松→压下已放松位置开关→停止放松,横梁自动下降→到位放开下降按钮→横梁停止下降并自动短时回升(升/降电动机短时正转)→横梁自动夹紧→已放松位置开关松开,已夹紧位置开关压下并夹紧至一定紧度,下降过程结束。

可见下降与上升控制的区别在于到位后多了一个自动的短时回升动作,其目的在于消除移动螺母上端面与丝杠的间隙,以防止加工过程中因横梁倾斜造成的误差,而上升过程中移动螺母上端面与丝杠之间不存在间隙。

(4) 横梁升降动作应设置上、下极限位置保护。

2. 设计过程

(1) 根据拖动要求设计主电路。

由于升、降电动机 M1 与夹紧放松电动机 M2 都需要正反转,所以采用 KM_1、KM_2 及 KM_3、KM_4 接触器主触点变换相序控制。

考虑到横梁夹紧时有一定的紧度要求,故在 M2 正转即 KM_3 动作时,其中一相串过电流继电器 KI 检测电流信号,当 M2 处于堵转状态,电流增长至动作值时,过电流继电器 KI 动作,使夹紧动作结束,以保证每次夹紧紧度相同。据此使可设计出如图 2－29 所示的主电路。

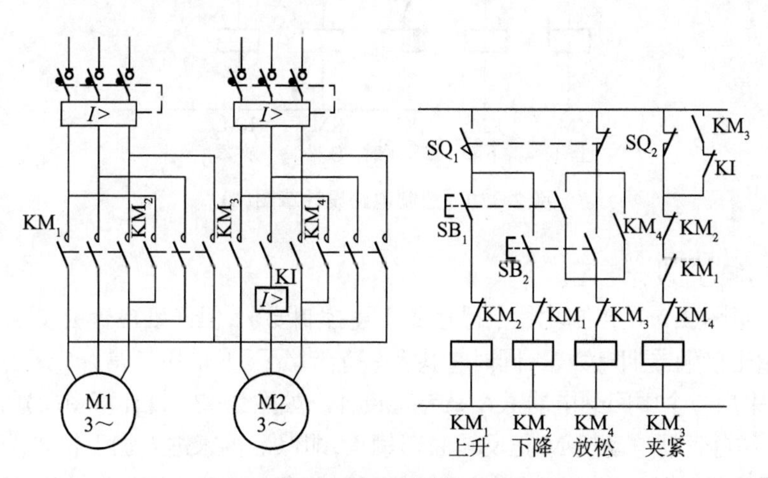

图 2－29　主电路及控制电路草图(1)

(2) 设计控制电路草图。

如果暂不考虑横梁下降控制的短时回升,则上升与下降控制过程完全相同,当发出“上升”或“下降”指令时,首先是夹紧放松电动机 M2 反转(KM_4 吸合),由于平时横梁总是处于夹紧状态,行程开关 SQ_1(检测已放松信号)不受压,SQ_2 处于受压状态(检测已夹紧信号),将 SQ_1 常开触点串在横梁升降控制回路中,常闭触点串于放松控制回路中(SQ_2 常开触点串在立车工作台转动控制回路中,用于联锁控制),因此在发出上升或下降指令时(按 SB_1 或 SB_2),必然是先放松(SQ_2 立即复位,夹紧解除),当放松动作完成 SQ_1 受压,KM_4 释放,KM_1

(或 KM_2)自动吸合实现横梁自动上升(或下降)。上升(或下降)到位,放开 SB_1(或 SB_2)停止上升(或下降),由于此时 SQ_1 受压,SQ_2 不受压,所以 KM_3 自动吸合,夹紧动作自动发出直到 SQ_2 压下,再通过 KI 常闭触点与 KM_3 的常开触点串联的自保回路继续夹紧至过电流继电器动作(达到一定的夹紧紧度),控制过程自动结束。按此思路设计的草图如图 2-29 所示。

(3) 完善设计草图。

图 2-29 设计草图功能不完善,主要是未考虑下降的短时回升。下降的短时自动回升,是满足一定条件下的结果,此条件与上升指令是"或"的逻辑关系,因此它应与 SB1 并联,应该是下降动作结束即用 KM_2 常闭触点与一个短时延时断开的时间继电器 KT 触点的串联组成,回升时间由时间继电器控制。于是便可设计出如图 2-30 所示的控制电器设计草图(2)。

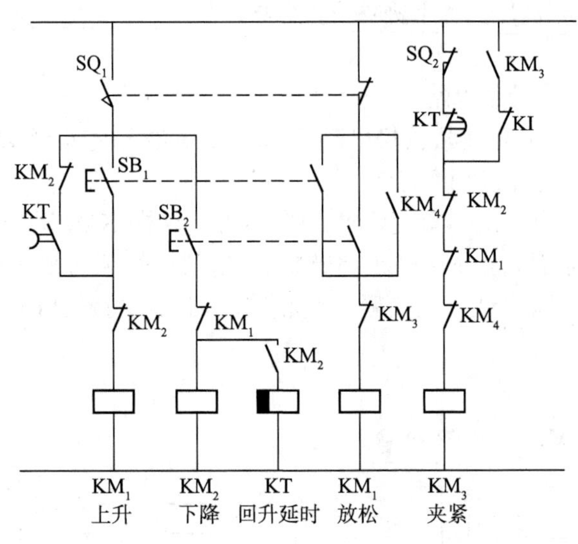

图 2-30　控制电路设计草图(2)

(4) 检查并改进设计草图。

检查设计草图(2),在控制功能上已达到上述控制要求,但仔细检查会发现 KM_2 的辅助触点使用已超出接触器拥有数量,同时考虑到一般情况下不采用二常开二常闭的复合式按钮,因此可以采用一个中间继电器 KA 来完善设计。如图 2-31 设计草图(3)所示。其中 *R-M*、*L-M* 为工作台驱动电动机 M 正反转联锁触点,即保证机床进入加工状态,不允许横梁移动。反之横梁放松时就不允许工作台转动,是通过行程开关 SQ_2 的常开触点串联在 *R-M*、*L-M* 的控制回路中来实现。另一方面在完善控制电路设计过程中,进一步考虑横梁的上、下极限位置保护,采用限位开关 SQ_3(上限位)与 SQ_4(下限位)的常闭触点串接在上升与下降控制回路中。

(5) 总体校核设计线路。

控制线路设计完毕,最后必须经过总体校核,因为经验设计往往会考虑不周而存在不合理之处或有进一步简化的可能。主要检测内容有:

1) 是否满足拖动要求与控制要求;

2) 触点使用是否超出允许范围;

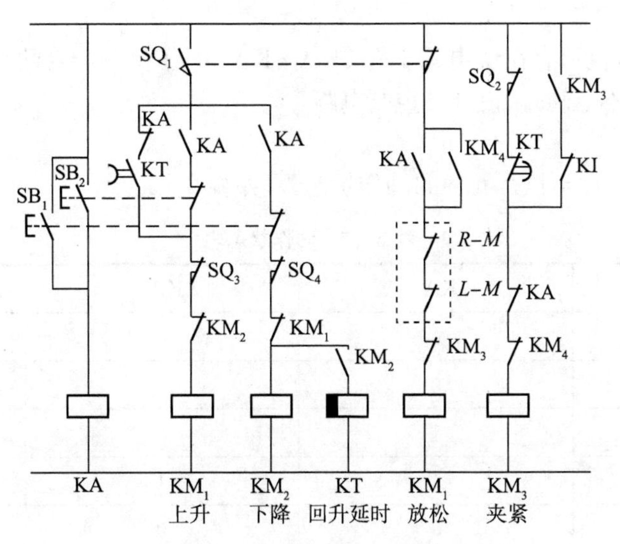

图2-31　控制电路设计草图(3)

3) 电路工作是否安全可靠;

4) 联锁保护是否考虑周到;

5) 是否有进一步简化的可能性等。

2.7.2　逻辑设计法

逻辑设计法是利用逻辑代数这一数学工具来进行电路设计,即根据生产机械的拖动要求及工艺要求,将执行元件需要的工作信号以及主令电器的接通与断开状态看成逻辑变量,并根据控制要求将它们之间的关系用逻辑函数关系式来表达,然后再运用逻辑函数基本公式和运算规律进行简化,使之成为需要的最简"与、或、非"关系式,根据最简式画出相应的电路结构图,再作进一步的检查和完善,即能获得需要的控制线路。

采用逻辑设计法能获得理想、经济的方案,所用元件数量少,各元件能充分发挥作用,当给定条件变化时,能指出电路相应变化的内在规律,在设计复杂控制线路时,更能显示出它的优点。

任何控制线路,控制对象与控制条件之间都可以用逻辑函数式来表示,所以逻辑法不仅用于线路设计,也可以用于线路简化和读图分析。逻辑代数读图法的优点是各控制元件的关系能一目了然,不会读错或遗漏。

例如,前设计所得控制电路图2-31中,横梁上升与下降动作发生条件与电路动作可以用下面的逻辑函数式来表示:

$$KA = SB_1 + SB_2$$

$$KM_4 = \overline{SQ_1} \cdot (KA + KM_4) \cdot \overline{RM} \cdot \overline{LM} \cdot \overline{KM_3}$$

逻辑电路有两种基本类型,对应其设计方法也各不相同。一种是执行元件的输出状态,只与同一时刻控制元件的状态相关。输入、输出呈单方向关系,即输出量对输入量无影响。这种电路称为组合逻辑电路,其设计方法比较简单,可以作为经验设计法的辅助和补充,用于简单控制电路的设计,或对某些局部电路进行简化,进一步节省并合理使用电器元件与触点。举例说明如下。

设计要求：某电机只有在继电器 KA_1、KA_2、KA_3 中任何一个或两个动作时才能运转，而在其他条件下都不运转，试设计其控制电路。

设计步骤：

(1) 列出控制元件与执行元件的动作状态表，如表 2－3 所示。

表 2－3　动作状态表

KA_1	KA_2	KA_3	KM
0	0	0	0
0	0	1	1
0	1	0	1
0	1	1	1
1	0	0	1
1	0	1	1
1	1	0	1
1	1	1	0

(2) 根据表 2－3 写出 KM 的逻辑代数式：

$$KM=KA_1\cdot\overline{KA_2}\cdot\overline{KA_3}+\overline{KA_1}\cdot KA_2\cdot\overline{KA_3}+\overline{KA_1}\cdot\overline{KA_2}\cdot KA_3 +KA_1\cdot KA_2\cdot\overline{KA_3}+KA_1\cdot\overline{KA_2}\cdot KA_3+\overline{KA_1}\cdot KA_2\cdot KA_3$$

(3) 利用逻辑代数基本公式化简最简“与或非”式：

$$KM=KA_1\cdot(\overline{KA_2}\cdot\overline{KA_3}+\overline{KA_2}\cdot KA_3+KA_2\cdot\overline{KA_3}) +\overline{KA_1}\cdot(\overline{KA_2}\cdot KA_3+KA_2\cdot\overline{KA_3}+KA_2\cdot KA_3)$$

$$KM=KA_1\cdot(\overline{KA_3}+\overline{KA_2}\cdot KA_3)+\overline{KA_1}\cdot(KA_3+KA_2\cdot\overline{KA_3})$$

$$KM=KA_1\cdot(\overline{KA_2}+\overline{KA_3})+\overline{KA_1}\cdot(KA_2+KA_3)$$

(4) 根据简化的逻辑式绘制控制电路，如图 2－32 所示。

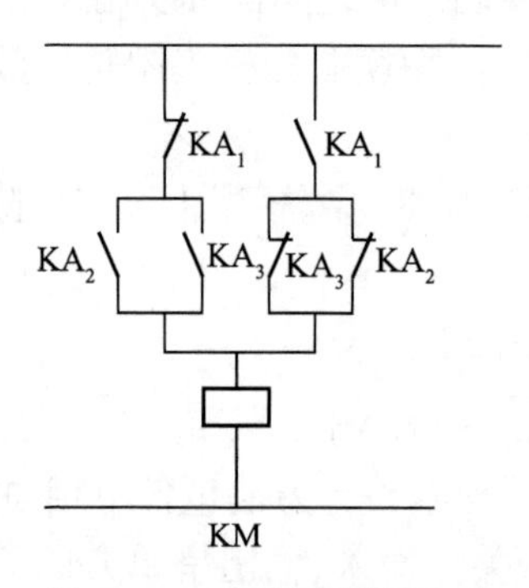

图 2－32　逻辑式控制电路

另一类逻辑电路被称为时序逻辑电路，其特点是，输出状态不仅与同一时刻的输入状态有关，而且还与输出量的原有状态及其组合顺序有关，即输出量通过反惯作用，对输入状态产生影响。这种逻辑电路设计要设置中间记忆元件（如中间继电器等），记忆输入信号的变化，以达到各程序两两区分的目的。其设计过程比较复杂，基本步骤如下：

(1) 根据拖动要求，先设计主电路，明确各电动机及执行元件的控制要求，并选择产生控制信号（包括主令信号与检测信号）的主令元件（如按钮、控制开关、主令控制器等）和检测元件（如行程开关、压力继电器、速度继电器、过电流继电器等）。

(2) 根据工艺要求作出工作循环图，并列出主令元件、检测元件以及执行元件的状态表，写出各状态的特征码（一个以二进制数表示一组状态的代码）。

(3) 为区分所有状态（重复特征码）而增设必要的中间记忆元件（中间继电器）。

(4) 根据已区分的各种状态的特征码，写出各执行元件（输出）与中间继电器、主令元件及检测元件（逻辑变量）间的逻辑关系式。

(5) 化简逻辑式，据此绘制出相应控制线路。

(6) 检查并完善设计线路。

由于这种方法设计难度较大，整个设计过程较复杂，还要涉及一些新概念，因此，在一般常规设计中，很少单独采用。其具体设计过程可参阅专门论述资料，这里不再作进一步介绍。

2.7.3　原理图设计中应注意的问题

电气控制设计中应重视设计、使用和维修人员在长期实践中总结出来的许多经验，使设计线路简单、正确、安全、可靠、结构合理、使用维修方便。通常应注意以下问题。

(1) 尽量减少控制线路中电流的种类，控制电源用量，控制电压等级应符合标准等级：在控制线路比较简单的情况下，可直接采用电网电压，即交流 220V、380V 供电，以省去控制变压器。当控制系统所用电器数量比较多时，应采用控制变压器降低控制电压，或用直流低电压控制，既节省安装空间，又便于采用晶体管无触点器件，具有动作平稳可靠，检修操作安全等优点。

(2) 尽量减少电器元件的品种、规格与数量：在电器元件选用中，尽可能选用性能优良，价格便宜的新型器件，同一用途尽可能选用相同型号。

(3) 尽可能减少通电电器的数量：正常工作中以利节能，延长电器元件寿命以及减少故障。

(4) 合理使用电器触点：在复杂的继电接触控制线路中，各类接触器、继电器数量较多，使用的触点也多，线路设计应注意以下两点。

① 主副触点的使用量不能超过限定对数；

② 检查触点容量是否满足控制要求，要合理安排接触器主副触点的位置，避免用小容量继电器触点去切断大容量负载。

(5) 做到正确连线：电压线圈通常不能串联使用，即使是两个同型号电压线圈也不能采用串联施加额定电压之和的电压值，当需要两个电器同时工作时，其线圈应采用并联接法。

(6) 尽可能提高电路工作的可靠性、安全性：应根据设备特点及使用情况设置必要的电气保护。

(7) 线路设计要考虑操作、使用、调试与维修的方便:如设置必要的显示等。

(8) 原理图绘制应符合国家有关标准规定。

以上是电气控制的原理设计,有关工艺设计的内容将结合基于 PLC 控制系统安排在课程设计中进行。

习题与思考题二

1. 自锁环节怎样组成?它起什么作用?并具有什么功能?
2. 什么是互锁环节?它起到什么作用?
3. 电器控制线路常用的保护环节有哪些?各采用什么电器元件?
4. 在有自动控制的机床上,电动机由于过载而自动停车后,有人立即按启动按钮,但不能开车,试说明可能是什么原因?
5. 试设计电器控制线路,要求:第一台电动机启动 10s 后,第二台电动机自动启动,运行 5s 后,第一台电动机停止,同时第三台电动机自动启动,运行 15s 后,全部电动机停止。
6. 设计一台专用机床的电气自动控制线路,画出电气控制线路图。
   本专用机床是采用的钻孔倒角组合刀具加工零件的孔和倒角,其加工工艺是:快进→工进→停留光刀(2s) →快退→停车。专用机床采用三合电动机,其中 M1 为主运动电动机,M2 为工进电动机,M3 为快速移动电动机。
   设计要求:
   ① 工作台工进至终点或返回原位,均有限位开关使其自动停止,并有限位保护。为保证工进定位准确,要求采用制动措施。
   ② 快速电动机要求有点动调整,但在加工时不起作用。
   ③ 设置紧急停止按钮。
   ④ 应有短路、过载保护。
7. 采用经验设计法,设计一个以行程原则控制的机床控制线路。要求工作台每往复一次(自动循环),即发出一个控制信号,以改变主轴电动机的转向一次。
8. 设计一个符合下列条件的室内照明控制线路。房间入口处装有开关 A,室内两张床头分别有开关 B、C。晚上进入房间时,拉动 A,灯亮,上床后拉动 B 或 C,灯灭。以后再拉动 A、B、C 中的任何一个灯亮。
9. 供油泵向两处地方供油,油都达到规定油位时,供油泵停止供油,只要有一处油不足,则继续供油,试用逻辑设计法设计控制线路。

第3章 PLC 系统基础

3.1 可编程控制器概述

可编程控制器的英文名称是 Programmable controller，早期简称 PC，后来为了与个人计算机(PC)区分，在行业中多称之为 Programmable Logic controller，即可编程逻辑控制器，简称 PLC，而这种称呼又与可编程控制器的起源及其自身的特点有关。

20 世纪 60 年代中期，美国通用汽车公司为了适应生产工艺不断更新的需要，提出了一种设想：把计算机的功能完善、通用灵活等优点和继电-接触器控制系统的简单易懂、操作方便、价格低廉等优点结合起来，制造出一种新型的工业控制装置：提出了新型电气控制装置的 10 条招标要求。其中包括：工作特性比继电-接触器控制系统可靠；占位空间比继电-接触器控制系统小；价格上能与继电-接触器摔制系统竞争；必须易于编程；易于在现场变更程序；便于使用、维护、维修；能直接启动电磁阀、接触器及与之相当的执行机构；能向中央数据处理系统直接传输数据等。美国数字设备公司(DEC)根据这一招标要求，于 1969 年研制成功了第一台可编程序控制器 PDP－14，并在汽车自动装配线上试用成功。

这项技术的使用，在工业界产生了巨大的影响。从此可编程控制器在世界各地迅速发展起来。1971 年日本从美国引进了这项新技术，并很快成功研制了日本第一台可编程控制器。1973—1974 年，德国、法国也相继研制成功了本国的可编程控制器。我国从 1974 年开始研制，1977 年研制成功了以 1 个微处理器 MCl4500 为核心的可编程控制器，并开始应用于工业生产控制。

从第一台 PLC 诞生至今，PLC 大致经历了四次更新换代。第一代 PLC，多数为 1 位机开发，采用磁心存储器存储，仅具有逻辑控制、定时、计数功能。第二代 PLC 使用了 8 位处理器及半导体存储器，其产品逐步系列化，功能也有所增强，已能实现数字运算、传送、比较等功能。第三代 PLC 采用了高性能微处理器及位片式 CPL(Central Processing Unit)，工作速度大幅度提高，促使其向多功能和联网方向发展，并具有较强的自诊断能力。第四代 PLC 不仅全面使用 16 位、32 位微处理器作为 CPU，内存容量也更大。可以直接用于一些较大规模的复杂控制系统。程序语言除了使用传统的梯形图、流程图等外，还可使用高级语言。外部设备也更多样化。

现在 PLC 广泛应用于工业控制的各个领域，PLC 技术、机器人技术、CAD/CAN 技术共同构成了工业自动化的三大支柱。

1. PLC 的发展

随着应用领域日益扩大,PLC 技术及其产品仍在继续发展,其结构不断改进,功能日益增强,性能价格比越来越高。

(1) PLC 在功能和技术指标方面的发展

① 向高速、大容量方向发展

随着复杂系统控制要求越来越高和微处理器与微型计算机技术的发展,对可编程控制器的信息处理与响应速度要求越来越高,用户存储容量也越来越大,例如有的 PLC 产品扫描速度 0.1us/步,用户程序存储容量最大达几十兆字节。

② 加强联网和通信能力

PLC 网络控制是当前控制系统和 PLC 技术发展的潮流。PLC 与 PLC 之间的联网通信、PLC 与上位计算机的联网通信已得到广泛应用。各种 PLC 制造厂都在发展自身专用的通信模块和通信软件以加强 PLC 的联网能力。厂商之间也在协议制订通用的通信标准,以构成更大的网络系统。目前几乎所有 PLC 制造厂都宣布自己的 PLC 产品能与通用局域网 MAP 相联,PLC 已成为集散控制系统(DCS)不可缺少的重要组成部分。

③ 致力于开发新型智能 I/O(输入/输出)功能模块

智能 I/O 模块是以微处理器为核心的功能部件.是一种多 CPU 系统,它与主机 CPU 并行工作,占用主 CPU 的时间很少,有利于提高 PLC 系统的运行速度、信息处理速度和控制功能。专用的 I/O 功能模块还能满足某些特定控制对象的特殊控制需求。

④ 增强外部故障的检测与处理能力

根据统计分析,在 PLC 控制系统的故障中,CPU 占 5%,I/O 通道占 15%,传感器占 45%,执行器件占 30%,线路占 5%。前两项共 20%的故障属于 PLC 本身原因,它可以通过 CPU 本身的硬、软件检测、处理;而其余 80%的故障属于 PLC 外部故障,无法通过自诊断检测处理。因此,各厂家都在发展专用于检测外部故障的专用智能模块,以进一步提高系统的可靠性。

⑤ 编程语言的多样化

多种编程语言的并存、互补与发展是 PLC 软件进步的一种趋势。梯形图语言虽然方便、直观、易学易懂,但主要适用于逻辑控制领域。为适应各种控制需要,目前已出现许多编程语言,如面向顺序控制的步进顺控语句、面向过程控制的流程图语言、与计算机兼容的高级语言(汇编、BASIC、C 语言等),还有布尔逻辑语言等。

(2) PLC 在经济指标与产品类型方面的发展

① 研制大型 PLC

大型 PLC 的特点是系统庞大、技术完善、功能强、价格昂贵、需求量小。

② 大力发展简易、经济的小型、微型 PLC

简易、小型与微型 PLC 适应单机及小型自动控制的需要,其特点是品种规格多、应用面广、需求量大、价格便宜。

③ 致力于提高功能价格比。

2. PLC 的特点与应用

PLC 之所以高速发展,除了工业自动化的客观需要外,还有许多适合工业控制的独特的优点,它较好地解决了工业控制领域中普遍关心的可靠、安全、灵活、方便、经济等问题,以下是其主要特点。

(1) 可靠性高、抗干扰能力强

PLC是专为工业控制而设计的,可靠性好、抗干扰能力强是其最重要的特点之一。PLC的平均故障间隔时间可达几十万小时。

一般由程序控制的数字电子设备产生的故障有两种:一种是由于外界恶劣环境,如电磁干扰、超高温、过电压、欠电压等引起的未损坏系统硬件的暂时性故障,称为软故障;一种是由于多种因素导致硬件损坏而引起的故障,称为硬故障。

PLC的循环扫描工作方式能在很大程度上减少软故障的发生。一些高挡PLC采用双CPU模板并行工作,即使有一个模板出现故障,系统也能正常工作,同时可修复或更换故障CPU模板。例如:OMRON的C2000HPLC机的双机系统在环境极为苛刻而又非常重要的控制中,提供了完全的热备冗余。双机系统中的第二个CPU与一个可靠的切换单元连在一起,而这个切换单元能完成真正的无扰动切换,使控制可平缓地转到第二个CPU上:除此以外,PLC采用了如下一系列的硬件和软件的抗干扰措施。

① 硬件方面

隔离是抗干扰的主要手段之一。在微处理器与I/O电路之间,采用光电隔离措施,有效地抑制了外部干扰源对PLC的影响,同时还可以防止外部高电压进入模板。滤波是抗干扰的又一主要措施。对供电系统及输入线路采用多种形式的滤波,可消除或抑制高频干扰。用良好的导电、导磁材料屏蔽CPU等主要部件可减弱空间电磁干扰。此外,对有些模板还设置了联锁保护、自诊断电路等。

② 软件方面

设置故障检测与诊断程序。PLC在每一次循环扫描过程的内部处理期间,检测系统硬件是否正常,锂电池电压是否过低,外部环境是否正常,如断电、欠电压等。设置状态信息保存功能。当软故障条件出现时,立即把现状态重要信息存入指定存储器,软、硬件配合封闭存储器,禁止对存储器进行任何不稳定的读/写操作,以防存储信息被冲掉;这样,一旦外界环境正常后,便可恢复到故障发生前的状态,继续原来的程序工作。

由于采取了以上抗干扰措施,PLC的可靠性、抗干扰能力大大提高,可以承受幅值为1000 V,时间为1ns、脉冲宽度为1us的干扰脉冲。

(2) 编程简单、易于掌握

这是PLC的又一重要特点:考虑到企业中一般电气技术人员和技术工人的读图习惯和应用微型计算机的实际水平,目前大多数的PLC采用类似于继电-接触器控制系统的梯形图编程方式,这是一种面向生产、面向用户的编程方式,与常用的计算机语言相比更容易被操作人员所接受并掌握。通过阅读PLC的使用手册或短期培训,电气技术人员可以很快熟悉梯形图语言,并用来编制一般的用户程序。

(3) 设计、安装容易,维护工作量少

由于PLC已实现了产品的系列化、标准化和通用化,因此用PLC组成的控制系统,在设计、安装、调试和维护等方面,表现出了明显的优越性。设计部门可在规格繁多、品种齐全的系列PLC产品中,选出高性能价格比的产品。PLC用软件功能取代了继电-接触器控制系统中大量的中间继电器、时间继电器、计数器等器件,使控制柜的设计、安装接线工作量大大减少,PLC的用户程序大部分可以在实验室进行模拟调试,用模拟试验开关代替输入信号,可以通过 PLC 上的发光二极管指示得知其输出状态。模拟调试好后再将 PLC 控制系统安装到生产现场，进行联机调试，既安全又快捷方便。这就大大缩短了应用设计和调试周期，特别是在老厂控制系统的技术改造中更能发挥其优势。在用户维修方面，由于 PLC 本身的故障率极低，因此维修工作量很小；并且 PLC 有完善的诊断和显示功能，当 PLC 或外部的输入装置和执行机构发生故障时，可以根据 PLC 上的发光二极管或在线编程器上提供的信息，迅速地查明原因，如果是 PLC 本身的故障，可以用更换模板的方法迅速排除，因此维修极为方便。

(4) 功能强、通用性好

现代 PLC 运用了计算机、电子技术和集成工艺的最新技术，在硬件和软件两方面不断发展，使其具备很强的信息处理能力和输出控制能力。适应各种控制需要的智能 I/O 功能模块，如温度模块、高速计数、高速模拟量转换模块、远程 I/O 功能模块及各种通信模块等不断涌现。PLC 与 PLC、PLC 与上位计算机的通信与联网功能不断提高，使现代 PLC 不仅具有逻辑运算、定时、计数、步进等功能，而且还能完成 A/D、D/A 转换、数字运算和数据处理以及通信联网、生产过程监控等。因此，它既可对开关量进行控制，又可对模拟量进行控制：既可控制一台单机、一条生产线，又可控制一个机群、多条生产线；既可现场控制，又可远距离控制；既可控制简单系统，又可控制复杂系统，其控制规模和应用领域不断扩大。

编程语言的多样化，以软件取代硬件控制的可编程序使 PLC 成为工业控制中应用最广泛的一种通用标准化、系列控制器。同一台 PLC 可适用于不同的控制对象的不同控制要求。同一档次、不同机型的功能也能方便地相互转换。

(5) 开发周期短、成功率高

大多数工业控制装置的开发研制包括机械、液压、气动、电气控制等部分，需要一定的研制时间，也包含着各种困难与风险，大量实践证明采用以 PLC 为核心的控制方式具有开发周期短、风险小和成功率高的优点。其主要原因如下：一是只须正确、合理选用各种模块组成系统而无须大量硬件配置和管理软件的二次开发。二是 PLC 采用软件控制方式，控制系统一旦构成便可在机械装置研制之前根据技术要求独立进行应用程序开发，并可以方便地通过模拟调试反复修改直至达到系统要求，保证最终配套连机调试的一次成功。

(6) 体积小、重量轻、功耗低

由于 PLC 采用了半导体集成电路，其体积小、重量轻、结构紧凑、功耗低，因此是机电一体化的理想控制器。例如：日本三菱公司生产的 FX2－40 M 小型 PLC 内有供编程使用的各类软继电器 1540 个、状态器 1000 个、定时器 256 个、计数器 235 个，还有大量用以生成用户环境的数据寄存器(多达 50000 个以上)，而其外形尺寸仅为 35mm×92mm×87mm、质量仅为 1.5kg。该公司最新推出的 FX 2N 强功能小型 PLC 内，供编程使用的各类软继电器达 3564 个、状态器 1000 个、定时器 256 个、数据寄存器 8766 个，而其体积仅为 FX2 的一半，常规的继电器控制柜是根本无法与之相比的。

目前，PLC 在国内外已广泛应用于钢铁、石油、化工、电力、建材、机械制造、汽车、轻纺、交通运输、环保以及文化娱乐等各行各业：随着 PLC 性能价格比的不断提高，其应用范围不断扩大，大致可归结为如下几类。

(1) 开关量的逻辑控制

这是 PLC 最基本、最广泛的应用领域，它取代传统的继电-接触器控制系统，实现逻辑控制、顺序控制，可用于单机控制、多机群控制、自动化生产线的控制等，例如注塑机、印刷机械、包装机械、切纸机械、组合机床、磨床、包括生产线、电镀流水线等。

(2) 位置控制

大多数的PLC制造商，目前都提供拖动步进电机或伺服电机的单轴或多轴位置控制模板。这一功能可广泛用于各种机械，如金属切削机床、金属成形机床、装配机械、机器人和电梯等。

(3) 过程控制

过程控制是指对温度、压力、流量等连续变化的模拟量的闭环控制。PLC通过模拟量I/O模板，实现模拟量与数字量之间的A/D、D/A转换，并对模拟量进行闭环PID(Proportional-Integral-Derivative)控制。现代的大、中型PLC一般都有闭环PID控制功能。这一功能可用PID子程序来实现，也可用专用的智能PID模板实现。

(4) 数据处理

现代的PLC具有数学运算(包括矩阵运算、函数运算、逻辑运算)、数据传递、转换、排序和查表、位操作等功能，也能完成数据的采集、分析和处理。这些数据可通过通信接口传送到其他智能装置，如计算机数值控制(CNC)设备，进行处理。

(5) 通信联网

PLC的通信包括PLC相互之间、PLC与上位机、PLC与其智能设备间的通信。PLC系统与通用计算机可以直接通过通信处理单元、通信转接器相连构成网络，以实现信息的交换，并可构成“集中管理、分散控制”的分布式控制系统，满足工厂自动化(FA)系统发展的需要。各PLC系统过程I/O模板按功能各自放置在生产现场分散控制，然后采用网络连接构成信息集中管理的分布式网络系统。

(6) 在计算机集成制造系统(CIMS)中的应用

近年来，计算机集成制造系统广泛应用于生产过程中。现有的CIMS系统多采用3～6控制结构(如德国的MTV公司的CIMS系统采用3级结构)：

第一级为现场级，包括各种设备，如传感器和各种电力、电子、液压和气动执行机构生产工艺参数的检测。

第二级为设备控制级，它接收各种参数的检测信号，按照要求的控制规律实现各种操作控制。

第三级为过程控制级，完成各种数学模型的建立，过程数据的采集处理。

以上三级属于生产控制级，也称为EIC综合控制系统。EIC综合控制系统是一种先进的工业过程自动化系统，它包括三个方面的内容：电气控制(Electric)，以电动机控制为主，包括各种工业过程参数的检测和处理；仪表控制(Instrumentation)，实现以PID为代表的各种回路控制功能，包括各种工业过程参数的检测和处理；计算机系统(Computer)，实现各种模型的计算、参数的设定、过程的显示和各种操作运行管理。PLC就是实现EIC综合控制系统的整机设备，由此可见，PLC在现代工业中的地位是十分重要的。

3.2　可编程控制器的组成

PLC种类繁多，功能虽然多种多样，但其组成结构和工作原理基本相同。用可编程控制器实施控制，其实质是按一定算法进行输入/输出变换，并将这个变换予以物理实现，应用于工业现场。

PLC 在外观上与个人计算机有较大的区别，为了便于在工业控制柜中安装，PLC 的外形常做得紧凑而工整，体积一般都比较小。PLC 使用的输出输入设备与办公计算机也有较大不同，因安装使用后只运行固定的程序，一般不配大型的键盘与显示器。

根据装配结构的不同，PLC 可分为整体式(也称单元式)和模块式(也称组合式)两类，两类产品外观上差别也比较大。整体式 PLC 将 CPU、存储器、输入输出接口、电源都装在同一机箱里，一个机箱是一个完整的机器，可独立完成各种控制任务。模块式机则是将 CPU、存储器、输入口、输出口、电源及工业控制任务可能需要的其他工作单元都单独制成一个个机箱，在具体应用时，可以依控制任务需要有选择地将一些模块组成系统。组合机一般通过母板接插组成，母板相当于一个具有许多插槽的总线连接器，因制作成接插板形而得名。

整体式 PLC 一般是小型及微型机。整体机的特点是结构紧凑、使用方便，缺点是输入输出口配置数量固定。为了克服整体机的缺点，使其应用更加灵活，整体机都可配接各种扩展模块(扩展输入输出端子)及功能模块(扩展特种功能)。配接模块时主机称为基本单元，模块称为扩展单元。

PLC 专为工业场合设计，采用了典型的计算机结构，由硬件和软件两部分组成。硬件配置主要由 CPU、电源、存储器、专门设计的 I/O 接口电路、外部设备和 I/O 扩展模块等组成，可编程控制器的结构简化框图如图 3-1 所示。

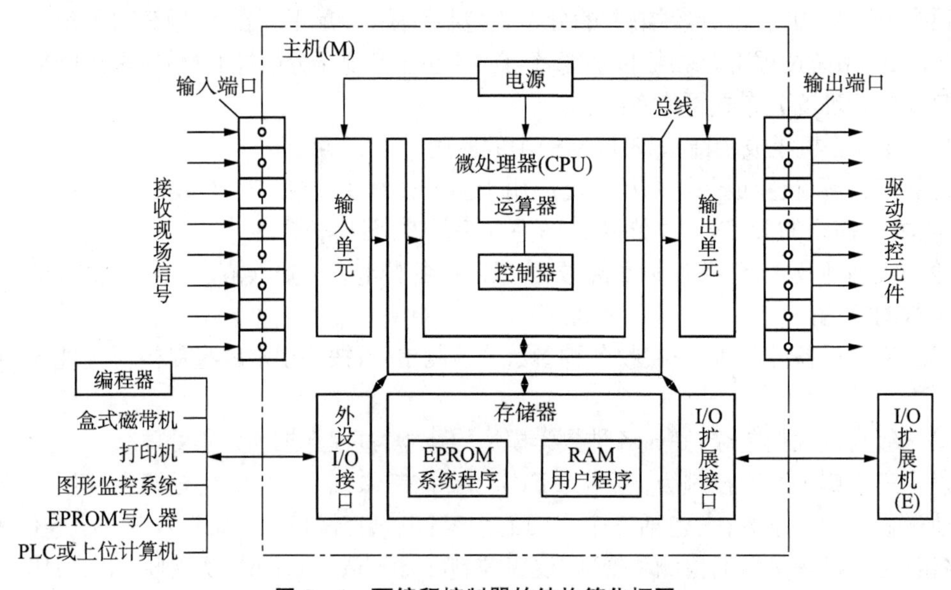

图 3-1　可编程控制器的结构简化框图

1. CPU

PLC 的中央处理器与一般的计算机控制系统一样，是整个系统的核心，起着类似人体的大脑和神经中枢的作用，它按 PLC 中系统程序赋予的功能，指挥 PLC 有条不紊地进行工作。其主要任务有：

(1) 控制从编程器、上位机和其他外部设备键入的用户程序和数据的接收与存储。

(2) 用扫描的方式通过 I/O 部件接收现场的状态或数据，并存入指定的存储单元或数据寄存器中。

(3) 诊断电源、PLC 内部电路的工作故障和编程中的语法错误等。

(4) PLC 进入运行状态后，从存储器逐条读取用户指令，经过命令解释后按指令规定的任务进行数据传送、逻辑或算术运算等。

(5) 根据运算结果，更新有关标志位的状态和输出寄存器的内容，再经输出部件实现输出控制、制表、打印或数据通信等功能。

与通用微机不同的是，PLC 具有面向电气技术人员的开发语言，通常用户使用虚拟的输入继电器、输出继电器、中间辅助继电器、时间继电器、计数器等，这些虚拟的继电器也称"软继电器"或"软元件"，理论上具有无限多的动合、动断触点，但只能在 PLC 上编程时使用，其具体结构对用户透明。

目前，小型 PLC 为单 CPU 系统，中型及大型 PLC 则为双 CPU 甚至多 CPU 系统，PLC 所采用的微处理器有三种。

(1) 通用微处理器。小型 PLC 一般使用 8 位微处理器如 8080、8085、6800 和 Z80 等，大中型 PLC 除使用位片式微处理器外，大都必须使用 16 位或 32 位微处理器。当前不少 PLC 的 CPU 已升级到 Intel 公司的微处理器产品，有的已经采用奔腾(Pentium)处理器，如德国西门子公司的 S7-400。采用通用微处理器的优点是：价格便宜，通用性强. 还可借用微机成熟的实时操作系统和丰富的软、硬件资源。

(2) 单片微处理器(即单片机)。它具有集成度高、体积小、价格低及可扩展等优点。如 Intel 公司的 8 位 MCS-51 系列运行速度快、可靠性高、体积小，很适合于小型 PLC 。三菱公司的 FX2 系列 PLC 所使用的微处理器是 16 位 8098 单片机。

(3) 位片式微处理器。它是独立的一个分支，多为双极型电路，4 位为一片，几个位片级相连可组成任意字长的微处理器，代表产品有 AMD-2900 系列美国 AB 公司的 PLC-3 型、西屋公司的 HPPC-1500 型和西门子公司的 S4-1500 型都属于大型 PLC，都采用双极型位片式微处理器 AMD-2900 高速芯片。PLC 中位片式微处理器的主要作用有两个：一是直接处理一些位指令，从而提高了位指令的处理速度，减少了位指令处理器的压力；二是将 PLC 的面向工程技术人员的语言(梯形图、控制系统流程图等)转换成机器语言。

模块式 PLC 把 CPU 作为一种模块，各有不同型号供用户选择。

2. 存储器

在 PLC 主机内部配有两种不同类型的存储器。

(1) 系统存储器(Read Only Memory，ROM)

系统存储器用以固化 PLC 生产厂家编写的各种系统工作程序，相当于单片机的监控程序或个人计算机的操作系统，在很大程度上它决定该种 PLC 的性能与质量，用户无法更改或调用。系统工作程序有三种类型。

①系统管理程序：由它决定系统的工作节拍，包括 PLC 运行管理(各种操作的时间分配安排)、存储空间管理(生成用户数据区)和系统自诊断管理(如电源、系统出错，程序语法、句法检验等)。

②用户程序编辑和指令解释程序：编辑程序能将用户程序变为内码形式以便于程序的修改、调试。解释程序能将编程语言变为机器语句以便 CPU 操作运行。

③标准子程序和调用管理程序：为了提高运行速度，在程序执行中某些信息处理（I/O处理）或特殊运算等是通过调用标准子程序来完成的。

(2) 用户程序存储器(Random Access Memory，RAM)

用户程序存储器包括用户程序存储器(程序区)和数据存储器(数据区)两种，前者用于存放用户程序，后者用来存入(或记忆)用户程序执行过程中使用ON/OFF的状态量或数值量，以生成用户数据区。用户存储器的内容由用户根据控制需要可读、可写，可任意修改、增删。可采用高密度、低功耗的CMOS RAM(由锂电池实现断电保护，一般能保持4—10年，经常带负载运行也可保持2—5年)或EPROM与EEPRON。用户存储器容量是PLC的一项重要技术指标，其容量一般以“步”为单位(16位二进制数为一“步”或称为“字”)。

3. 输入/输出单元(I/O单元)

I/O单元又称为I/O接口电路。PLC程序执行过程中须调用的各种开关量(状态量)、数字量和模拟量等各种外部信号或设定量，都通过输入电路进入PLC，而程序执行结果又通过输出电路送到控制现场实现外部控制功能。由于生产过程中的信号电平、速率是多种多样的，外部执行机构所需的电平、速率也是千差万别的，而CPU所处理的信号只能是高低电平，其工作节拍又与外部环境不一致，所以PLC与通用计算机I/O电路有着类似的作用，即电平变换、速度匹配、驱动功率放大、信号隔离等。不同的是，PLC产品的I/O单元是顾及其工作环境和各种要求而经过精心设计和制造的。通用计算机则要求用户根据使用条件自行开发，其可靠性、抗干扰能力往往达不到系统要求。

(1) 输入接口电路(输入单元)

各种PLC输入电路结构大都相同，其输入方式有两种类型：一种是直流输入(直流12V或24V)，如图3-2(a)所示，另一种是交流输入(交流100～120V或200～240V)，如图3-2(b)所示。它们都是内装在PLC面板上的发光二极管(LED)来显示某一输入点是否有信号输入。外部输入器件可以是无源触点，如按钮、行程开关等，也可以是有源器件，如各类传感器、接近开关，光电开关等：在PLC内部电源容量允许前提下，有源输入器件可以采用PLC输出电源，否则必须外设电源。当输入信号为模拟量时.信号必须经过专用的模拟量输入模块进行A/D转换，然后通过输入电路进入PLC。输入信号通过输入端子经RC滤波、光电隔离进入内部电路。图3-2(a)是一个直流24V输入电路的内部原理线路，由装在PLC面板上的发光二极管(LED)来显示某一输入点是否有信号输入。

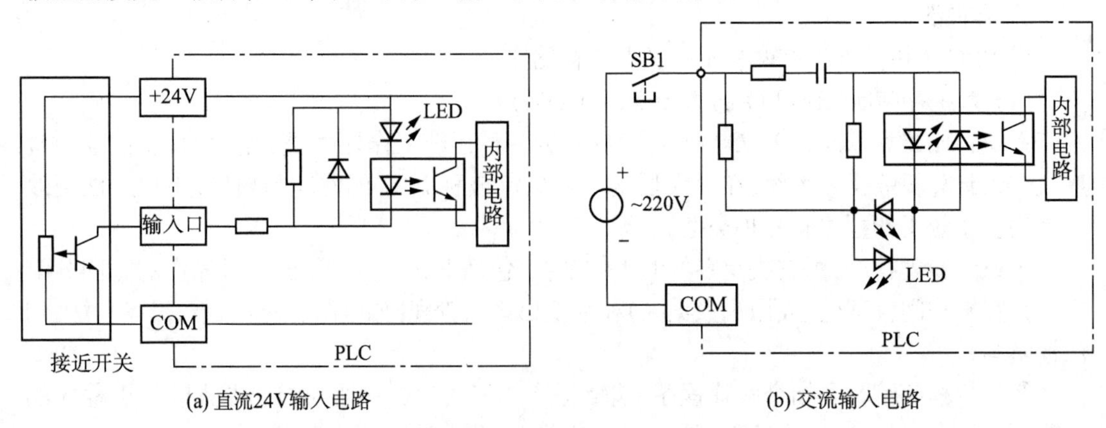

(a) 直流24V输入电路　　(b) 交流输入电路

图3-2　PLC输入电路

(2) 输出接口电路(输出单元)

为适应不同负载需要,各类 PLC 的输出都有三种方式,即继电器输出、晶体管输出、晶闸管输出。继电器输出方式最常用,适用于交、直流负载,其特点是带负载能力强,但动作频率与响应速度慢。晶体管输出适用于直流负载,其特点是动作频率高,响应速度快,但带负载能力小。晶闸管输出适用于交流负载,响应速度快,带负载能力不大。三种输出方式的输出电路结构如图 3-3(a)(b)(c)所示。

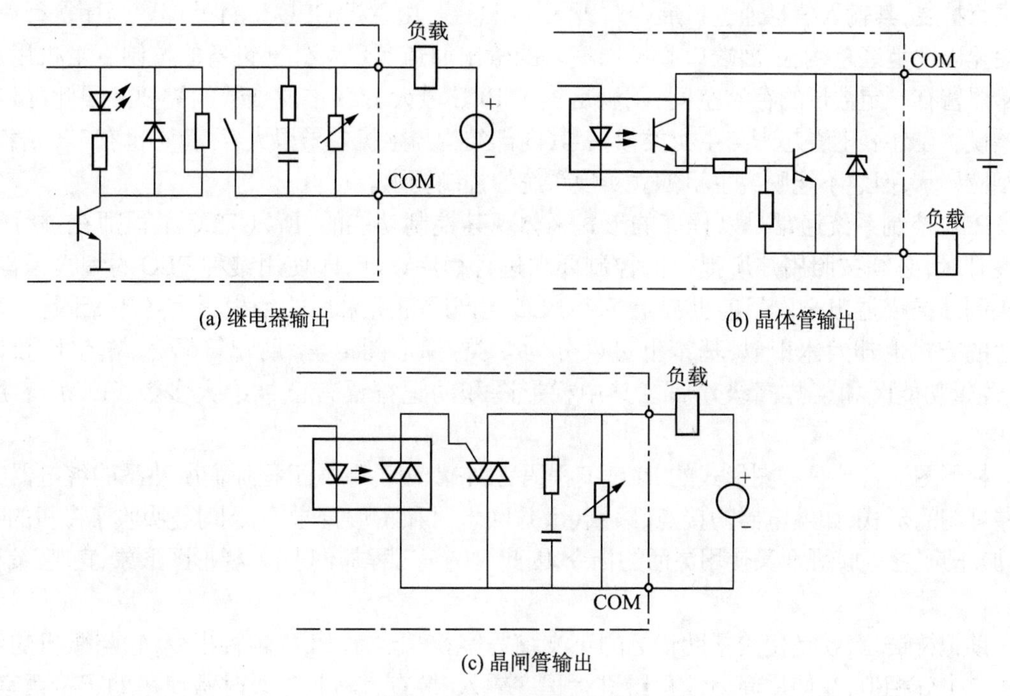

图 3-3　PLC 的输出电路

外部负载直接与 PLC 输出端子相连,输出电路的负载电源由用户根据负载要求(电源类型、电压等级、容量等)自行配备,PLC 输出电路仅提供输出通道。同时考虑不同类型、不同性质负载的接线需要,通常 PLC 输出端口的公共端子(COM 端子)分组设置。每 4～8 点共用一个 COM 端子,各组相互隔离。在实际应用中应注意各类 PLC 输出端子的输出电流不能超出其额定值,同时还要注意输出与负载性质有关,例如 FX2N 型 PLC 继电器输出的负载能力在电源电压 250 V(交流)以下时,电阻负载为 2A/点,感性负载为 80 VA/点,灯负载为 100 W/点。

4. 电源

PLC 对供电电源要求不高,可直接采用普通单相交流电,允许电源电压在额定电压的 －15％～＋10％范围内波动,也可用直流 24V 供电。PLC 内部有一个高质量的开关型稳压电源,用于对 CPU、I/O 单元供电,还可为外部传感器提供直流 24V 电源(应注意在电源技术指标允许范围内)。

5. 编程器等外部设备

编程器是人机对话的重要工具,它的主要作用是供用户进行程序的编制、编辑、调试和监视。还可以通过其键盘去调用和显示 PLC 内部器件的状态和系统参数。具体结构和使用方法将在第 6 章中介绍。根据系统控制需要,PLC 还可以通过自身的专用通信接口连接一些其他外部设备,如盒式磁带机、打印机、图形监控器、EPROM 写入器等。

6. I/O 扩展机

每种 PLC 都有与主机相配的扩展模块,用来扩展输入/输出点数,以便根据控制要求灵活组合系统,以构成符合要求的系统配置。例如 FX2 系列 PLC 由基本单元与扩展单元可以构成 I/O 点数为 15～256 点的 PLC 控制系统。PLC 扩展模块内不配置 CPU,仅对 I/O 通道进行扩展,其输入信息通过扩展端口进入主机总线,由主机 CPU 进行处理。程序执行后,相关输出也是经总线、扩展端口和扩展模块的输出通道实现对外部设备的控制。主机用户存储器留有一定数量的存储空间,以满足该种 PLC 最大 I/O 扩展点数的需要。因此,虽然扩展模块在外表上看起来与主机类似,但其内部结构与主机差异很大,尽管它也有 I/O 端口和相应显示,但它不能脱离主机独立实现系统的控制要求。

PLC 控制系统通常是以程序的形式来体现其控制功能的,所以 PLC 工程师在进行软件设计时,必须按照用户所提供的控制要求进行程序设计,即使用某种 PLC 的编程语言,将控制任务描述出来。目前世界上各个 PLC 生产厂家所采用的编程语言各不相同,但在表达的方式上却大体相似,基本上可以分为 5 类:梯形图语言、助记符语言、布尔代数语言、逻辑功能图和某些高级语言。其中梯形图和助记符语言已被绝大多数 PLC 厂家所采用。

梯形图语言是一种图形式的 PLC 编程语言,它沿用了电气工程师们所熟悉的继电器控制原理图的形式,如继电器的接点、线圈、串并联术语和图形符号等,同时还吸收了微机的特点,加进了许多功能强而又使用灵活的指令,因此对电气工程师们来说,梯形图形象、直观、编程容易。

助记符语言,就是使用帮助记忆的英文缩写字符来表示 PLC 各种指令,它与微机的汇编语言十分相似,在使用简易编程器进行程序输入、检查、编辑、修改时常使用助记符语言。助记符语言在小型及微型 PLC 中也是常用的编程语言。

3.3 可编程控制器的工作原理

1. 循环扫描工作模式

PLC 的工作状态有停止(STOP)状态和运行(RUN)状态。当通过方式开关选择 STOP 状态时,只进行内部处理和通信服务等内容,对 PLC 进行联机或离线编程。而当选择 RUN 状态或 CPU 发出信号一旦进入 RUN 状态,就采用周期循环扫描方式执行用户程序。

PLC 的工作方式是采用周期循环扫描,集中输入与集中输出。这种工作方式的显著特点是:可靠性高、抗干扰能力强,但响应滞后、速度慢。也就是说 PLC 是以降低速度为代价换取高可靠性的。

PLC 的工作框图如图 3 - 4 所示,框图全面表示了 PLC 控制系统的工作过程。

PLC 通电后,CPU 在程序的监督控制下先进行内部处理,包括硬件初始化、I/O 模块配置检查、停电保持范围设定及其他初始化处理等工作,在执行用户程序之前还应完成通信服务与自诊检查。在通信服务阶段,PLC 应完成与一些带处理器的智能模块及其他外部设备

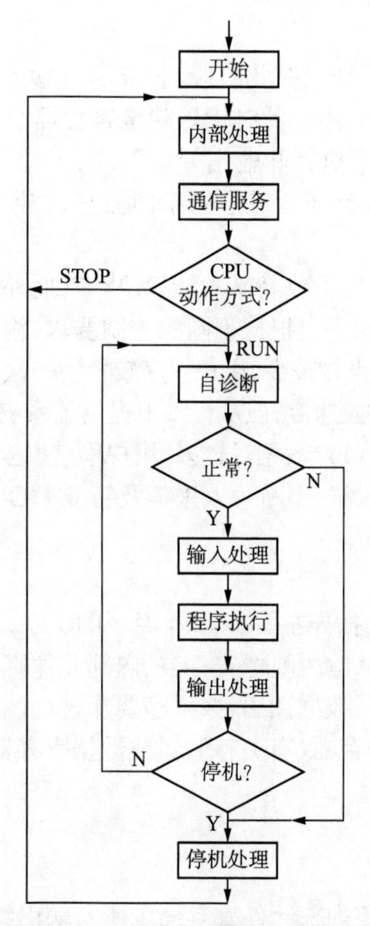

图 3－4　可编程控制器的工作框图

的通信，完成数据的接收和发送任务，响应编程器键入的命令，更新编程器显示内容，更新时钟和特殊寄存器内容等。PLC有很强的自诊断功能，如电源检测、内部器件是否正常、程序语法是否有错等。一旦有错或异常则CPU能根据错误类型和程度发出信号，甚至进行相应的小错处理，使PLC停止扫描或强制变成STOP状态。

在正常情况下，一个用户程序扫描周期由三个阶段组成，如图3－5所示。以下介绍三个阶段的工作过程。

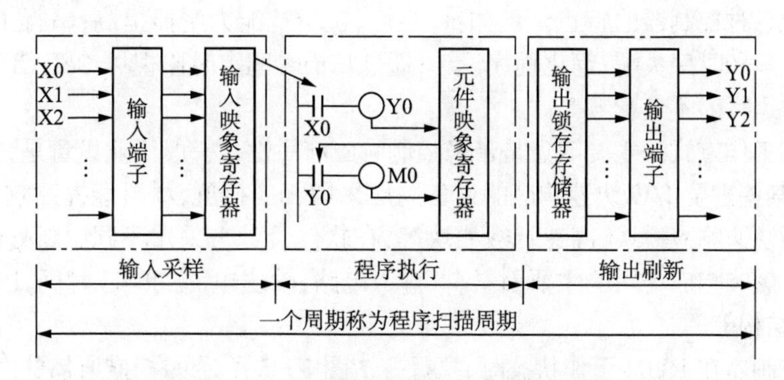

图 3－5　可编程控制器扫描过程示意图

(1) 输入采样阶段

输入采样阶段又称输入采样。在此阶段，扫描所有输入端子并将输入量（开/关、0/1状态）顺序存入输入映像寄存器中。此时输入映像寄存器被刷新，然后关闭输入通道，接着转入程序执行阶段。在程序执行和输出处理阶段，无论外部输入信号如何变化，输入映像寄存器内容保持不变，直到下一个扫描周期的采样阶段，才重新写入输入端的新内容。

输入采样的内容包括对远程 I/O 特殊功能模块和其他外部设备通信服务所得信息（相应数据寄存器和存储器中）的采集。根据不同的控制要求，输入采样有多种方式，上述采样方式运用于小型 PLC，其 I/O 点数较少、用户程序较短。一次集中输入、集中输出方式虽然在一定程度上降低了系统的响应速度，但从根本上提高了系统的抗干扰能力，增强了系统的可靠性。而大、中型 PLC 的 I/O 点数相对较多，用户程序相应较长，为提高系统响应速度而采用定期输入采样、直接输入采样、中断输入采样及智能 I/O 接口模块等多种采样方式，以求提高运行速度。

(2) 程序执行阶段

PLC 对用户程序（梯形图）按先左后右、从上至下的步序，逐步执行程序指令。在程序执行过程中根据程序执行需要，从输入映像寄存器、内部元件寄存器（内部继电器、计时器、计数据等）中，将有关元件的状态、数据读出，按程序要求进行逻辑运算和算术运算，并将每步运算结果写入相关元件映像寄存器（有关存储器或数据寄存器）。因此，内部元件寄存器随程序执行在不断刷新。

(3) 输出处理阶段

所有程序指令执行完毕，将内部元件寄存器中所有输出继电器状态（构成输出状态表）在输出处理阶段一次转存到输出锁存存储器中，经隔离、驱动功率放大电路送到输出端，并通过 PLC 外部接线驱动实际负载；

用户程序执行扫描方式既可按上述固定顺序方式，也可以按程序指定的可变顺序进行。这不仅因为有的程序无须每扫描一次就执行一次，更主要的是在一个大、中型控制系统中需要处理的 I/O 点数多、程序结构庞大，通过安排不同的组织模块，采用分时、分批扫描执行方式. 可缩短循环扫描周期，从而提高控制实时响应速度。

循环扫描的工作方式是 PLC 的一大特点，针对工业控制采用这种工作方式使 PLC 具有一些优于其他各种控制器的特点。例如：可靠性、抗干扰能力明显提高；串行工作方式避免触点（逻辑）竞争和时序失配；简化程序设计；通过扫描时间定时监视可诊断 CPU 内部故障，避免程序异常运行的不良影响等。

循环扫描工作方式的主要缺点是带来控制响应滞后性。一般工业设备是允许 I/O 响应滞后的，但对某些需要 I/O 快速响应的设备则应采取相应措施，尽可能提高响应速度，如硬件设计上采用快速响应模块、高速计数模块等，在软件设计上采用不同中断处理措施，优化设计程序等。影响响应滞后的主要因素有：输入电路、输出电路的响应时间，PLC 的运算速度，程序设计结构等。

可编程控制器在 RUN 工作状态时，执行一次图 3－5 所示的扫描所需的时间称扫描周期 T。它是自诊断、输入采样、用户程序执行和输出刷新等几部分时间的总和，其中用户程序执行时间是影响扫描周期 T 长短的主要因素,它决定于程序执行速度、程序长短和程序执行情况。必须指出,程序执行情况不同,所需时间相差很大,因此要准确计算扫描周期 T 是很困难的。

2. 中断工作方式

显然,可编程控制器的循环扫描工作方式是有一定不足的,即,在输入扫描后,系统对新的状态的变化缺乏足够的快速响应能力。为了提高可编程控制器对这类事件的处理能力,一些中型可编程控制器在以扫描方式为主要程序处理方式的基础上,又增加了中断方式。其基本原理与计算机中断处理过程类似。当有中断请求时,操作系统中断目前的处理任务转向执行中断处理程序。待中断程序处理完成后,又返回运行原来的程序。当有多个中断请求时,系统会按照中断的优先级进行排队后顺序处理。

可编程控制器的中断处理方法有几种:

(1) 外部输入中断——设置可编程控制器部分输入点作为外部输入中断源,当外部输入信号发生变化后,可编程控制器立即停止执行,转向执行中断程序。对于这种中断处理方式,要求将输入端设置为中断非屏蔽状态。

(2) 外部计数器中断——即可编程控制器对外部的输入信号进行计数,当计数值达到预定值时,系统转向执行中断处理程序

(3) 定时器中断——当定时器的定时值达到预定值时,系统转向处理中断程序。

可编程控制器对中断程序的执行只有在中断请求被接受时才执行一次,而用户程序在每个扫描周期都要被执行。

3.4 主要的可编程控制器产品及其分类

由于可编程控制器应用范围非常广泛,全世界众多的厂商生产出了大量的产品。目前主要的可编程控制器制造商有美国的通用电气(GE)、罗克维尔(ROCKWELL),日本的欧姆龙(OMRON)、三菱电机(MITISHI)、富士(FUJI)、松下(NATIONAL),德国的西门子(SIEMENS),法国的施耐德(SCHNIDER)等。这些产品虽然各自都具有一定的特性,其外形或结构尺寸也不一样,但总体上来说,其功能是大同小异。按照结构形式和系统规模的大小,可以对可编程控制器进行分类。按照结构形式,可以分为一体式和模块式;按照系统规模(或I/O点)及内存容量,可以分为微型、小型、中型和大型。

所谓微型是指I/O点小于64点,内存在256Byet～1KB。小型机的I/O在65～256点,内存在1～3.6KB。中型机的I/O在257～1024点,内存在3.6～13KB。大型机的I/O点在1025～2048点,内存大于13KB。超大型机器指I/O点大于2048点,内存大于13KB。需要指出的是这里I/O点数是指数字量点。每种型号的PLC对于模拟量输入和输出点数都有一定的限制。此外,在实际的应用中,主要是微型、小型和中型机用得比较多,大型和超大型的用量较少,因为这可以通过多台中型机联网来实现,其性价比更高。

1. 整体式可编程控制器

所谓整体式可编程控制器,是指把实现可编程控制器所有功能所需要的硬件模块,包括电源、CPU、存储器、I/O及通信口等组合在一起,物理上形成一个整体,如图3-6所示。

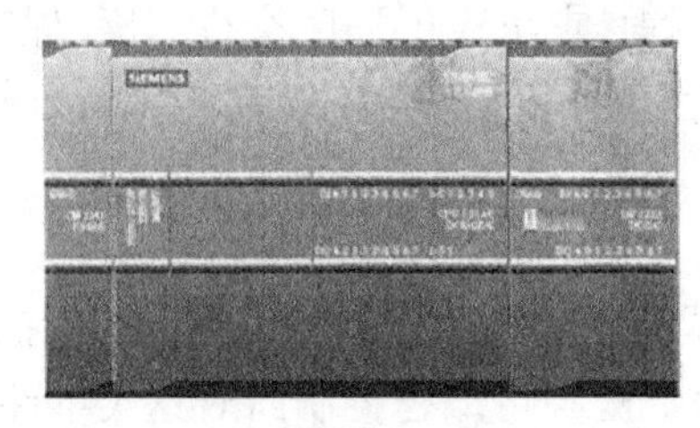

(a) 西门子S7-1200

(b) 三菱电机FX2N

图 3-6 整体式可编程控制器

这类产品的一个显著特点就是结构非常紧凑，功能相对较弱，特别是模拟量处理能力。这类产品主要针对一些小型的设备，如注塑机、电梯等的控制。由于受制于尺寸，这类产品的 I/O 点数比较少。

虽然是一体化的产品，其种类也比较多，如西门子的 S7-1200，三菱电机的 FX1N、FX2N 和 FX3U 等。对于某一类产品，可以根据基本控制器的 I/O 点数来分。如三菱电机的 FX2N-64MR 就表示 FX2N 系统的一体化可编程控制器，其 I/O 点数为 64 点，包括 32 点数字量输入和 32 点继电器输出。

为了扩展系统的 I/O 处理能力和系统功能，这类一体化的系统也采用模块式的方式来加以扩展。这些扩展模块包括数字量扩展模块、模拟量扩展模块、特殊功能模块以及通信扩展模块等。随着现场总线技术的发展，一体化的可编程控制器也支持现场总线模块。扩展模块通过专用的接口电缆与主机或前一级的模块连接。

一体化的小型或微型产品的用量占到了可编程控制器总用量的 75%以上。

(a) 西门子S7-300

(b) 三菱A系列

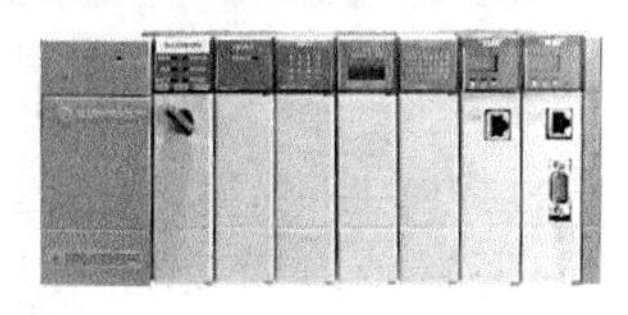

(c) A-B Control Logix

图 3-7 模块式可编程控制器

2. 模块式可编程控制器

所谓模块式可编程控制器，顾名思义，就是指把可编程控制器的各个功能组件单独封装成具有总线接口的模块，如 CPU 模块、电源模块、输入模块、输出模块、输入和输出模块、通信模块、特殊功能模块等，然后通过底板把模块组合在一起构成一个完整的可编程控制器系统。这类系统的典型特点就是系统构件灵活，扩展性好，功能较强。典型的产品包括西门子 S7-300 系列，三菱电机 A 系列和 Q 系列等。

3.5 PLC 的性能指标

以西门子系列产品为例介绍 PLC 的性能指标。西门子的 PLC 经历了 S5 系列和 S7 系列，目前 S7 系列 PLC 广泛应用于自动化领域，其产品有 S7-200、S7-300、S7-400、S7-

1200和S7－1500系列。其中,S7－1200系列PLC是西门子公司生产的面向离散自动化系统和独立自动化系统的紧凑自动化产品,定位于原有的S7－200PLC和S7－300PLC之间。S7－1500则主要定位于S7－400PLC。

S7－200PLC是西门子公司专用于小型自动化设备的控制装置,S7－200有5种CPU模块,CPU 221无扩展功能、适用于做小点数的微型控制器。CPU 222有扩展功能,CPU 224是具有较强控制功能的控制器,CPU 226和CPU 226XM适用于复杂的中小型控制系统。各CPU模块特有的技术指标分别见表3－1。

表3－1　S7－200CPU模块的主要技术指标

特性	CPU 221	CPU 222	CPU 224	CPU 226	CPU 226XM
本机数字量I/O	6入/4出	8入/6出	14入/10出	24入/16出	24入/16出
最大数字量I/O	6入/4出	40入/38出	94入/74出	256入/256出	256入/256出
最大模拟量I/O	—	16入/16出	28入/7出或14出	32入/32出	32入/32出
程序空间(永久保存)	2048字	2048字	4096字	4096字	8192字
用户数据存储器	1024字	1024字	2560字	2560字	5120字
扩展模块	—	2个	7个	7个	7个
数字量I/O映像区	10	256	256	256	256
模拟量I/O映像区	无	16AI/16AO	32AI/32AO	32AI/32AO	32AI/32AO
超级电容数据后备典型时间	50h	50h	190h	190h	190h
内置高速计数器	4个9(每个30kHz)	4个9(每个30kHz)	6个9(每个30kHz)	6个9(每个30kHz)	6个9(每个30kHz)
高速脉冲输出	2个(20kHz)	2个(20kHz)	2个(20kHz)	2个(20kHz)	2个(20kHz)
模拟量调节电位器	1个,8位分辨率	1个,8位分辨率	2个,8位分辨率	2个,8位分辨率	2个,8位分辨率
脉冲捕捉	6个	8个	14个	14个	14个
实时时钟	有(时钟卡)	有(时钟卡)	有	有	有
RS－485通信口	1	1	1	2	2
24VDC电源CPU输入电流/最大负载	70mA/600mA	70mA/600mA	120mA/900mA	150mA/1050mA	150mA/1050mA
240VAC电源CPU输入电流/最大负载	25mA/180mA	25mA/180mA	35mA/220mA	40mA/160mA	40mA/160mA
24VDC传感器电源最大电流/电流限制	180mA/600mA	180mA/600mA	280mA/600mA	400mA/约1.5A	400mA/约1.5A
为扩展模块提供的DC5V的输出电流	—	最大340mA	最大660mA	最大1000mA	最大1000mA
各组输入点数	4.2	4.4	8.6	13.11	13.11
各组输出点数	4(DC电源)	6(DC电源)	5,5(DC电源)	8,8(DC电源)	8,8(DC电源)
55°公共端输出电流总和(水平安装)	3,1(AC电源)	3,3(AC电源)	4,3,3(AC电源)	4,5,7(AC电源)	4,5,7(AC电源)

S7－1200PLC涵盖了S7－200原有的功能并且添加了许多新的功能,可以满足更广泛领域的应用,S7－1200系列有5种CPU模块,CPU模块的技术指标见表3－2。

表 3-2　S7-1200 系列 CPU 模块的主要技术指标

CPU 特性	CPU 1211C	CPU 1212C	CPU 1214C
类型	DC/DC/DC,AC/AC/RLY,DC/DC/RLY		
集成的工作存储区/KB	25	25	25
集成的装载存储区/KB	1	1	2
集成的保持存储区/KB	2	2	2
内存卡件	可选 SIMATIC 记忆卡		
集成的 DI/DO/个	6/4	8/6	14/10
集成的 AI/AO/个	2/—		
过程映像区	1024/1024		
信号扩展板	最多 1 个		
信号扩展模块	不含	最多 2 个	最多 8 个
最大本地数字量 I/O	14	82	284
最大模拟数字量 I/O	3	15	51
高速计数器/个	3	4	6
单相	3 个 100 kHz	3 个 100 kHz 1 个 30 kHz	3 个 100 kHz 3 个 30 kHz
正交相	3 个 80 kHz	3 个 80 kHz 1 个 30 kHz	3 个 80 kHz 3 个 30 kHz
脉冲输出/个	2 个 100kHz,直流输出/2 个 1kHz,继电器输出		
脉冲捕捉输入/个	6	8	14
时间继电器/循环中断	共 4 个,1 个达到 ms 精度		
边沿中断/个	6 上升沿/6 下降沿	8 上升沿/8 下降沿	12 上升沿/12 下降沿
精确的实时时钟/(s/月)	±60		
实时时钟保持时间	40°C 环境下典型 10 天/最少 6 天,免费维护超级电容		
布尔量运算执行时间	0.1μs/指令		
动态字符运算执行时间	12μs/指令		
数学运算执行时间	18μs/指令		
扩展通信模块	最多 3 个		

3.6　S7-1200 的硬件

S7-1200 是西门子公司的新一代小型 PLC,它具有集成的 FROFINET 接口、强大的集成工艺功能和灵活的可扩展性等特点,为各种工艺任务提供了简单的通信和有效的解决方案。S7－1200系列PLC具有高度的灵活性，用户可以根据自己的需求确定PLC的结构，系统扩展也十分方便。

3.6.1　CPU模块

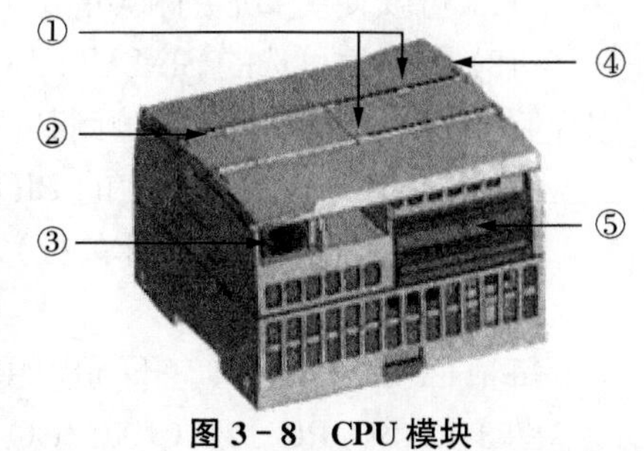

图3－8　CPU模块

S7－1200系列有5种CPU模块(前3种性能指标见表3－2)，此外近几年后推出了的有CPU1215C和CPU1217C。

图3－8中的①是集成I/O(输入/输出)的状态LED(发光二极管)，②是三个指示CPU运行状态的LED，③是PROFINET以太网接口的RJ－45连接器，④是存储卡插槽(在盖板下面)，⑤是可拆卸的接线端子板。

1. CPU的共性

(1) 集成的24V传感器/负载电源可供传感器和编码器使用，也可以作为输入回路的电源。

(2) 2点集成的模拟量输入(0～10V)，输入电阻100kΩ，10位分辨率。

(3) 点脉冲列输出(PTO)或者脉宽调制(PWM)输出，最高频率100kHz。

(4) 每条位运算、字运算和浮点数数学运算指令的执行时间分别为0.1μs、12μs和18μs。

(5) 最多可以设置2048B有断电保持功能的数据区(包括位存储器、功能块的局部变量和全局数据块中的变量)。

通过可选的SIMATIC存储卡，可以方便地将程序传输到其他CPU。存储卡还可以用来存储各种文件或更新PLC系统的固件。

(6) 过程映像输入、输出各1024B。

数字量输入电路的电压额定值为DC24V，输入电流为4mA。1状态允许的最小电压/电流为DC15V/2.5mA，0状态允许的最大电压/电流为DC5V/1mA。可组态输入延时时间(0.2～12.8ms)和脉冲捕获功能。在过程输入信号的上升沿或下降沿可以产生快速响应的中断输入。

继电器输出的电压范围为DC5～30V或AC5～50V。最大电流2A。最大白炽灯负载为DC30W或AC200W。

DC/DC/DC型MOSFET的1状态最小输出电压为DC20V，输出电流0.5A。0状态最大输出电压为DC0.1V。最大白炽灯负载为DC5W。

(7) 可以扩展3块通信模块和1块信号板，CPU可以用信号板扩展一路模拟量输出或高速数字量输入/输出。

(8) 4个时间延时与循环中断，分辨率1ms。

(9) 硬件实时时钟的缓存时间典型值为10天，最小值6天，25°C时的最大误差为60s/月。

(10) 集成的带隔离的FROFINET以太网接口，可以使用TCP/IP和ISO-on-TCP两种协议。

支持S7通信，可以作服务器和客户机，传输速率为10Mbit/s～100Mbit/s，可建立最多

16 个连接。自动检测传输速率，RJ - 45 连接器有自协商和自动交叉网线功能，后者是指用一条直通网线或者交叉网线都可以连接 CPU 和其他以太网设备或交换机。

(11) 可以使用梯形图和功能块图两种编程语言。

(12) 可以用可选的 SIMATIC 存储卡扩展存储器的容量和更新 PLC 的固件。还可以用存储卡来方便地将程序传输到其他 CPU。

(13) 有 16 个参数自整定的 PID 控制器。

(14) 可选的仿真器(小开关板)为数字量输入点提供输入信号来测试用户程序。

2. CPU 的技术规范

每种 CPU 有 3 种具有不同电源电压和输入、输出电压的版本(见表 3 - 3)。

图 3 - 9 为 CPU 1214C AC/DC/Relay(继电器)型的外部接线图。输入回路一般使用 CPU 内置的 DC24V 电源，此时需要去除图 3 - 9 中的外接 DC 电源，将输入回路的 1M 端子与 24V 电源的 M 端子连接起来，将 24V 电源的 L＋端子接到外接触点的公共端子。

表 3 - 3　S7 - 1200CPU 的 3 种版本

版本	电源电压	DI 输入电压	DO 输出电压	DO 输出电流
DC/DC/DC	DC 24V	DC 24V	DC 24V	0.5A，MOSFET
DC/DC/Relay	DC 24V	DC 24V	DC 5～30V，AC 5～250V	2A，DC 30W/AC200W
AC/DC/Relay	AC 85～264V	DC 24V	DC 5～30V，AC 5～250V	2A，DC 30W/AC200W

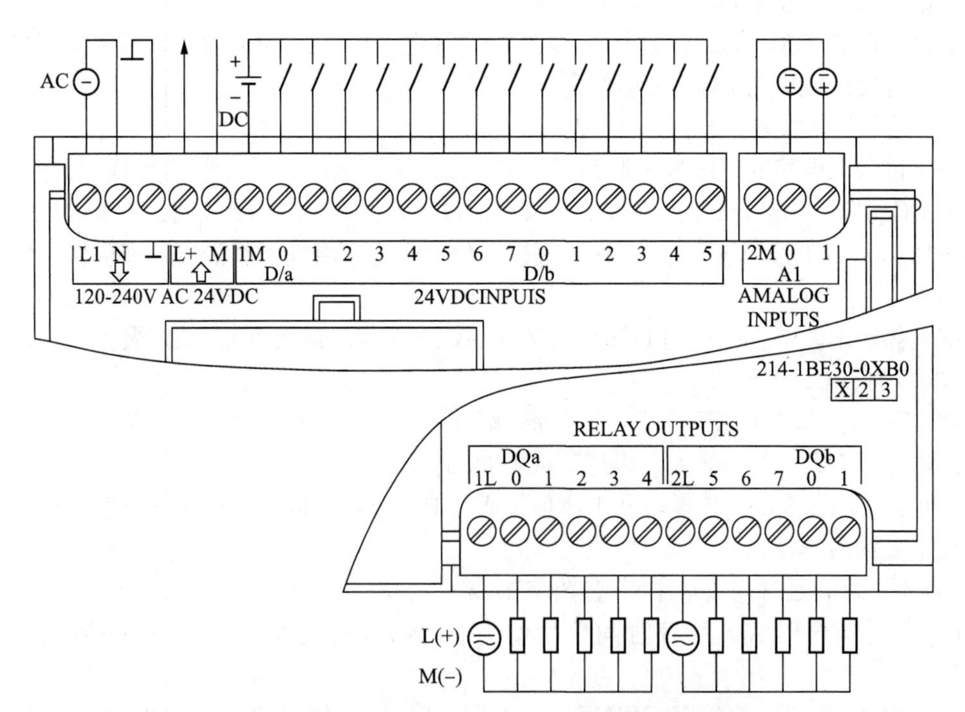

图 3 - 9　CPU 1214C AC/DC/Relay 的外部接线图

CPU 1214C DC/DC/Relay 的外部接线图与图 3－9 的区别在于前者的电源电压为DC24V。

CPU 1214C DC/DC/DC 的外部接线图见图 3－10,其电源电压、输入回路电压和输出回路电压均为 DC 24V。输入回路也可以使用内置的 DC 24V 电源。

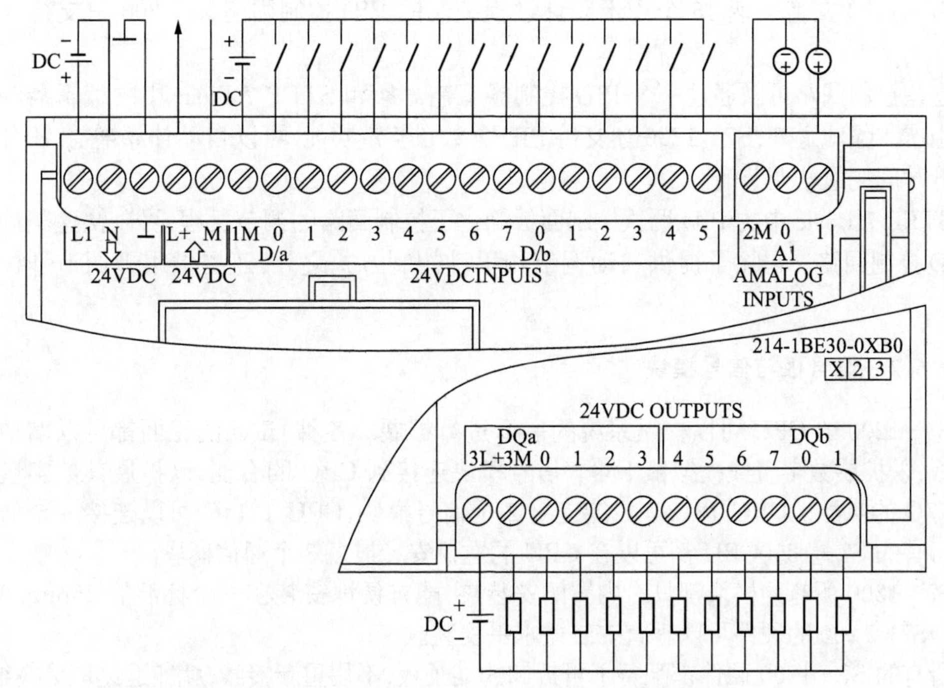

图 3－10　CPU 1214C DC/DC/DC 的外部接线图

3. CPU 集成的工艺功能

S7－1200 集成了高速计数与频率测量、高速脉冲输出、PWM 控制、运动控制和 PID 控制功能。

(1) 高速计数器

S7－1200 的 CPU 最多有 6 个高速计数器,用于对来自增量式编码器和其他设备的频率信号计数,或对过程事件进行高速计数。3 点集成的高速计数器的最高频率为 100kHz(单相)或 80kHz(互差 90°的 AB 相信号)。其余各点的最高频率为 30kHz(单相)或 20kHz(互差 90°的 AB 相信号)。

(2) 高速脉冲输出

S7－1200 集成了两个 100kHz 的高速脉冲输出,组态为 PTO 时,它们提供最高频率为 100kHz 的 50%占空比的高速脉冲输出,可以对步进电动机或伺服驱动器进行开环速度控制和定位控制,通过两个高速计数器对高速脉冲输出进行内部反馈。

组态为 PWM 输出时,将生成一个具有可变占空比、周期固定的输出信号,经滤波后,得到与占空比成正比的模拟量,可以用来控制电动机速度和阀门位置等。

(3) PLCopen 运动功能块

S7－1200 支持使用步进电动机和伺服驱动器进行开环速度控制和位置控制。通过一个轴工艺对象和 STEP 7 Basic 中通用的 PLCopen 运动功能块,就可以实现对该功能的组态。

除了返回原点和点动功能以外,还支持绝对位置控制、相对位置控制和速度控制。

STEP 7 Basic 中的驱动调试控制面板简化了步进电动机和伺服驱动器的启动和调试过程。它为单个运动轴提供了自动和手动控制,以及在线诊断信息。

(4) 用于闭环控制的 PID 功能

S7 - 1200 支持多达 16 个用于闭环过程控制的 PID 控制回路(S - 200 只支持 8 个回路)。

这些控制回路可以通过一个 PID 控制器工艺对象和 STEP 7 Basic 中的编辑器轻松地进行组态。除此之外,S7 - 1200 还支持 PID 参数自整定功能,可以自动计算增益、积分时间和微分时间的最佳调节值。

STEP 7 Basic 中的 PID 调试控制面板简化了控制回路的调节过程,可以快速精确地调节 PID 控制回路。它除了提供自动调节和手动控制方式之外,还提供用于调节过程的趋势图。

3.6.2 信号板与信号模块

S7 - 1200 的 CPU 可以根据系统的需要进行扩展。各种 CPU 的正面都可以增加一块信号板,以扩展数字量或模拟量 I/O。信号模块连接到 CPU 的右侧,以扩展其数字量或模拟量 I/O 的点数。CPU 1212C 只能连接 2 个信号模块,CPU 1214C 可以连接 8 个信号模块。所有的 S7 - 1200CPU 都可以在 CPU 的左侧安装最多 3 个通信模块。

S7 - 1200 所有的模块都具有内置的安装夹,能方便地安装在一个标准的 35mmDIN 导轨上。S7 - 1200 的硬件可以垂直安装或水平安装。

所有的 S7 - 1200 硬件都配备了可拆卸的端子板,不用重新接线,就能迅速地更换组件。

1. 信号板

信号板可以用于只需要少量附加 I/O 的情况。所有的 S7 - 1200CPU 模块都可以安装一块信号板,并且不会增加安装的空间。在某些情况下使用信号板,可以提高控制系统的性能价格比。只需要添加一块信号板,就可以根据需要增加 CPU 的数字量或模拟量 I/O 点。

图 3 - 11 安装信号板

安装时将信号板直接插入 S7 - 1200CPU 正面的槽内(见图 3 - 11)。信号板有可拆卸的端子,因此可以很容易地更换信号板。

信号板有以下两种:

(1) SB1223 数字量输入/输出信号板如图 3 - 12 所示。它的两个 DC24V 输入有上升沿、下降沿中断和脉冲捕获功能。输入参数与 CPU 集成的输入点基本相同。用作高速计数器的时钟输入时,最高输入频率为 30kHz。

两个 DC24V MOSFET 输出点的最大输出电流为 0.5A,最大白炽灯负载为 DC5W,可以输出最高 20kHz 的脉冲列。

(2) SB1232 模拟量输出信号板如图 3 - 13 所示。其输出分辨率为 12 位的－10～＋10V 电压,负载阻抗大于等于 1000Ω;或输出分辨率为 11 位的 0～20mA 电流信号,负载阻抗小于等于 600Ω,不需要附加的放大器。25℃ 满量程的最大误差为±0.5%,0～55℃ 满量程的最大误差为±1.0%。有超上限/超下限,电压模式对地短路和电流模式断线的诊断功能。

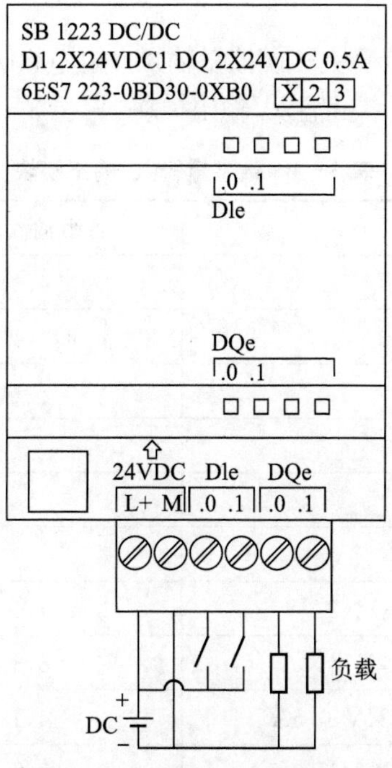

图 3－12　2DI/2DO 信号板

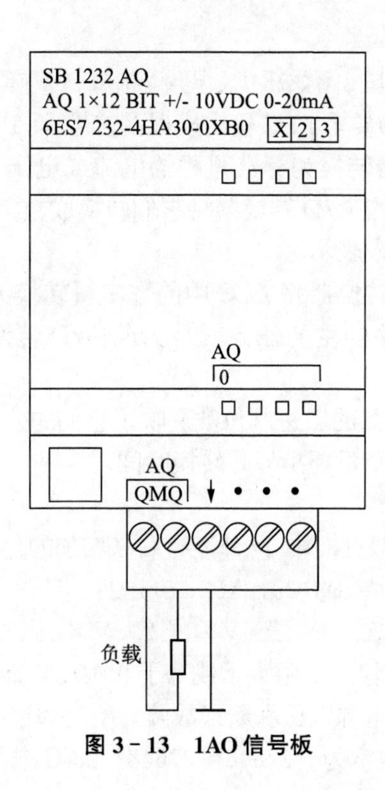

图 3－13　1AO 信号板

S7－1200 后来又增加了 3 种高速数字量输入和 3 种高速数字量输出信号板，工作频率为 200kHz。

2. 数字量 I/O 模块

数字量输入/输出(DI/DO)模块和模拟量输入/输出(AI/AO)模块统称为信号模块。可以选用 8 点、16 点和 32 点的数字量输入/输出模块(见表 3-4),来满足不同的控制需要。

表 3-4 数字量输入/输出模块

型号	各组输入点数	各组输出点数
SM1221,8 输入 DC24V	4,4	
SM1221,16 输入 DC24V	4,4,4,4	
SM1222,8 继电器输出,2A		3,5
SM1222,16 继电器输出,2A		4,4,2,6
SM1222,8 输出 DC24V,0.5A		4,4
SM1222,16 输出 DC24V,0.5A		4,4,4,4
SM1223,8 输入 DC24V/8 继电器输出,2A	4,4	4,4
SM1223,16 输入 DC24V/16 继电器输出,2A	8,8	4,4,4,4
SM1223,8 输入 DC24V/8 输出 DC24V,0.5A	4,4	4,4
SM1223,13 输入 DC24V/16 输出 DC24V,0.5A	8,8	8,8

3. PLC 对模拟量的处理

在工业控制中,某些输入量(例如压力、温度、流量、转速等)是模拟量。某些执行机构(例如电动调节阀和变频器等)要求 PLC 输出模拟量信号,而 PLC 的 CPU 只能处理数字量。模拟量首先被传感器和变送器转换为标准量程的电流或电压,例如 4～20mA,1～5V,0～10V,PLC 用模拟量输入模块的 A/D 转换器将它们转换成数字量。带正负号的电流或电压在 A/D 转换后用二进制补码来表示。

模拟量输出模块的 D/A 转换器将 PLC 中的数字量转换为模拟量电压或电流,再去控制执行机构。模拟量 I/O 模块的主要任务就是实现 A/D 转换(模拟量输入)和 D/A 转换(模拟量输出)。

A/D 转换器和 D/A 转换器的二进制位数反映了它们的分辨率,位数越多,分辨率越高。模拟量输入/输出模块的另一个重要指标是转换时间。

4. 模拟量模块

S7-1200 现在有 5 种模拟量模块,此外还有后来增加的热电阻模块和热电偶模块。

(1) 4 通道模拟量输入模块 SM1231 AI4x13bit

该模块的模拟量输入可选±10V、±5V 和±2.5V 电压,或 0～20mA 电流。分辨率为 12 位加上符号位,电压输入的输入电阻大于或等于 9MΩ,电流输入的输入电阻为 250Ω。模块有中断和诊断功能,可监视电源电压和断线故障。所有通道的最大循环时间为 625μs。额定范围的电压转换后对应的数字为−27648～27648。25°C 或 55°C 满量程的最大误差为±0.1%或±0.2%。

可按弱、中、强 3 个级别对模拟量信号进行平滑(滤波)处理,也可以选择不进行平滑处理。模拟量模块的电源电压均为 DC24V。

安装硬件升级包后，可以使用8通道模拟量输入模块SM1231 AI8x13bit，其通道的参数与4通道模拟量输入模块SM1231 AI4x13bit相同。

(2) 2通道模拟量输出模块SM1232 AQ2x14 bit

该模块的输入电压为－10V～＋10V时，分辨率为14位，最小负载阻抗1000Ω。输出电流为0～20mA时，分辨率为13位，最大负载阻抗600Ω。有中断和诊断功能，可监视电源电压、短路和断线故障。数字－27648～27648被转换为－10V～＋10V的电压，数字0～27648被转换为0～20mA的电流。

电压输出负载为电阻时转换时间为300μs，负载为1μF电容时转换时间为750μs。

电流输出负载为1mH电感时转换时间为600μs，负载为10mH电感时转换时间为2ms。

安装硬件升级包后，可以使用4通道模拟量输出模块SM1232 AQ4x14 bit，其通道的参数与2通道模拟量输出模块SM1232 AQ2x14 bit的相同。

(3) 4通道模拟量输入/2通道模拟量输出模块

模块SM1234的模拟量输入和模拟量输出通道的性能指标分别与SM1231 AI4x13bit和SM1232 AQ2x14 bit的相同，相当于这两种模块的组合。

3.6.3　集成的通信接口与通信模块

1. 集成的FROFINET接口

实时工业以太网是现场总线发展的趋势。FROFINET是基于工业以太网的现场总线(IEC61158现场总线标准的类型10)，是开放式的工业以太网标准，它使工业以太网的应用扩展到了控制网络最低层的现场设备。

通过TCP/IP标准，S7－1200提供的集成FROFINET接口可用于与编程软件STEP 7 Basic通信(图3－14)，以及与SIMATIC HMI精简系列面板通信，或与其他PLC通信(图3－15)。此外它还通过开放的以太网协议TCP/IP和ISO-on-TCP支持与第三方设备的通信。该接口的RJ－45连接器具有自动交叉网线(Auto-Cross-Over)功能，数据传输速率为10Mbit/s～100Mbit/s，支持最多16个以太网连接。该接口能实现快速、简单、灵活的工业通信。

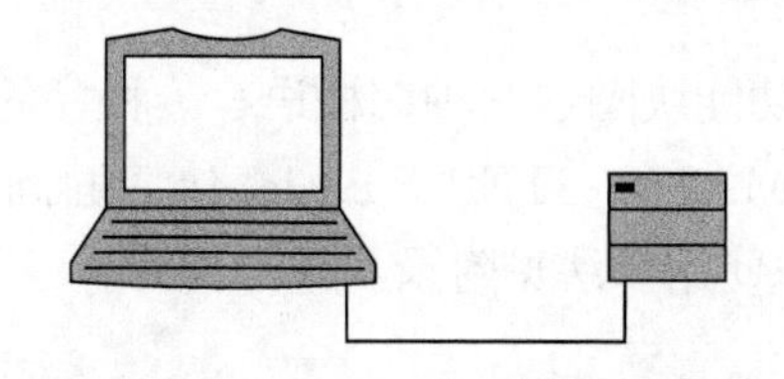

图3－14　S7－1200与计算机的通信

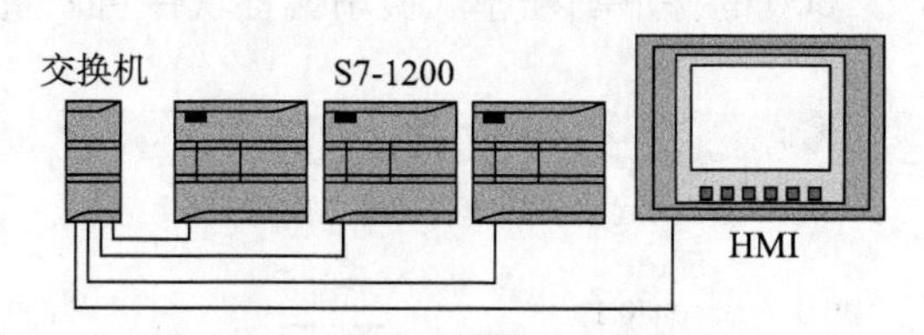

图3－15　S7－1200与HMI的通信

S7－1200可以通过成熟的S7通信协议连接到多个S7控制器和HMI设备。将来还可以通过 FROFINET 接口将分布式现场设备连接到 S7 - 1200，或将 S7 - 1200 作为一个 FROFINET IO 设备，连接到作为 FROFINET IO 主控制器的 PLC。它将为 S7 - 1200 系统提供从现场级到控制级的统一通信，以满足当前工业自动化的通信需求。

STEP 7 Basic 中的网络视图使用户能够轻松地对网络进行可视化组态。

为了使布线最少并提供最大的组网灵活性，可以将紧凑型交换机模块 CSM1277 和 S7 - 1200 一起使用，以便组建成一个具有线形、树形或星形拓扑结构的网络。

CSM1277 是一个 4 端口的紧凑型交换机，用户可以通过它将 S7 - 1200 连接到最多 3 个附加设备。除此之外，如果将 S7 - 1200 和 SIMATIC NET 工业无线局域网组件一起使用，还可以构建一个全新的网络。

2. 通信模块

S7 - 1200 最多可以增加 3 个通信模块，它们安装在 CPU 模块的左边。

RS - 485 和 RS - 232 通信模块为点对点(PtP)的串行通信提供连接(见图 3 - 16)。STEP 7 Basic 工业组态系统提供了扩展指令或库功能、USS 驱动协议、Modbus RTU 主站协议和 Modbus RTU 从站协议，用于串行通信的组态和编程。

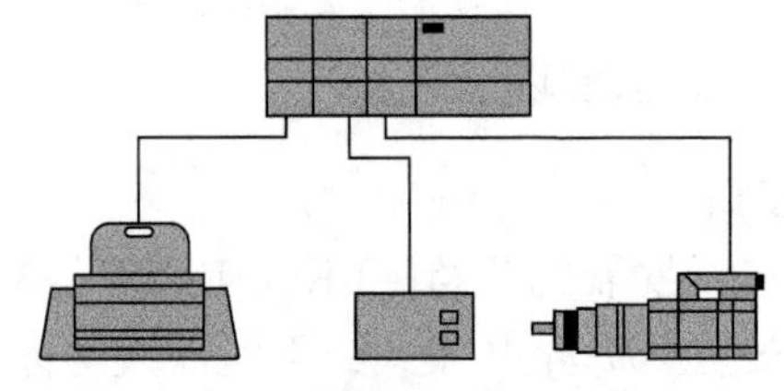

图 3 - 16 使用通信模块的串行通信

此外还有计划中的 PROFINET(控制器/IO 设备)模块和 PROFIBUS 主站/从站模块。

3.7 S7 - 1200 的编程语言和 S7 - 1200 用户程序结构

3.7.1 S7 - 1200 的编程语言

S7 - 1200 只有梯形图和功能块图这两种编程语言。程序的编写使用西门子公司开发的高度集成的工程组态系统 SIMATIC STEP 7 Basic，包括面向任务的 HMI 智能组态软件 SIMATIC WinCC Basic，具体使用方法见附录。

1. 梯形图

梯形图(LAD)是使用得最多的 PLC 图形编程语言。

图 3 - 17 是一个 S7 - 1200 的梯形图程序。使用编程软件可以直接生成和编辑梯形图，并将它下载到 PLC 中。

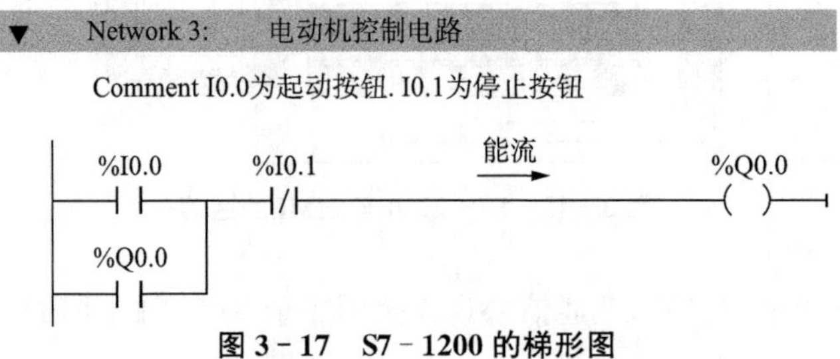

图 3 - 17 S7 - 1200 的梯形图

触点和线圈等组成的电路称为程序段，英文名称为Network(网络)，STEP 7 Basic自动地为程序段编号。

可以在程序段编号的右边加上程序段的标题，在程序段编号的下面为程序段加上注释(见图3－17)。点击编辑器工具栏上的按钮，可以显示或关闭程序段的注释。

在分析梯形图的逻辑关系时，为了借用继电器电路图的分析方法，可以想象在梯形图的左右两侧垂直“电源线”之间有一个左正右负的直流电源电压，当图3－17中I0.0与I0.1的触点同时接通，或Q0.0与I0.1的触点同时接通时，有一个假想的“能流”(Power Flow)流过Q0.0的线圈。利用能流的这一概念，可以借用继电器电路的术语和分析方法，帮助我们更好地理解和分析梯形图。能流只能从左到右流动。

程序段内的逻辑运算按从左到右的方向执行，与能流的方向一致。如果没有跳转指令，程序段之间按从上到下的顺序执行，执行完所有的程序段后，下一次扫描循环返回最上面的程序段1，重新开始执行。

2. 功能块图

功能块图(FBD)使用类似于数字电路的图形逻辑符号来表示控制逻辑，有数字电路基础的人很容易掌握。

在功能块图中，用类似于与门(带有符号“&”)、或门(带有符号“＞＝”)的方框来表示逻辑运算关系，方框的左边为输入变量，右边为逻辑运算的输出变量，输入、输出端的小圆点表示“非”运算，方框被“导线”连接在一起，信号自左向右流动。指令框用来表示一些复杂的功能，例如数学运算等。图3－18为图3－17中的梯形图对应的功能块图，图3－18同时显示绝对地址和符号地址。

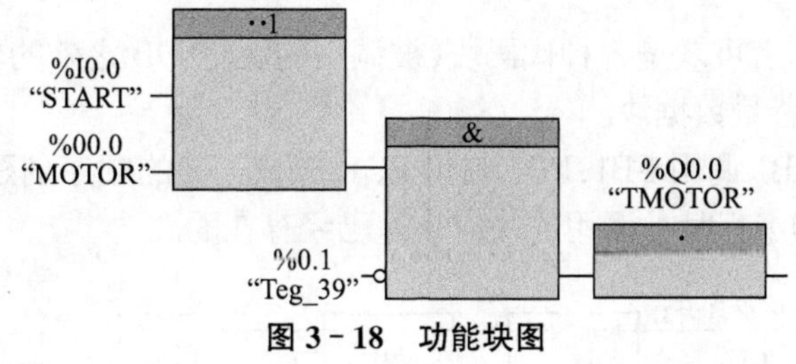

图3－18　功能块图

3. 编程语言的切换

打开项目树中PLC的“程序块”文件夹，双击其中的某个代码块，打开程序编辑器，在工作区下面的巡视窗口的“属性”选项卡中(见图3－19)，可以用“语言”下拉式列表改变打开的块使用的编程语言。

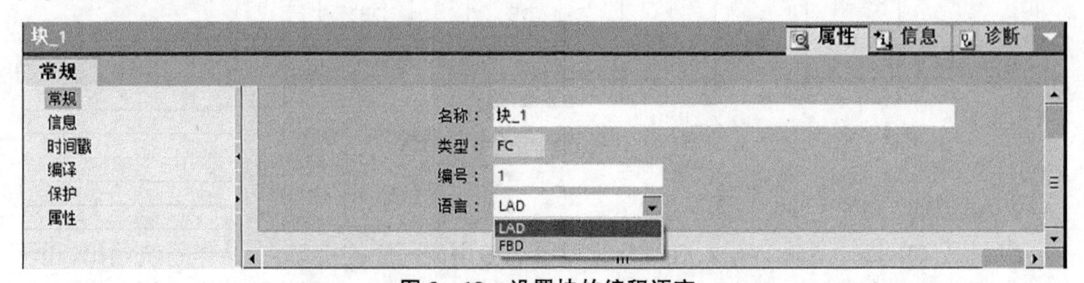

图3－19　设置块的编程语言

3.7.2 S7－1200 用户程序结构

S7－1200 与 S7－300/400 的程序结构基本相同。

1. 模块化编程

模块化编程将复杂的自动化任务划分为对应于生产过程的技术功能较小的子任务，每个子任务对应于一个称为“块”的子程序，可以通过块与块之间的相互调用来组织程序。这样的程序易于修改、差错和调试。块结构显著地增加了 PLC 程序的组织透明性、可理解性和易维护性。各种块的简要说明见表 3－5，其中，OB、FB、FC 都包含程序，统称为代码(Code)块。

表 3－5 用户程序中的块

块	简要描述
组织块(OB)	操作系统与用户程序的接口，决定用户程序的结构
功能块(FB)	用户编写的包含经常使用的功能的子程序，有专用的背景数据块
功能(FC)	用户编写的包含经常使用的功能的子程序，没有专用的背景数据块
背景数据块(DB)	用户保存 FB 的输入变量、输出变量和静态变量，其数据在编译时自动生成
全局数据块(DB)	存储用户数据的数据区域，供所有的代码共享

被调用的代码块又可以调用别的代码块，这种调用称为嵌套调用。CPU 模块的手册给出了允许嵌套调用的层数，即嵌套深度。代码块的个数没有限制，但是受到存储器容量的限制。

在块调用中，调用者可以是各种代码块，被调用的块是 OB 之外的代码块。调用功能块时需要为它指定一个背景数据块。

在图 3－20 中，OB1 调用 FB1，FB1 调用 FC1，应按下面的顺序创建块：FC1→FB1 以及背景数据块→OB1，即编程时被调用的块应该是已经存在的。

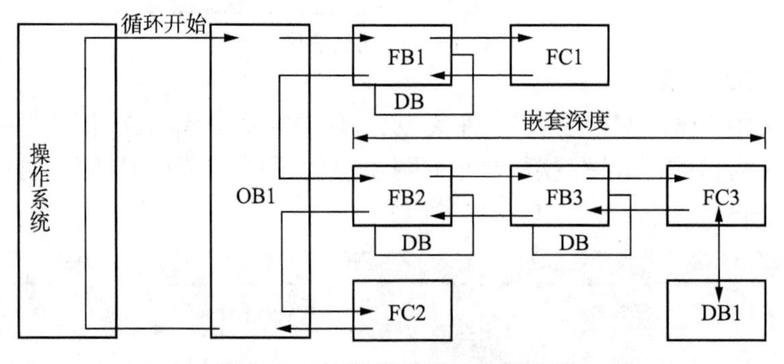

图 3－20 块调用的分层结构

2. 组织块

组织块(Organization Block，OB)是操作系统与用户程序的接口，由操作系统调用，用于控制扫描循环和中断程序的执行、PLC 的启动和错误处理等。组织块的程序是用户编写的。

每个组织块必须有唯一的 OB 编号，200 之前的某些编号是保留的，其他 OB 的编号应大于或等于200。CPU中特定的事件触发组织块的执行,OB不能相互调用,也不能被FC和FB调用。只有启动事件(例如诊断中断事件或周期性中断事件)可以启动OB的执行。

(1) 程序循环组织块

OB1是用户程序中的主程序,CPU循环执行操作系统程序,在每一次循环中,操作系统程序调用一次OB1。因此OB1中的程序也是循环执行的。允许有多个程序循环OB,默认的是OB1,其他程序循环OB的编号应大于或等于200。

(2) 启动组织块

当CPU的工作模式从STOP切换到RUN时,执行一次启动(Startup)组织块,来初始化程序循环OB中的某些变量。执行完启动OB后,开始执行程序循环OB。可以有多个启动OB,默认的为OB100,其他启动OB的编号应大于或等于200。

(3) 中断组织块

中断处理用来实现对特殊内部事件或外部事件的快速响应。如果没有中断事件出现,CPU循环执行组织块OB1。如果出现中断事件,例如诊断中断和时间延迟中断等,因为OB1的中断优先级最低,操作系统在执行当前程序的当前指令(即断点处)后,立即响应中断。CPU暂停正在执行的程序块,自动调用一个分配给该事件的组织块(即中断程序)来处理中断事件。执行完中断组织块后,返回被中断的程序的断点处执行原来的程序。

这意味着部分用户程序不必在每次循环中处理,而是在需要时才被及时处理。处理中断事件的程序放在该事件驱动的OB中。

3. 功能

功能(Function,FC)是用户编写的子程序,它包含完成特定任务的代码和参数。FC和FB有与调用它的块共享的输入参数和输出参数。执行完FC和FB后,返回调用它的代码块。

功能是快速执行的代码块,用于执行下列任务:

(1) 完成标准的和可重复使用的操作,例如算术运算。

(2) 完成技术功能,例如使用位逻辑运算的控制。

可以在程序的不同位置多次调用同一个FC,这可以简化重复执行的任务的编程。功能没有固定的存储区,功能执行结束后,其临时变量中的数据就丢失了。可以用全局数据块或者M存储区来存储那些在功能执行结束后需要保存的数据。

4. 功能块

功能块(Function Block,FB)是用户编写的子程序。调用功能块时,需要指定背景数据块,后者是功能块专用的存储区。CPU执行FB中的程序代码,将块的输入、输出参数和局部静态变量保存在背景数据块中,以便可以从一个扫描周期到下一个扫描周期快速访问它们。FB的典型应用是执行不能在一个扫描周期结束的操作。在调用FB时,打开了对应的背景数据块,后者的变量可以供其他代码块使用。

调用同一个功能块时使用不同的背景数据块,可以控制不同的设备。例如用来控制水泵和阀门的功能块使用包含特定的操作参数的不同的背景数据块,可以控制不同的水泵和阀门。

S7－1200的部分指令(例如IEC标准的定时器和计数器指令)实际上是功能块,在调用它们时需要指定配套的背景数据块。

5. 数据块

数据块(Data Block,DB)是用于存放执行代码时所需数据的数据区,有两种类型的数据块:

(1) 全局(Global)数据块。存储供所有的代码块所使用的数据,所有的OB、FB和FC都可以访问它们。

(2) 背景数据块。存储供特定的FB使用的数据。

3.8 数据类型与系统存储区

3.8.1 物理存储区

PLC的操作系统使PLC具有基本的智能,能够完成PLC设计者规定的各种工作。用户程序由用户设计,它使PLC能完成用户要求的特定功能。

1. PLC使用的物理存储器

(1) 随机存取存储器

CPU可以读取随机存储器(RAM)中的数据,也可以将数据写入RAM。它是易失性的存储器,电源中断后,存储的信息将丢失。

RAM的工作速度快,价格便宜,改写方便。在关断PLC的外部电源后,可以用锂电池保存RAM中的用户程序和某些数据。

(2) 只读存储器

只读存储器(ROM)的内容只能读出,不能写入。它是非易失的,电源关断后,仍能保存存储的内容,ROM一般用来存放PLC的操作系统。

(3) 快闪存储器和可电擦除可编程只读存储器

快闪存储器(Flash EPROM)简称FEPROM,可电擦除可编程只读存储器简称EEPROM。它们是非易失性的,可以用编程装置将编程程序写入它们,兼有ROM的非易失性和RAM的随机存取的优点,但是将信息写入它们所需的时间比RAM长得多。它们用来存放用户程序和断电时需要保存的重要数据。

2. 微存储卡

SIMATIC微存储卡基于FEPROM,用于在断电时保存用户程序和某些数据。微存储卡用来作装载存储器(Load Memory)或作便携式媒体。

3. 装载存储器与工作存储器

(1) 装载存储器

装载存储器是非易失性的存储器,用于保存用户程序、数据和组态信息。所有的CPU都有内部的装载存储器,CPU插入存储卡后,用存储卡作装载存储器。项目下载到CPU时,保存在装载存储器中。装载存储器具有断电保持功能。

(2) 工作存储器

工作存储器是集成在CPU中的高速存取的RAM,为了提高运行速度,CPU将用户程序中与程序执行有关的部分,例如组织块、功能块、功能和数据块从装载存储器复制到工作存储器。装载存储器类似于计算机的硬盘,工作存储器类似于计算机的内存条。CPU 断电时,工作存储器中的内容将会丢失。

4. 断电保持存储器

断电保持存储器用来防止在电源关闭时丢失数据,暖启动后断电保持存储区中的数据保持不变。冷启动时断电保持存储器的值被清除。

CPU 提供了 2048B 的保持存储器,可以在断电时,将工作存储器的某些数据(例如数据块或位存储器 M)的值永久保存在保持存储器中。断电时 CPU 有足够的时间来保存数量有限的指定的存储单元的值。

5. 存储卡

可选的 SIMATIC 存储卡用来存储用户程序,或用于传送程序。CPU 仅支持预先格式化的 SIMATIC 存储卡。打开 CPU 的顶盖后将存储卡插入到插槽中。应将存储卡上的写保护开关滑动到离开“Lock”位置。

可以设置存储卡用作程序卡或传送卡:

(1) 使用传送卡可将项目复制到多个 CPU,而无须使用 STEP 7 Basic。传送卡将存储的项目从卡中复制到 CPU 的存储器,复制后必须取出传送卡。

(2) 程序卡可以替代 CPU 的存储器,所有 CPU 的功能都由程序卡进行控制。插入程序卡会擦除 CPU 内部装载存储器的所有内容(包括用户程序和被强制的 I/O),CPU 然后会执行程序卡中的用户程序。

程序卡必须保留在 CPU 中。如果取出程序卡,CPU 将切换到 STOP 模式。

6. 查看存储器的使用情况

用鼠标右键点击项目树中的某个 PLC,执行出现的快捷菜单中的“资源”命令,可以查看当前项目的存储器使用情况。

双击项目树中某个 PLC 文件夹内的“在线和诊断”,打开工作区左边窗口的“诊断”文件夹,选中“存储卡”,也可以查看 PLC 运行时存储卡的使用情况。

3.8.2 数制与数据类型

1. 数制

(1) 二进制

二进制的 1 位(bit)只能取 0 和 1 这两个不同的值,可以用来表示开关量(或称数字量)的两种不同的状态,例如触点的断开和接通、线圈的通电和断电等。如果该位为 1,则表示梯形图中对应的位编辑元件(例如位存储器 M 和过程映像输出位 Q)的线圈“通电”,其常开触点接通,常闭触点断开,以后称该编程元件为 1 状态,或称该编程元件 ON(接通)。如果该位为 0,则对应的编程元件的线圈和触点的状态与上述的相反,称该编程元件为 0 状态,或该编程元件 OFF(断电)。在编程软件中,位编程元件的 1 状态和 0 状态用 TRUE 和 FALSE 来表示。

(2) 多位进制

计算机和 PLC 用多位二进制来表示数字,二进制数遵循逢二进一的运算规则,从左到右的第 n 位(最低位为第 0 位)的权值为 2^n。不同进制数的表示方法见表 3 - 6。

表 3-6 不同进制数的表示方法

十进制数	十六进制数	二进制数	BCD码
0	0	00000	0000 0000
1	1	00001	0000 0001
2	2	00010	0000 0010
3	3	00011	0000 0011
4	4	00100	0000 0100
5	5	00101	0000 0101
6	6	00110	0000 0110
7	7	00111	0000 0111
8	8	01000	0000 1000
9	9	01001	0000 1001
10	A	01010	0001 0000
11	B	01011	0001 0001
12	C	01100	0001 0010
13	D	01101	0001 0011
14	E	01110	0001 0100
15	F	01111	0001 0101
16	10	10000	0001 0110
17	11	10001	0001 0111

(3) 十六进制数

多位二进制的书写和阅读很不方便。为了解决这个问题，可以用十六进制数来取代二进制数，每个十六进制数对应于4位二进制数。十六进制数的16个数字是0～9和A～F(对应于十进制数10～15)。B＃16＃、W＃16＃和DW＃16＃分别用来表示十六进制字节、字和双字常数，例如W＃6＃13AF。在数字后面加“H”也可以表示十六进制数，例如16＃13AF可以表示为13AFH。

2. 数据类型

数据类型用来描述数据的长度(即二进制的位数)和属性。本节介绍基本数据类型，其他数据类型在下章介绍。

很多指令和代码块的参数支持多种数据类型。将鼠标的光标放在某条指令未输入地址或常数的参数域上，过一会儿在出现的黄色背景的小方框中，可以看到该参数支持的数据类型。

3. 数据对象的长度

不同的任务使用不同长度的数据对象，例如位指令使用位数据，传送指令使用字节、字和双字。字节、字和双字分别由8位、16位和32位二进制数组成。

4. 基本数据类型

表3-7给出了基本数据类型的属性。

表3-7　基本数据类型

变量类型	符号	位数	取值范围	常数举例
位	Bool	1	1、0	TRUS、FALSE或1、0
字节	Byte	8	16#00～16#FF	16#12,16#AB
字	Word	16	16#0000～16#FFFF	16#ABCD,16#0001
双字	Dword	32	16#00000000～16#FFFFFFFF	16#02468ACE
字符	Char	8	16#00～16#FF	'A','t','@'
有符号字节	SInt	8	−128～127	123,−123
整数	Int	16	−32768～32767	123,−123
双整数	DInt	32	−2147483648～2147483647	123,−123
无符号字节	USInt	8	0～255	123
无符号整数	UInt	16	0～65535	123
无符号双整数	UDInt	32	0～4294967295	123
浮点数(实数)	Real	32	$\pm1.175495*10^{-38}\sim\pm3.402823*10^{38}$	12.45,−3.4,−1.2E+12
双精度浮点数	LReal	64	$\pm2.2250738585072 02*10^{-308}\sim$ $\pm1.7976931348623157*10^{308}$	12345.123456789,1.2E+40
时间	Time	32	T#−24d20h31m23s648ms～T#+ 24d20h31m23s647ms	T#1d_2h_15m_30m_45ms

数据类型的符号有下列特点：

(1) 字节、字和双字均为十六进制数，字符又称为ASCII码。

(2) 包含Int无U的数据类型为有符号整数，包含Int和U的数据类型为无符号整数。

(3) 包含SInt的数据类型为8位整数，保护Int并且无D和S的数据类型为16位整数，包含Dint的数据类型为32位双整数。

S7-1200的新数据类型有下列优点：

(1) 使用短整数数据类型，可以节约内存资源。

(2) 无符号数据类型可以扩大数的数值范围。

(3) 64位双精度浮点数可用于高进度的数学函数运算。

5. 位

位数据的数据类型为Bool(布尔)型，在编程软件中，Bool变量的值1和0用英语单词TRUE(真)和FALSE(假)来表示。

位存储单元的地址由字节导致和位地址组成，例如I3.2中的区域标识符"I"表示输入(Input)，字节地址为3，位地址为2(图3-21)。这种存取方式称为"字节.位"寻址方式。

6. 字节

8位二进制数组成1个字节(Byte,见图3-21),例如I3.0～I3.7组成了输入字节IB3(B是Byte的缩写)。数据类型Byte为十六进制数,Char为单个ASCII字符,SInt为有符号字节,USInt为无符号字节。

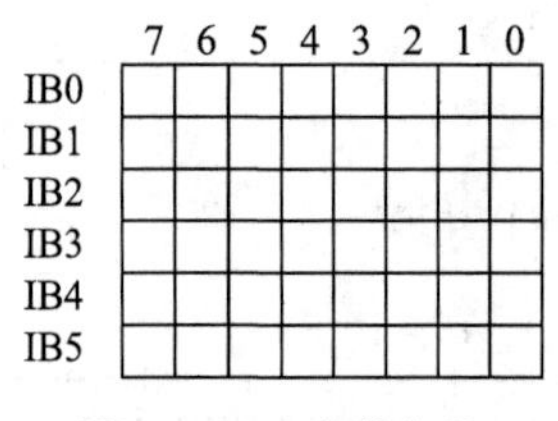

图3-21 字节与位

7. 字

相邻的两个字节组成一个字,例如字MW100由字节MB100和MB101组成(见图3-22)。MW100中的M为区域标识符,W表示字。需要注意以下两点:

(1) 用组成字的编号最小的字节MB100的编号作为字MW100的编号。

(2) 组成字MW100的标号最小的字节MB100为MW100的高位字节,编号最大的字节MB101为MW100的低位字节。双字也有类似的特点。

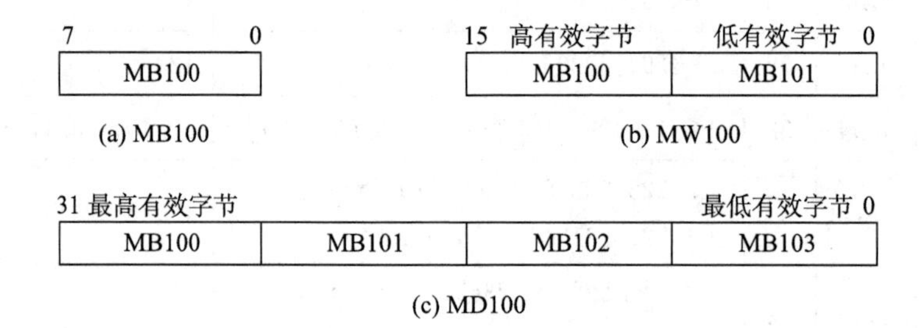

图3-22 字节、字和双字

数据类型Word是十六进制的字,Int为有符号的字(整数),UInt为无符号的字。

整数和双整数的最高位为有符号位,最高位为0时为正数,为1时为负数。整数用补码来表示,正数的补码就是它本身,将一个二进制正整数的各位取反后加1,得到绝对值与它相同的负数的补码。

8. 双字

两个字(或4个字节)组成一个双字,双字MD100由字节MB100～MB103或字MW100、MW102组成[见图3-22(c)],D表示双字,100为组成双字MD100的起始字节MB100的编号。MB100是MD100中的最高字节。

数据类型DWord为十六进制的双字,Dint为有符号双字(双整数),UDInt为无符号双字。

9. 浮点数

32位浮点数又称为实数(Real),最高位(第31位)为浮点数的符号位(见图3-23),正数时为0,负数时为1。规定尾数的整数部分总是为1,第0～22位为尾数的小数部分。8位指数加上偏移量127后(1～255),占第23～30位。

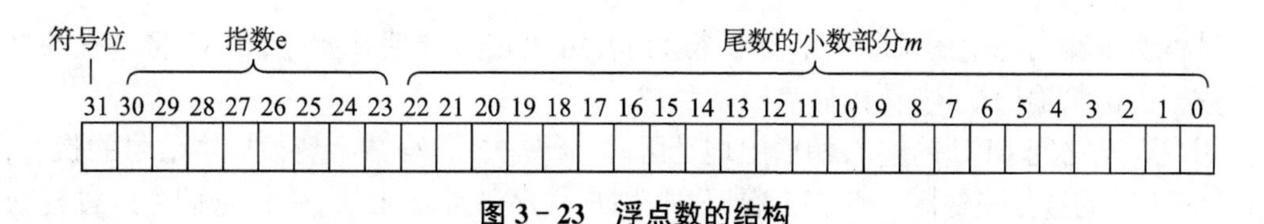

图3-23　浮点数的结构

浮点数的优点是用很小的存储空间(4B)可以表示非常大和非常小的数。PLC输入和输出的数值大多是整数,例如模拟量输入值和模拟量输出值,用浮点数来处理这些数据需要进行整数和浮点数之间的互相转换,浮点数的运算速度比整数的运算速度慢一些。

在编程软件中,用十进制小数来输入或显示浮点数,例如50是整数,而50.0是浮点数。

LReal为64位的双精度浮点数,它只能在设置了仅使用符号寻址的块中使用。LReal的最高位(第63位)为浮点数的符号位,11位指数占第52～62位。尾数的整数部分总是为1,第0～51位为尾数的小数部分。

10. 复杂数据类型简介

(1) 数组(ARRAY)由相同数据类型的元素组合而成,下章中将介绍在数据块中生成数组的方法。

(2) 字符串(Sting)是由字符组成的一维数组,每个字节存放1个字符。第1个字符是字符串的最大字符长度,第2个字符是字符串当前有效字符的个数,字符从第3个字符开始存放,一个字符串最多有254个字符。

用单引号表示字符串常数,例如'ABC'是有3个字符的字符串常数。

(3) DTL用来表示日期时间值,它由12B组成,其详细的结构见下章。

(4) 结构(STRUCT)可以由不同数据类型的元素组成(见下章)。

3.8.3　系统存储器

1. 过程映像输入/输出

过程映像输入在用户程序中的标识符为I,它是PLC接收外部输入的数字量信号的窗口。输入端可以外接常开触点或常闭触点,也可以接多个触点组成的串并联电路。

在每次扫描循环开始时,CPU读取数字量输入模块的外部输入电路的状态,并将它们存在过程映像输入区(表3-8)。

表3-8　系统存储区

存储区	描述	强制	保持
过程映像输入(I)	在扫描循环开始时,从物理输入复制的输入值	Yes	No
物理输入(I:_P)	通过该区域立即读取物理输入	No	No
过程映像输出(Q)	在扫描循环开始时,将输出值写入物理输出	Yes	No
物理输出(Q:_P)	通过该区域立即写物理输出	No	No
位存储器(M)	用于存储用户程序的中间运算结果或标志位	No	Yes
临时局部存储器(L)	块的临时局部数据,只能供块内部使用	No	No
数据块	数据存储器与FB的参数存储器	No	Yes

过程映像输出在用户程序中的标识符为 Q,每次扫描周期开始时,CPU 将过程映像输出的数据传送给输出模块,再由后者驱动负载。

用户程序访问 PLC 的输入和输出地址区时,不是去读、写数字量模块中信号的状态,而是访问 CPU 的过程映像区。在扫描循环中,用户程序计算输出值,并将它们存入过程映像输出区。在下一循环开始时,将过程映像输出区的内容写到数字量输出模块。

I 和 Q 均可以按位、字节、字和双字来访问,例如 I0.0、IB0、IW0 和 ID0。

2. 物理输入

在 I/O 点的地址或符号地址的后面附加":P",可以立即访问物理输入或者物理输出。通过给输入点的地址附加":P",例如 I0.3:P 或"Stop:P",可以立即读取 CPU、信号板和信号模块的数字量输入和模拟量输入。访问时使用 I_:P 取代 I 的区别在于前者的数字直接来自被访问的输入点,而不是来自过程映像输入。因为数据从信号源被立即读取,而不是从最后一次被刷新的过程映像输入中复制,这种访问被称为"立即读"访问。

由于物理输入点从直接连接在该点的现场设备接收数据值,因此写物理输入点是被禁止的,即 I_:P 访问是只读的。

I_:P 访问还受到硬件支持的输入长度的限制。以被组态为从 I4.0 开始的 2DI/2DQ 信号板的输入点为例,可以访问 I4.0:P、I4.1:P 或 IB4:P,但是不能访问 I4.2:P～I4.7:P,因为没有使用这些输入点。也不能访问 IW4:P 和 ID4:P,因为它们超过了信号板使用的字节范围。

用 I_:P 访问物理输入不会影响存储在过程映像输入区中的对应值。

3. 物理输出

在输出点的地址后面附加":P"(例如 Q0.3:P),可以立即写 CPU,信号板和信号模块的数字量和模拟量输出。访问时使用 Q_:P 取代 Q 的区别在于前者的数字直接写给被访问的物理输出点,同时写给过程映像输出。这种访问被称为"立即写",因为数据被立即写给目标点,不用等到下一次刷新时将过程映像输出中的数据传送给目标点。

由于物理输入点直接控制与该点连接的现场设备,因此读物理输出点是被禁止的,即 Q_:P 访问是只写的。与此相反,可以读写 Q 区的数据。

Q_:P 访问还受到硬件支持的输出长度的限制。以被组态为从 Q4.0 开始的 2DI/2DO 信号板的输出点为例,可以访问 Q4.0:P、Q4.1:P 或 QB4:P,但是不能访问 Q4.2:P～Q4.7:P,因为没有使用这些输出点。也不能访问 QW4:P 和 QD4:P,因为它们超过了信号板使用的字节访问。

用 Q_:P 访问物理输出同时影响物理输出点和存储在过程映像输出区中的对应值。

4. 位存储器区

位存储区(M 存储器)用来存储运算的中间操作状态或其他控制信息。可以用位、字节、字或双字读/写位存储器区。

5. 数据块

数据块(Data Block)简称为 DB,用来存储代码块使用的各种类型的数据,包括中间操作状态,其他控制信息,以及某些指令(例如定时器、计数器指令)需要的数据结构。可以设置数据块有写保护功能。

数据块关闭后,或有关的代码块的执行开始或结束后,数据块中的数据不会丢失。有两种类型的数据块:

(1) 全局数据块:存储的数据可以被所有的代码块访问(见图3-24)。

(2) 背景(Instance)数据块:存储的数据供指定的功能块(FB)使用,其结构取决于FB的界面(Interface)区的参数(见下章)。

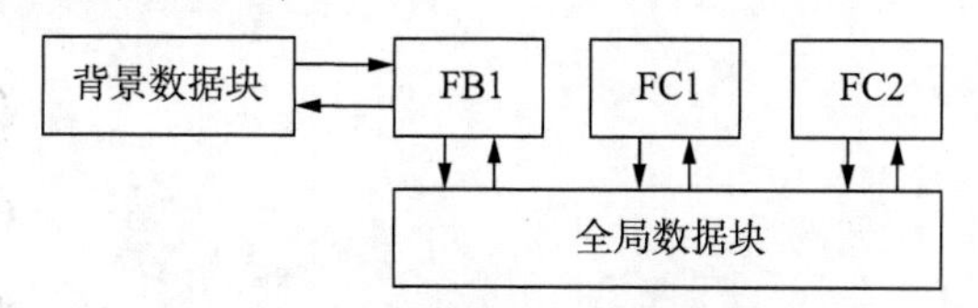

图3-24　全局数据块与背景数据块

6. 临时存储器

临时存储器用于存储代码块被处理时使用的临时数据。

PLC为3个OB的优先级组(见下章)分别提供临时存储器:

(1) 启动和程序循环(包括有关的FB和FC)16kB。

(2) 标准的中断事件(包括有关的FB和FC)4kB。

(3) 时间错误中断事件(包括有关的FB和FC)4kB。

临时存储器类似于M存储器,二者的主要区别在于M存储器是全局的,而临时存储器是局部的:

(1) 所有的OB、FC和FB都可以访问M存储器中的数据,即这些数据可以供用户程序中所有的代码块全局性地使用。

(2) 在OB、FC和FB的界面区生成临时变量(Temp)。它们具有局部性,只能在生成它们的代码块内使用,不能与其他代码块共享。即使OB调用FC,FC也不能访问调用它的OB的临时存储器。

CPU按照按需访问的策略分配临时存储器。CPU在代码块被启动(对于OB)或被调用(对于FC和FB)时,将临时存储器分配给代码块。

代码块执行结束后,CPU将它使用的临时存储器区重新分配给其他要执行的代码块使用。CPU不对再分配时可能包含数值的临时存储单元初始化。只能通过符号地址访问临时存储器。

习题与思考题三

1. 可编程控制器的特点有哪些?
2. 可编程控制器在结构上有哪两种形式?说明它们的区别。
3. 从软、硬件以及工作方式角度说明PLC的高抗干扰性能。
4. PLC怎样执行用户程序?说明PLC在正常运行时的工作过程。
5. 如果数字量输入的脉冲宽度小于PLC的循环周期,是否能够保证PLC检测到该脉冲?为什么?
6. 影响PLC输出响应滞后的因素有哪些?你认为最重要的原因是哪一个?
7. S7-1200的接口模块有多少种类?各有什么用途?
8. 简述S7-1200 CPU有哪些产品?
9. 常用的S7-1200的扩展模块有哪些?各适用于什么场合?

第4章 PLC 指令系统

S7－1200PLC 的指令从功能上大致可以分为三大类:基本指令、扩展指令和全局库指令。

4.1 基本指令

基本指令包括位逻辑、定时器、计数器、比较指令、数学指令、移动指令、转换指令、程序控制指令、逻辑运算指令以及移位和循环移位指令等。

4.1.1 位逻辑

位逻辑指令使用 1 和 0 两个数字,将 1 和 0 两个数字称为二进制数字或位。在触点和线圈中,1 表示通电状态,0 表示断电状态。位逻辑指令是 PLC 中最基本的指令,常用的位逻辑指令如表 4－1 所示。

表 4－1 常用的位逻辑指令

图形符号	功能	图形符号	功能
┤ ├	常开触点(地址)	—(S)—	置位线圈
┤/├	常闭触点(地址)	—(R)—	复位线圈
—( )—	输出线圈	—(SET_BF)—	置位域
—(/)—	反向输出线圈	—(RESET_BF)—	复位域
┤NOT├	取反	┤P├	P 触点,上升沿检测
RS —R Q— …—S1	RS 置位优先型 RS 触发器	┤N├	N 触点,下降沿检测
		—(P)—	P 线圈,上升沿
		—(N)—	N 线圈,下降沿
SR —S Q— …—R1	SR 复位优先型 SR 触发器	P_TRIG —CLK Q—	P_Ting,上升沿
		N_TRIG —CLK Q—	N_Ting,下降沿

1. 基本逻辑指令

常开触点对应的存储器地址位为 1 状态时,该触点闭合。常闭触点对应的存储器地址位为 0 状态时,该触点闭合。触点符号中间的“/”表示常闭,触点指令中变量的数据类型为 Bool 型。输出指令与线圈相对应,驱动线圈的触点电路接通时,线圈流过“能流”指定位对应的映像寄存器为 1,反之则为 0。输出线圈指令可以放在梯形图的任意位置,变量为 Bool 型。常开触点、常闭触点和输出线圈的例子如图 4-1 所示,其中 I0.0 和 I0.1 是“与”的关系,当 I0.0=1,I0.1=0 时,输出 Q4.0=1;当 I0.0=1 和 I0.1=0 的条件不同时满足时,Q4.0=0。

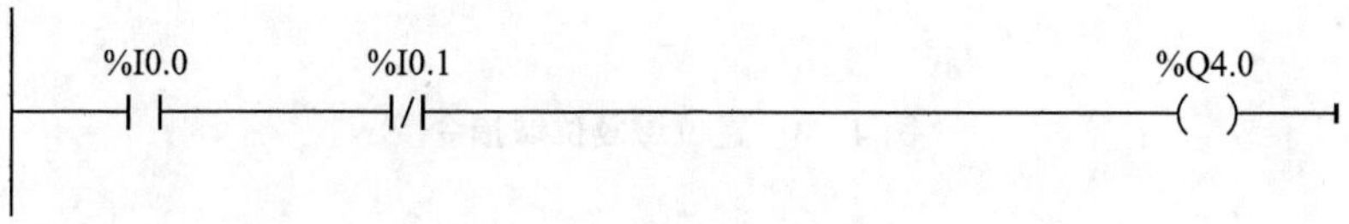

%I0.0　%I0.1　%Q4.0

图 4-1　触点和输出例子

取反指令的应用如图 4-2 所示,其中 I0.0 和 I0.1 是“或”的关系,当 I0.0=0,I0.1=0 时,取反指令后的 Q4.0=1。

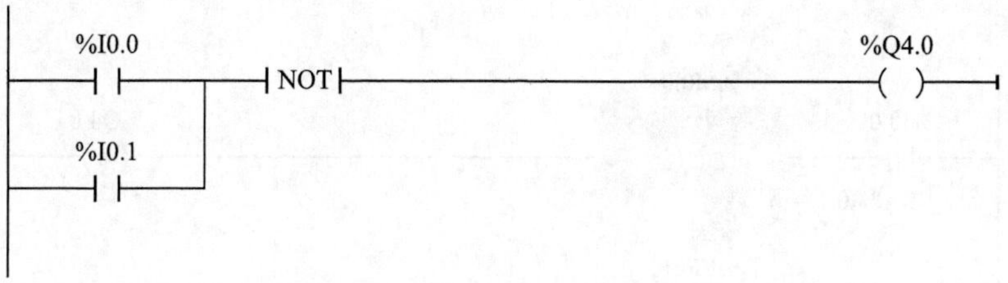

%I0.0　NOT　%Q4.0
%I0.1

图 4-2　取反指令例子

2. 置位/复位指令

对于置位指令,S 指令将指定的地址位置位(变为 1 状态并保持),R 指令将指定的地址位复位(变为 0 状态并保持)。图 4-3 中,当 I0.0=1,I0.1=0 时,Q4.0 被置位,此时即使 I0.0 和 I0.1 不再满足上述关系,Q4.0 仍然保持为 1,直到 Q4.0 对应的复位条件满足,即当 I0.2=1,I0.3=1 时,Q4.0 被复位为 0。

%I0.0　%I0.1　%Q4.0 (S)
%I0.2　%I0.3　%Q4.0 (R)

图 4-3　置位/复位指令

置位域指令 SET_BF 激活时,从地址 OUT 处开始的“n”位分配数据值 1,SET_BF 不激活时,OUT 不变。复位域指令 RESET_BF 为从地址 OUT 处开始的“n”位分配数据值 0,

RESET_BF 不激活时,OUT 不变。置位域和复位域指令必须在程序段的最右端。图 4-4 中,当 I0.0=1,I0.1=0 时,Q4.0~Q4.3 被置位,此时即使 I0.0 和 I0.1 不再满足上述关系,Q4.0~Q4.3 仍然保持为 1。当 I0.2=1,I0.3=1 时,Q4.0~Q4.6 被复位为 0。

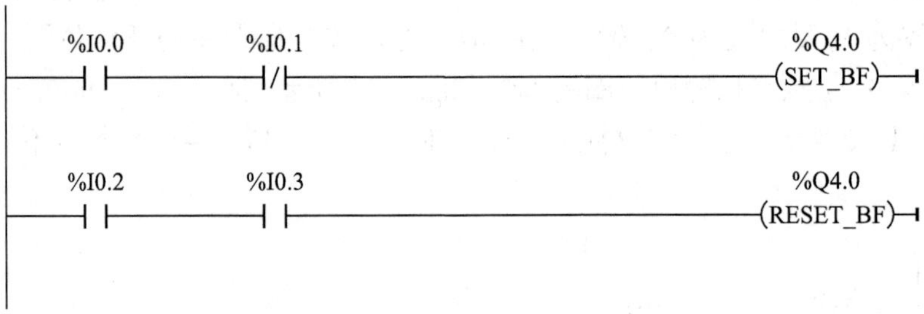

%I0.0 %I0.1 %Q4.0 (SET_BF)
%I0.2 %I0.3 %Q4.0 (RESET_BF)

图 4-4 置位域复位域指令

触发器的置位复位指令如图 4-5 所示。可以看出触发器有置位输入和复位输入两个输入端,分别用于根据输入端为 1,对存储器置位或复位。当 I0.0=1 时,Q4.0 被复位,Q4.1 被置位,当 I0.1=1 时,Q4.0 被置位,Q4.1 被复位。若 I0.0 和 I0.1 同时为 1,则哪个输入端在下面哪个起作用,即触发器的置位复位指令分为置位优先和复位优先两种,如图 4-5 所示。

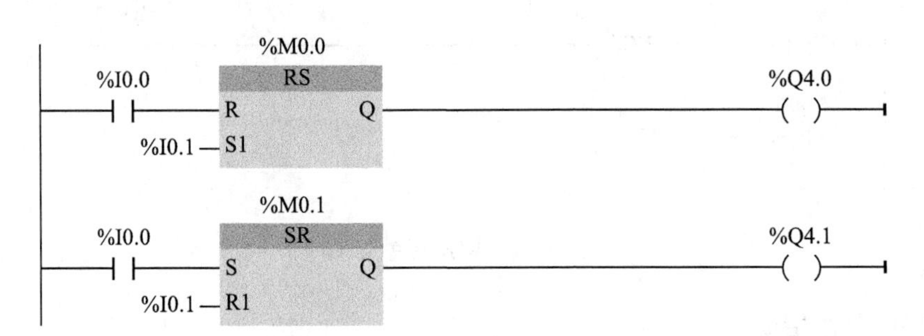

图 4-5 触发器的置位复位指令

触发器指令上的 M0.0 和 M0.1 称为标志位,R、S 输入端首先对标志位进行复位和置位,然后再将标志位的状态送到输出端。如果用置位指令把输出置位,则当 CPU 全启动时输出被复位。若在图 4-5 所示的例子中,将 M0.0 声明为保持,则当 CPU 全启动时,它就一直保持置位状态,被启动复位的 Q4.0 会再次赋值为“1”。

例 4-1 抢答器有 I0.0、I0.1 和 I0.2 三个输入,对应输出分别为 Q4.0、Q4.1 和 Q4.2,复位输入是 I0.4。要求:三人任意抢答,谁先按动瞬时按钮,谁的指示灯优先亮,并且只能亮一盏灯,进行下一问题时主持人按复位按钮,抢答重新开始。

编写程序如图 4-6 所示,要注意的是,SR 指令的标志位地址不能重复,否则出错。

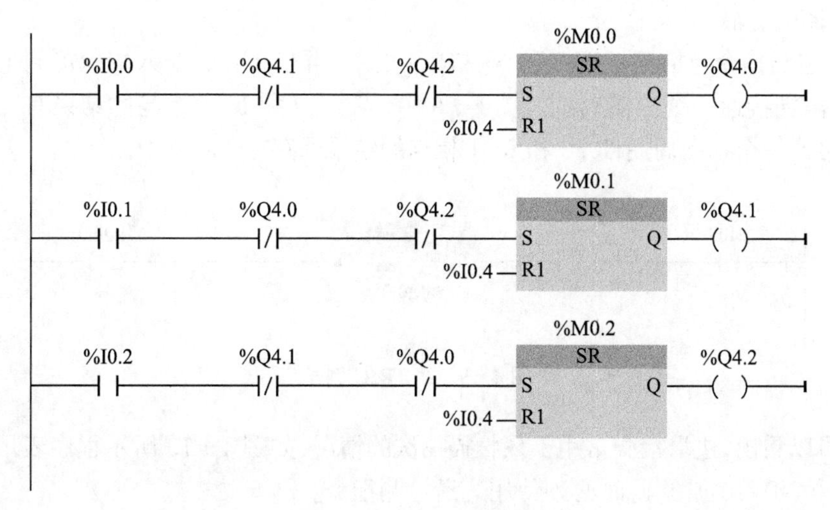

图 4－6　例 4－1 程序图

3. 边沿指令

(1) 触点边沿

触点边沿检测指令包括 P 触点和 N 触点指令，是当触点地址位的值从"0"到"1"(上升沿或正边沿，Positive)或从"1"到"0"(下降沿或负边沿，Negative)变化时，该触点地址保持一个扫描周期的高电平，即对应常开触点接通一个扫描周期。触点边沿指令可以放置在程序段中除分支结尾外的任意位置。如图 4－7 中，当 I0.0、I0.2 为 1，并且当 I0.1 有从 0 到 1 的上升沿时，Q0.0 接通一个扫描周期。

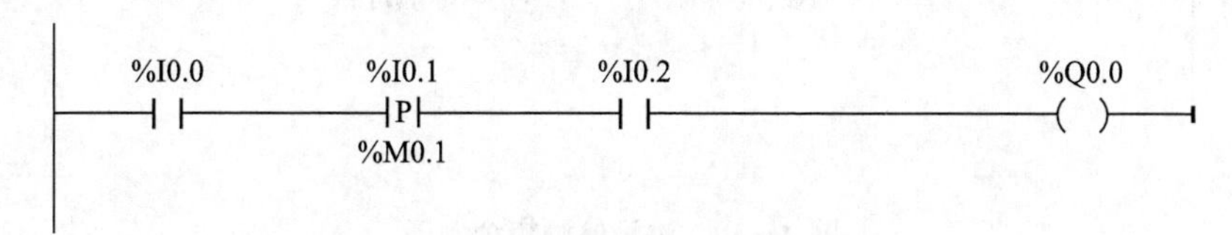

图 4－7　P 触点例子

(2) 线圈边沿

线圈边沿包括 P 线圈和 N 线圈，是当进入线圈的能流中检测到上升沿或下降沿变化时，线圈对应的位地址接通一个扫描周期。线圈边沿指令可以放置在程序段中的任意位置。图 4－8 中，线圈输入端的信号状态从"0"切换到"1"时，Q0.0 接通一个扫描周期。

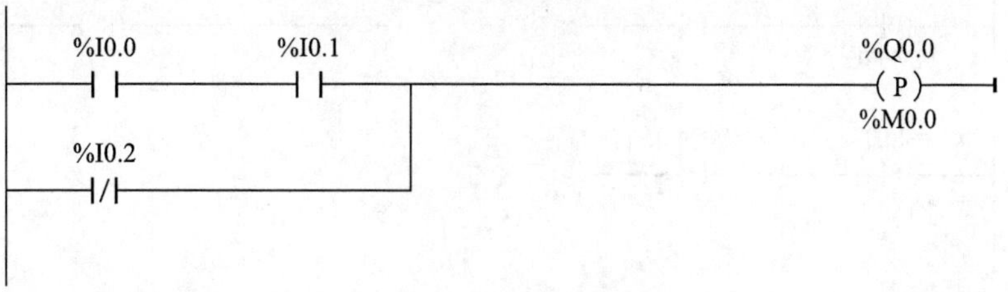

图 4－8　P 线圈例子

(3) TRIG 边沿

TRIG 边沿指令包括 P_TRIG 和 N_TRIG 指令,当在“CLK”输入端检测到上升沿或下降沿时,输出端接通一个扫描周期。图 4－9 中,当 I0.0 和 I0.1 相与的结果有一个上升沿时,Q0.0 接通一个扫描周期,I0.0 和 I0.1 相与的结果保存在 M0.0 中。

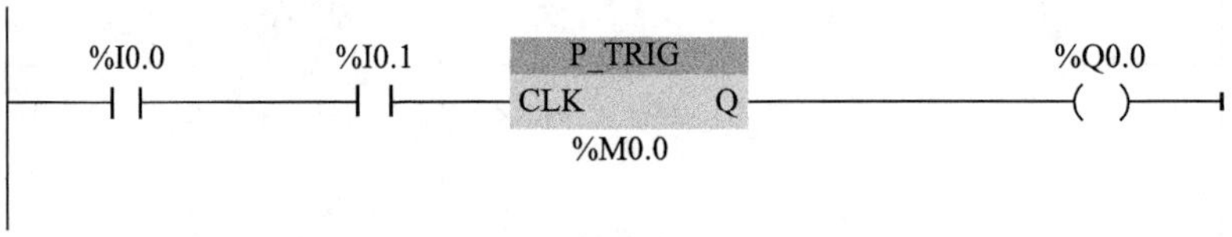

图 4－9　P_TRIG 例子

由上可以看出,边沿检测常用于只扫描一次的情况,如图 4－10 所示程序表示按一个瞬时按钮 I0.0,MW10 加 1,此时必须使用边沿检测指令。

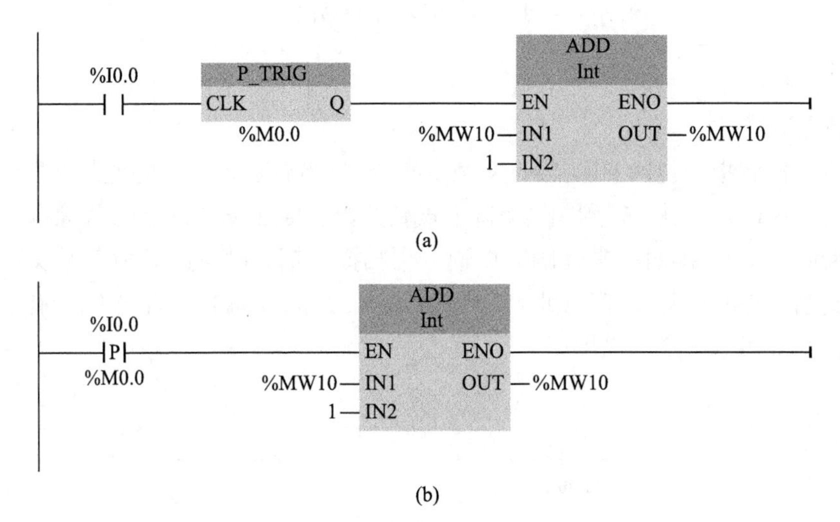

图 4－10　边沿检测指令例子

注意,图 4－10(a)和(b)中程序功能是一致的。

例 4－2　按动一次瞬时按钮 I0.0,输出 Q4.0 亮,再按动一次按钮,输出 Q4.0 灭,重复以上过程。编写程序如图 4－11 所示。

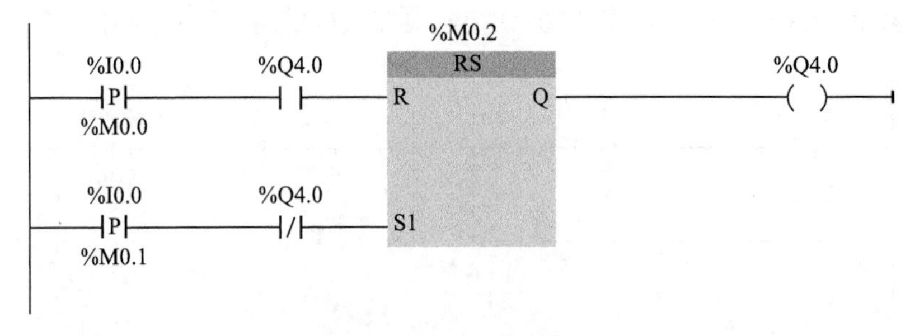

图 4－11　例 4－2 程序图

例 4－3　若故障信号 I0.0 为 1，使 Q4.0 控制的指示灯以 1Hz 的频率闪烁。操作人员按复位按钮 I0.1 后，如果故障已经消失，则指示灯熄灭，如果没有消失，则指示灯转为常亮，直至故障消失。

编写程序如图 4－12 所示，其中 M1.5 为 CPU 时钟存储器 MB1 的第 5 位，其时钟频率为 1Hz。

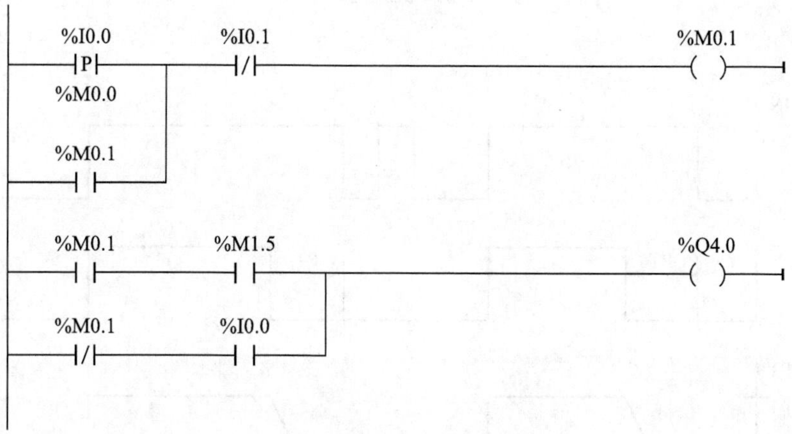

图 4－12　例 4－3 程序图

4.1.2　定时器

S7－1200PLC 提供了 4 种类型的定时器，如表 4－2 所示。

表 4－2　S7－1200PLC 的定时器

类型	描述
TP	脉冲定时器可生成具有预设宽度时间的脉冲
TON	接通延迟定时器输出 Q 在预设的延时过后设置为 ON
TOF	关断延迟定时器输出 Q 在预设的延时过后设置为 OFF
TONR	保持型接通延迟定时器输出在预设的延时过后设置为 ON

使用 S7－1200 的定时器时需要注意的是，每个定时器都使用一个存储在数据块中的结构来保存定时器数据。在程序编辑器中放置定时器指令时即可分配该数据块，可以采用默认值，也可以手动自动设置。在功能块中放置定时器指令后，可以选择多重背景数据块选项，各数据结构的定时器结构名称可以不同。

1. 接通延迟定时器

接通延迟定时器如图 4－13(a)所示，图 4－13(b) 为其时序图。图 4－13(a) 中，“%BD1”表示定时器的背景数据块(此处只显示了绝对地址，因此背景数据块地址显示为“%DB1”，也可设置显示符号地址)，TON 表示为接通延迟定时器。

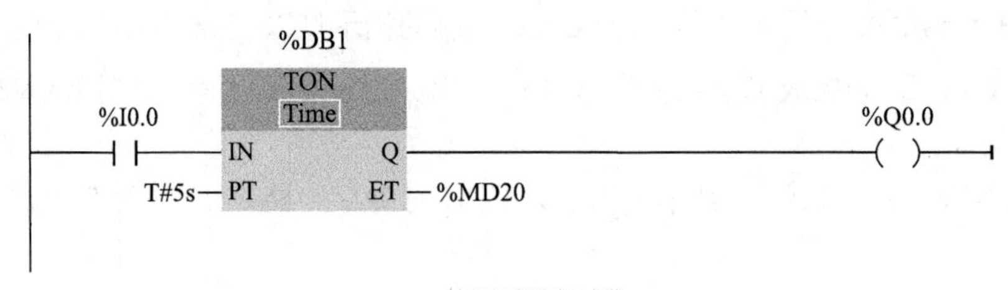

(a) 接通延迟定时器

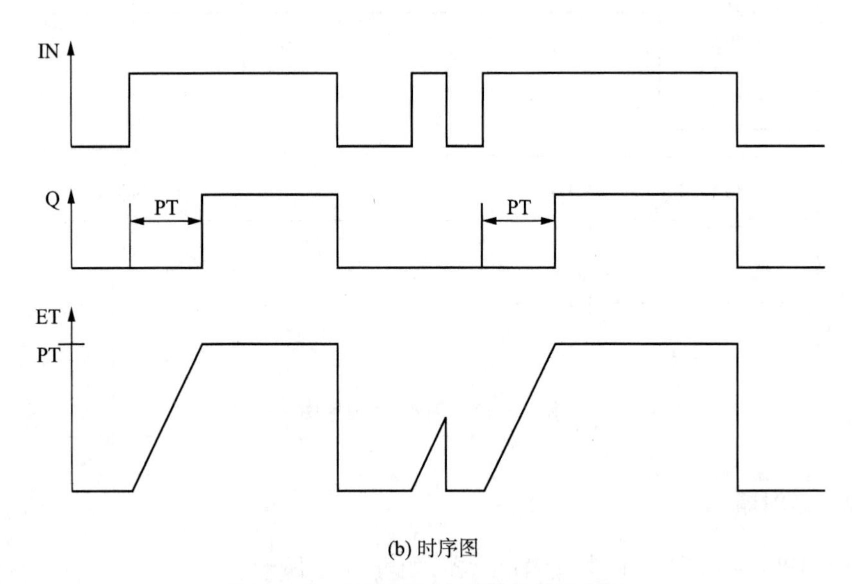

(b) 时序图

图 4-13 接通延迟定时器及其时序图

由图 4-13(b) 可得到其工作原理如下。

启动:当定时器的输入端“IN”由“0”变为“1”时,定时器启动进行由 0 开始的加定时,到达预设值后,定时器停止计时并且保持为预设值。只要输入端 IN=1,定时器就一直起作用。

预设值:在输入端“PT”输入格式如“T#5s”的定时时间,表示定时时间为 5s。TIME 数据使用 T#标识符,可以采用简单时间单元“T#200ms”或复合时间单元“T#2s_200ms”的形式输入。

定时器的当前计时时间值可以在输出端“ET”输出。预设值时间 PT 和计时时间 ET 以表示毫秒时间的有符号双精度整数形式存储在存储器中。定时器的当前值不为负,若设置预设值为负,则定时器指令执行时将被设置为 0。

输出:当定时器定时时间到,没有错误并且输入端为 1 时,输出端“Q”置位变为 1。

如果在定时器时间到达前输入端从“1”变为“0”,则定时器停止工作,当前计时值为 0,此时输出端 Q=0。若输入端又从“0”变为“1”,则定时器重新由 0 开始加定时。

打开定时器的背景数据块,可以看到其结构含义如图 4-14 所示,其他定时器的背景数据块也是类似,不再赘述。

IEC_Timer_0

	名称	数据类型	初始值	注释
1	▼ Static			
2	START	Time	T#0ms	开始时间
3	PRESET	Time	T#0ms	预设时间
4	ELAPSED	Time	T#0ms	过去时间
5	RUNNING	Bool	false	运行状态
6	IN	Bool	false	输入信号
7	Q	Bool	false	输出信号
8	PAD	Byte	B#16#00	
9	PAD_1	Byte	B#16#00	
10	PAD_2	Byte	B#16#00	

图 4-14　定时器的背景数据块结构

例 4-4　按下瞬时启动按钮 I0.0，延时 5 秒后电动机 Q4.0 启动，按下瞬时停止按钮 I0.1，10 秒后电动机 Q4.0 停止。

由于为瞬时按钮，而接通延迟定时器要求输入端一直为高电平，故采用位存储器 M 作为中间变量，编写程序如图 4-15 所示。

注意：启动电动机后要将中间变量 M 复位。

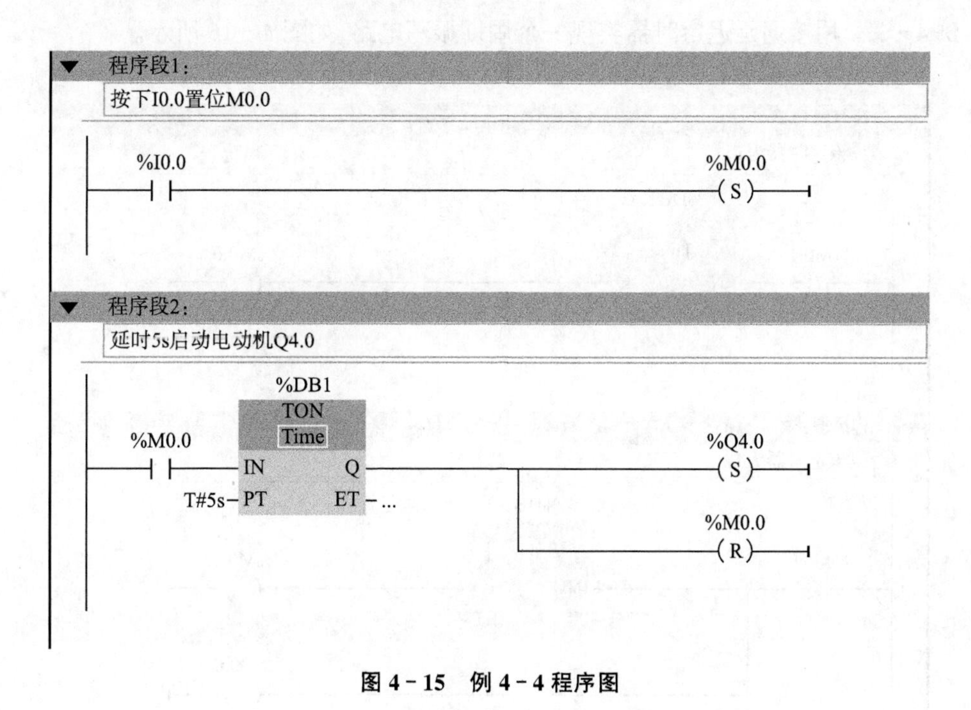

图 4-15　例 4-4 程序图

程序段3:

按下I0.1置位M0.1

%I0.1　%M0.1 (S)

程序段4:

延时10s停止电动机Q4.0

%DB2 TON Time

%M0.1　IN　Q　%Q4.0 (R)

T#10s-PT　ET-...　%M0.1 (R)

续图 4-15　例 4-4 程序图

例 4-5　用接通延迟定时器实现一个周期振荡电路,如图 4-16 所示。

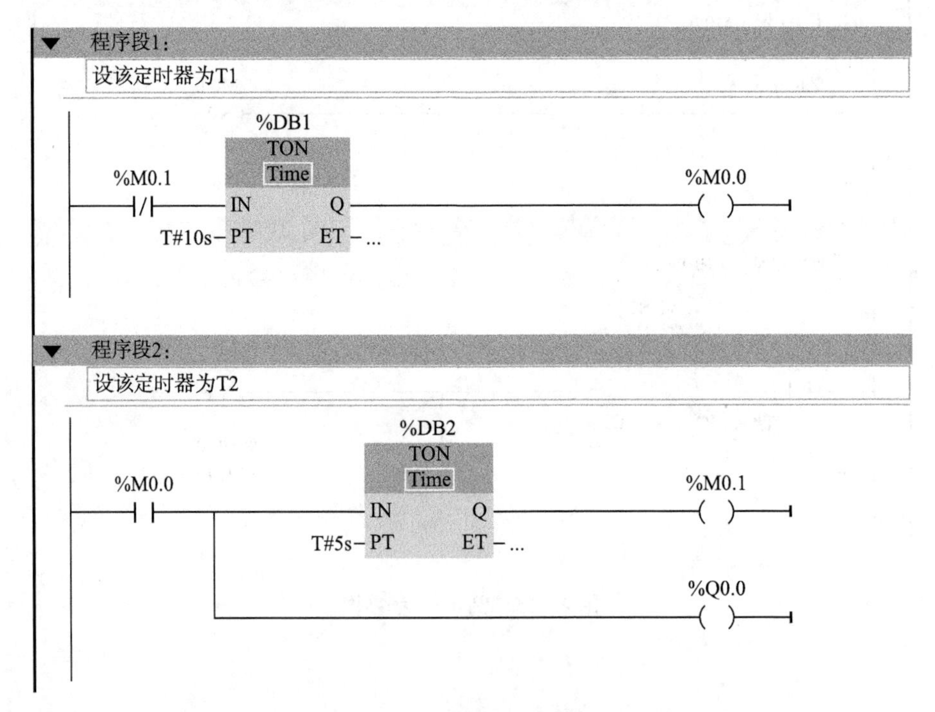

图 4-16　周期振荡电路

由图 4-16 可知,当 CPU 运行时,第二个定时器(T2)未启动,则其输出 M0.1 对应的常闭触点接通，第一个定时器(T1)开始定时，当 T1 定时未到时，T2 无法启动，Q0.0 为 0。当 T1 定时时间到，则其输出 M0.0 对应的常开触点闭合，T2 启动，Q0.0 为 1，此时 T2 定时未到，其常闭触点仍然接通，故 T1 保持。当 T2 定时到，其常闭触点断开，T1 停止定时，其常开触点断开，Q0.0 为 0，T2 停止定时，则其常闭触点接通，则 T1 重新启动。

2. 保持型接通延迟定时器

保持型接通延迟定时器如图 4-17(a) 所示，图 4-17(b) 为其时序图。图 4-17(a) 中，"%DB3"表示定时器的背景数据块，TONR 表示为保持型接通延迟定时器，由图 4-17(b) 可得到其工作原理如下。

启动：当定时器的输入端"IN"从"0"变为"1"时，定时器启动开始加定时，当"IN"端变为 0 时，定时器停止工作保持当前计时值。当定时器的输入端"IN"又从"0"变为"1"时，定时器继续计时，当前值继续增加。如此重复，直到定时器当前值达到预设值时，定时器停止计时。

复位：当复位输入端"R"为"1"时，无论"IN"端如何，都清除定时器中的当前定时值，并且输出端 Q 复位。

输出：当定时器计时时间到达预设值时，输出端"Q"变为"1"。

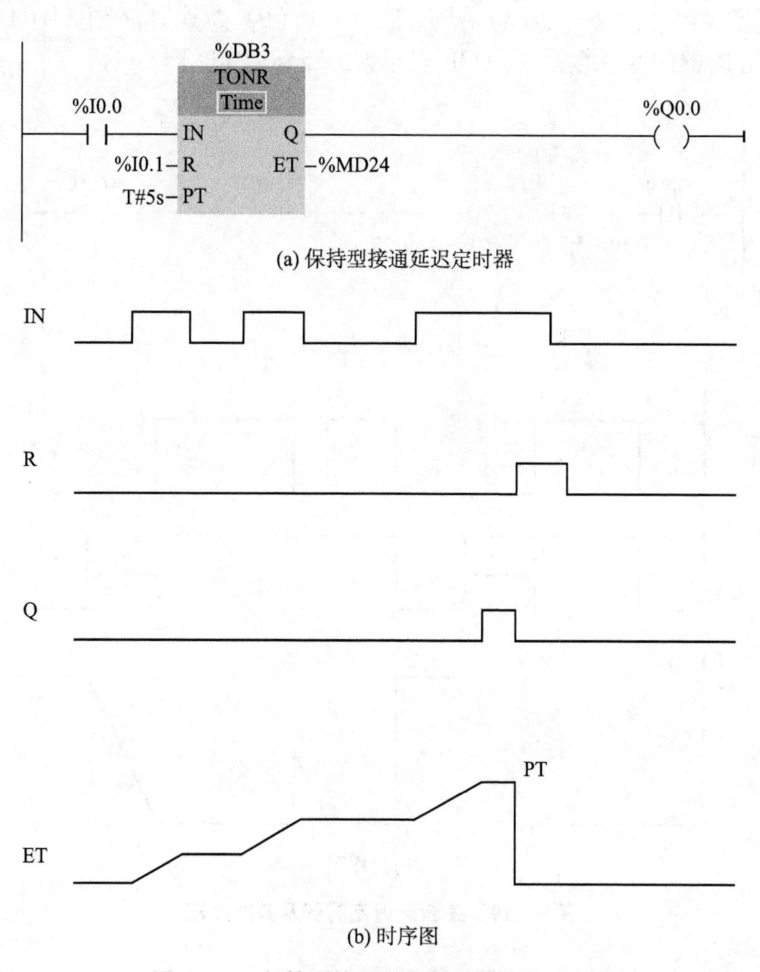

(a) 保持型接通延迟定时器

(b) 时序图

图 4-17　保持型接通延迟定时器及其时序图

保持型接通延迟定时器常用于累计定时时间的场合,如记录一台设备(制动器、开关等)运行时间。当设备运行时,输入端 I0.0 高电平,当设备不工作时 I0.0 为低电平。I0.0 为高时,开始测量时间,I0.0 为低时,中断时间的测量,而当 I0.0 重新为高时继续测量,可知本项目需要使用保持型接通延迟定时器。程序如图 4-18 所示,累计的时间以毫秒为单位存储在 MD24 中,此时的定时时间不需要,故设为较大的数值 2000 天。

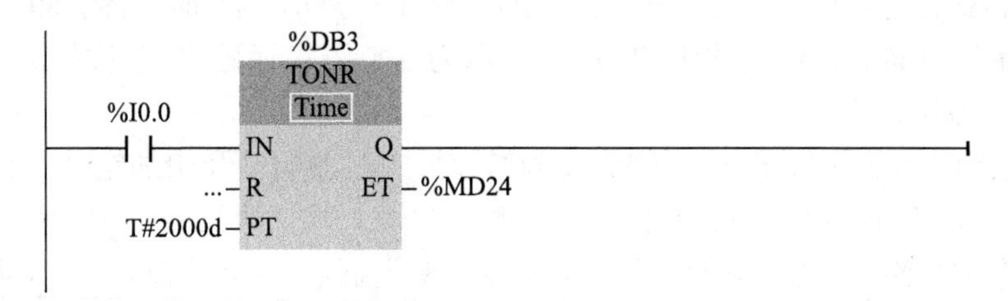

图 4-18 程序例子

3. 关断延迟定时器

关断延迟定时器如图 4-19(a) 所示,图 4-19(b) 为其时序图。图 4-19(a) 中,"%DB4"表示定时器的背景数据块,TOF 表示为关断延迟定时器。

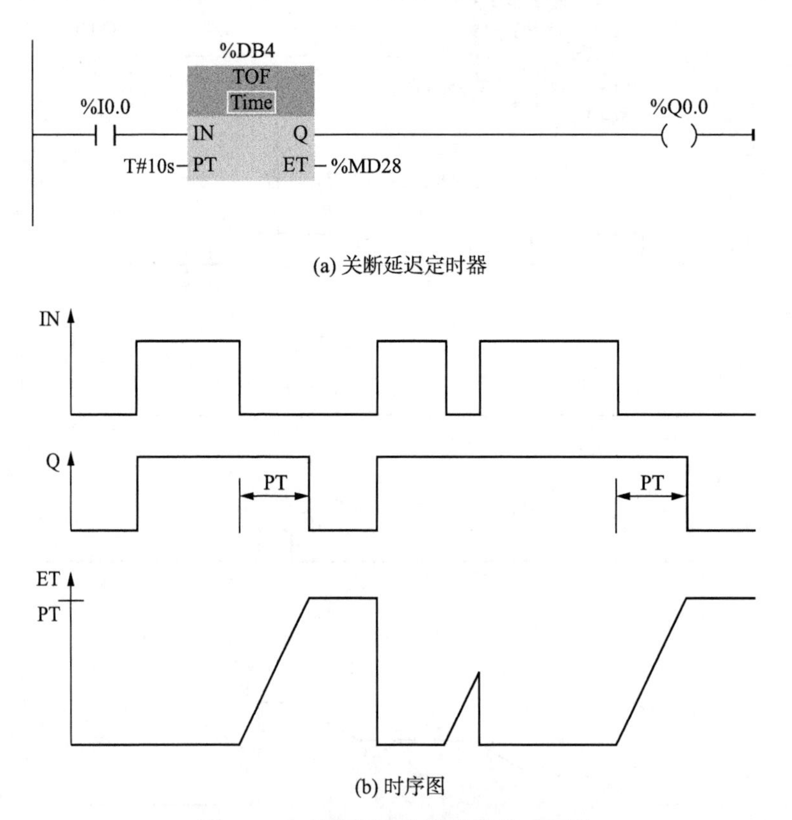

(a) 关断延迟定时器

(b) 时序图

图 4-19 关断延迟定时器及其时序图

由图 4-19(b) 可得到其工作原理如下。

启动:当定时器的输入端"IN"从"0"变为"1"时,定时器尚未开始定时且当前定时器清零。当“IN”端由“1”变为“0”时,定时器启动开始加定时。当定时时间到达预设值时,定时器停止计时保持当前值。

输出:当输入端“IN”从“0”变为“1”时,输出端Q=1,如果输入端又变为“0”,则输出端Q继续保持“1”,直到到达预设值时间。

4. 脉冲定时器

脉冲定时器如图4-20(a)所示,图4-20(b)为其时序图。图4-20(a)中,“%DB1”表示定时器的背景数据块,TP表示为脉冲定时器。

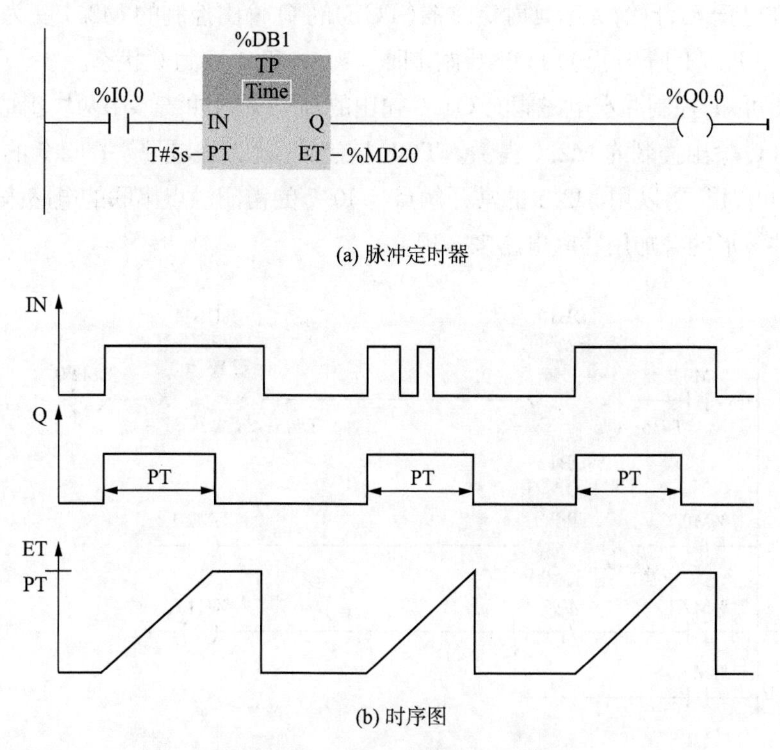

(a) 脉冲定时器

(b) 时序图

图4-20　脉冲定时器及其时序图

由图4-20(b)可得到工作原理如下。

启动:当输入端“IN”从“0”变为“1”时,定时器启动,此时输出端“Q”也置为“1”。在脉冲定时器定时过程中,即使输入端“IN”发生了变化,定时器也不受影响,直到到达预设值时间。到达预设值后,如果输入端“IN”为“1”,则定时器停止定时并且保持当前定时值。若输入端“IN”为“0”,则定时器定时时间清零。

5. 复位

S7-1200有专门的定时器复位指令RT,如图4-21所示,“%DB2”为定时器的背景数据块,其功能为通过清除存储在指定定时器背景数据块中的时间数据来重置定时器。

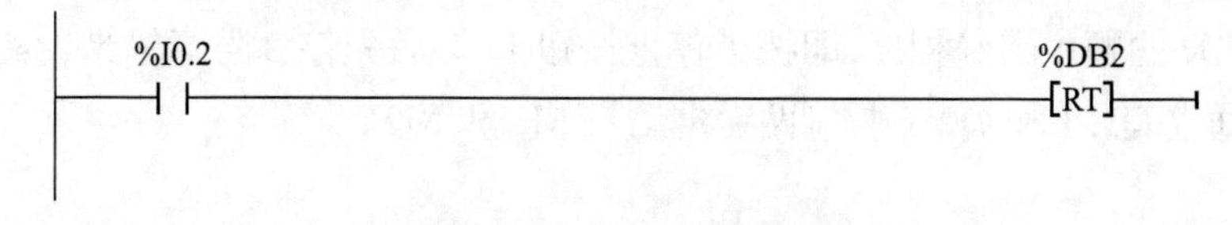

图4-21　复位定时器指令

例 4-6　用 3 种定时器设计卫生间冲水控制电路。

图 4-22 是卫生间冲水控制电路及其波形图。I0.7 是光电开关检测到的有使用者的信号,用 Q1.0 控制冲水电磁阀,图的右边是有关信号的波形图。

从 I0.7 的上升沿(有人使用)开始,用接通延时定时器 TON 延时 3s,3s 后 TON 的输出 Q 变为 1 状态,使脉冲定时器(TP)的 IN 输入变为 1 状态,TP 的 Q 输出端通过 M2.0 输出一个宽度为 4s 的脉冲。

从 I0.7 的上升沿开始,关断延时定时器(TOF)的 Q 输出控制的 M2.1 变为 1 状态。使用者离开时(在 I0.7 的下降沿),TOF 开始定时,5s 后 M2.1 变为 0 状态。

由波形图可知,控制冲水电磁阀的 Q1.0 输出的高电平脉冲波形由两块组成,4s 的脉冲波形由 TP 的 Q 输出控制的 M2.0 提供。TOF 控制的 M2.1 波形减去 I0.7 的波形得到宽度为 5s 的脉冲波形,可以用 M2.1 的常开触点与 I0.7 的常闭触点串联的电路来实现上述要求。两块脉冲波形的叠加用并联电路来实现。

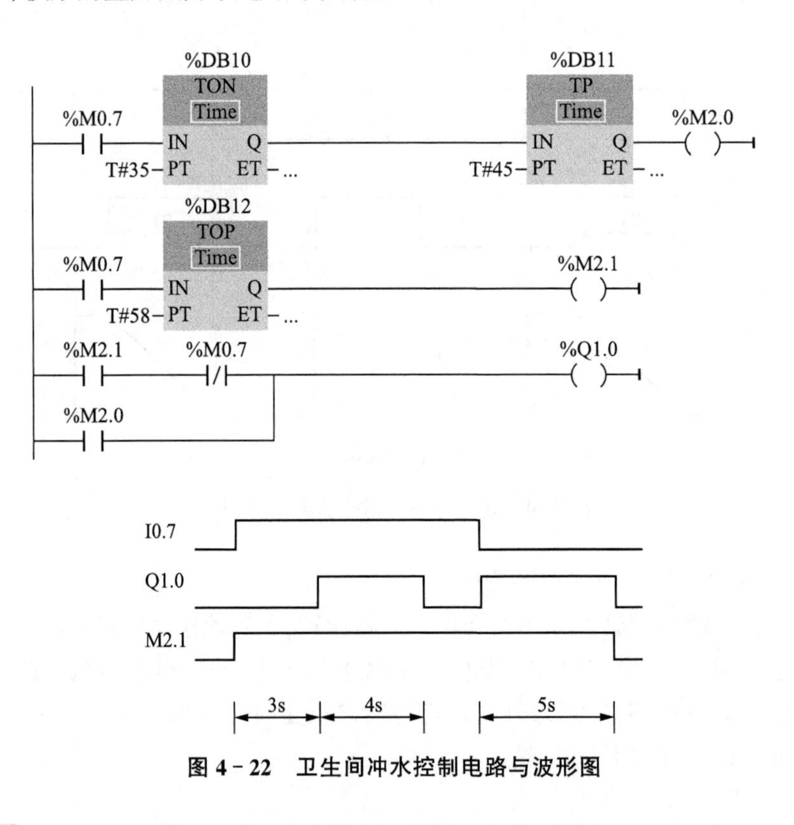

图 4-22　卫生间冲水控制电路与波形图

例 4-7　运输带控制。两条运输带顺序相连(见图 4-23),为了避免运送的物料在 1 号运输带上堆积,按下启动按钮 I0.3,1 号运输带开始运行,8s 后 2 号运输带自动启动。停机的顺序与启动的顺序刚好相反,即按了停止按钮 I0.2 后先停 2 号运输带,8s 后停 1 号运输带。PLC 通过 Q1.1 和 Q0.6 控制两台电动机 M1 和 M2。

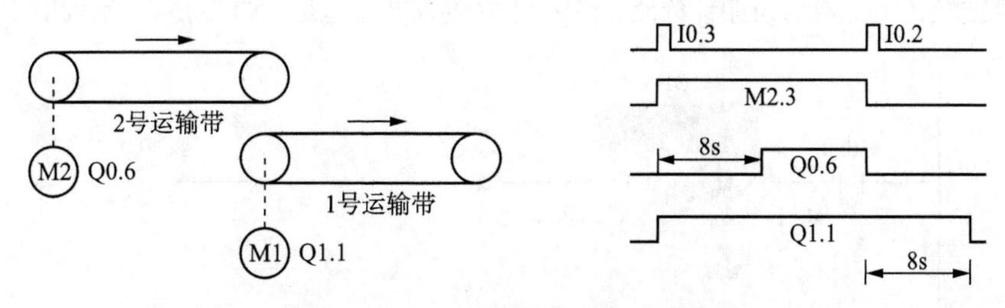

图4-23 运输带示意图与波形图

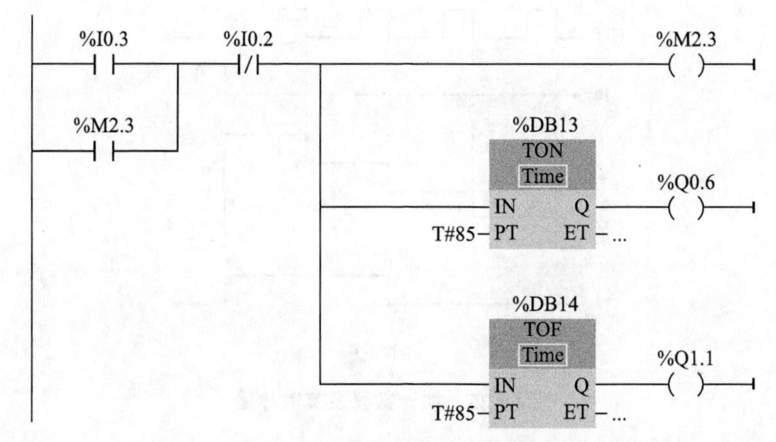

图4-24 运输带控制的梯形图

梯形图如图4-24所示,程序中设置了一个用启动按钮和停止按钮控制的辅助元件M2.3,用它来控制接通延时定时器(TON)和关断延时定时器(TOF)的IN输入端。TON的Q输出端控制的Q0.6在I0.3的上升沿之后8s变为1状态,在M2.3的线圈断电(M2.3的下降沿)时变为0状态。综上所述,可以用TON的Q输出端直接控制2号运输带Q0.6。

关断延时定时器(TOF)的输出Q在它的IN输入电路接通时变为1状态,在它结束8s延时时变为0状态,因此可以用TOF的Q输出直接控制1号运输带Q1.1。

4.1.3 计数器

S7-1200中的计数器有三类:加计数器CTU、减计数器CTD和加减计数器CTUD。与定时器类似,使用S7-1200的计数器需要注意的是,每个计数器都使用一个存储在数据块中的结构来保存计数器数据。在程序编辑器中放置计数器指令时即可分配该数据块,可以采用默认设置,也可以手动自行设置。

使用计数器需要设置计数器的计数数据类型,计数值的数值范围取决于所选的数据类型。如果计数值是无符号整数型,则可以减计数到零或加计数到范围限值。如果计数值是有符号整数,则可以减计数到负整数限值或加计数到正整数限值。支持的数据类型包括SInt、Int、DInt、USInt、UInt、UDInt等。

1. 加计数器

加计数器如图4-25(a)所示,图4-25(b)为其时序图。图4-25(a)中,"%DB5"表示计数器的背景数据块,CTU 表示为加计数器,图中,计数值数据类型是无符号整数,预设值 PV=3。

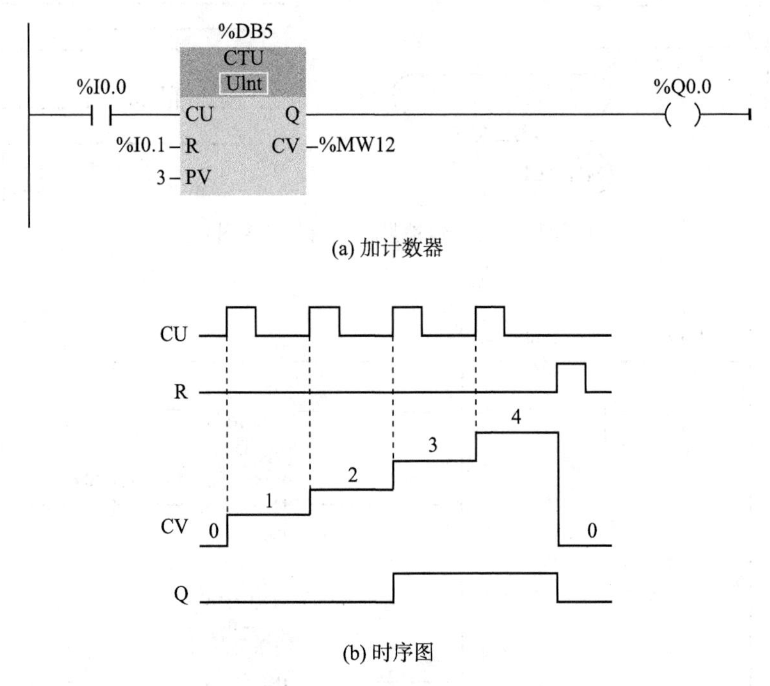

(a) 加计数器

(b) 时序图

图 4-25 加计数器及其时序图

由图 4-25(b) 可得到其工作原理如下:

输入参数 CU(Count Up)的值从 0 变为 1(上升沿)时,加计数器的当前计数值 CV 加 1。如果参数 CV(当前计数值)的值大于或等于参数 PV(预设计数值)的值,则计数器输出参数 Q=1。如果复位参数 R 的值从 0 变为 1,则当前计数值复位为 0,输出 Q 也为 0。

打开计数器的背景数据块,可以看到其结构含义如图 4-26 所示,其他计数器的背景数据块也是类似,不再赘述。

IEC_Counter_0

	名称	数据类型	初始值	注释
1	Static			
2	COUNT_UP	Bool	false	加计数输入
3	COUNT_DOWN	Bool	false	减计数输入
4	RESET	Bool	false	复位
5	LOAD	Bool	false	装载输入
6	Q_UP	Bool	false	递增计数器的状...
7	Q_DOWN	Bool	false	递减计数器的状...
8	PAD	Byte	B#16#00	
9	PRESET_VALUE	UInt	0	预设计数值
10	COUNT_VALUE	UInt	0	当前计数值

图 4-26 计数器的背景数据块结构

2. 减计数器

减计数器如图 4－27(a) 所示，图 4－27(b) 为其时序图。图 4－27(a) 中，“%DB6”表示计数器的背景数据块，CTD 表示为减计数器，图中，计数值数据类型是无符号整数，预设值 PV＝3。由图 4－27(b) 可得到其工作原理如下：

输入参数 CD(Count Down)的值从 0 变为 1(上升沿)时，减计数器的当前值计数值 CV 减 1。如果参数 CV(当前计数值)的值等于或小于 0，则计数器输出参数 Q＝1。如果参数 LOAD 的值从 0 变为 1(上升沿)，则参数 PV(预设值)的值将作为新的 CV(当前计数值)装载到计数器。

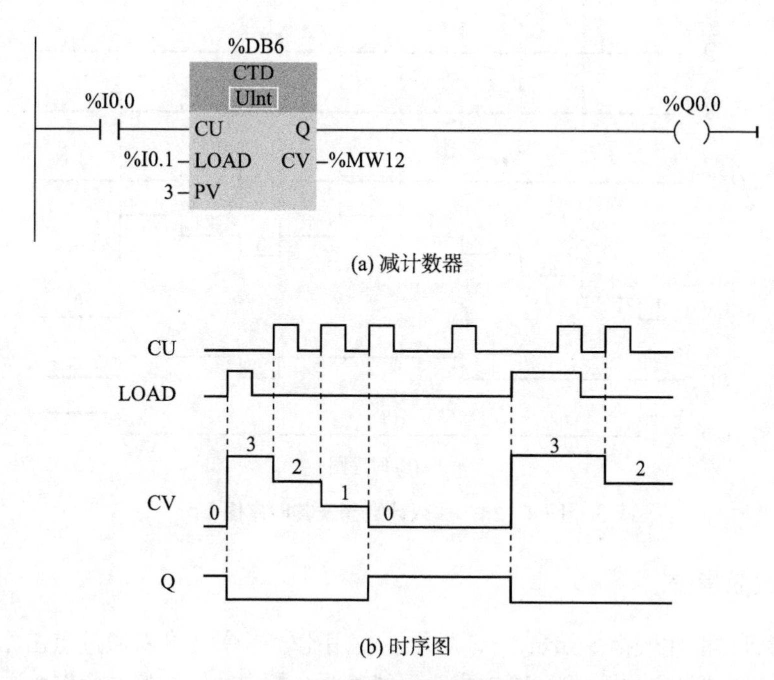

(a) 减计数器

(b) 时序图

图 4－27　减计数器及其时序图

3. 加减计数器

加减计数器如图 4－28(a) 所示，图 4－28(b) 为其时序图。图 4－28(a) 中，“%DB7”表示计数器的背景数据块，CTUD 表示为加减计数器，图中，计数值数据类型是无符号整数，预设值 PV＝4。由图 4－28(b) 可得到其工作原理如下：

加计数或减计数输入的值从 0 变为 1 时，CTUD 会使当前计数值加 1 或减 1。如果参数 CV(当前计数值)的值大于或等于参数 PV(预设值)的值，则计数器输出参数 QU＝1。如果参数 CV 的值小于或等于零，则计数器输出参数 QD＝1。如果参数 LOAD 的值从 0 变为 1，则参数 PV(预设值)的值将作为新的 CV(当前计数值)装载到计数器。如果复位参数 R 的值从 0 变为 1，则当前计数值复位为 0。

需要注意的是，S7－1200PLC 的计数器指令使用的是软件计数器，软件计数器的最大计数速率受其所在的 OB 的执行速率限制。计数器指令所在的 OB 的执行频率必须足够高，才能检测 CU 或 CD 输入端的所有信号，若需要更高频率的计数操作，需要使用高速 CTRL_HSC 指令。

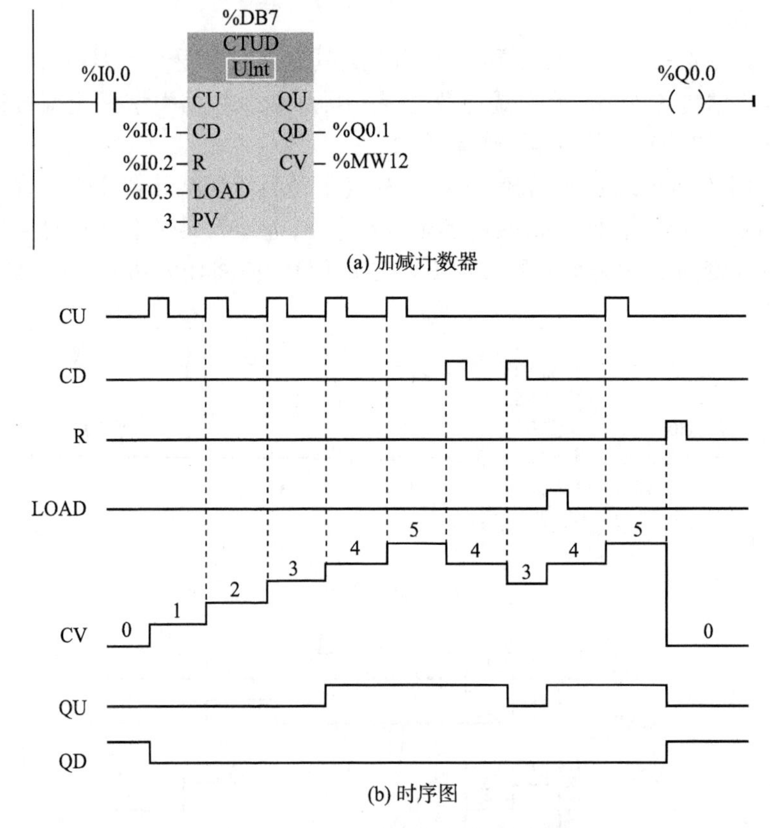

图 4-28　加减计数器及其时序图

4.1.4　比较指令

S7-1200PLC的比较指令如表4-3所示。使用比较指令时可以通过点击指令从下拉菜单中选择比较的类型和数据类型。比较指令只能对两个相同数据类型的操作数进行比较。

表 4-3　比较指令

指令	关系类型	满足以下条件时比较结果为真	支持的数据类型
─┤ == ??? ├─	=(等于)	IN1 等于 IN2	SInt、Int、Dint、USInt、UInt、UDInt、Real、LReal、String、Char、Time、DTL、Constant
─┤ <> ??? ├─	<>(不等于)	IN1 不等于 IN2	
─┤ >= ??? ├─	>=(大于等于)	IN1 大于等于 IN2	
─┤ <= ??? ├─	<=(小于等于)	IN1 小于等于 IN2	
─┤ > ??? ├─	>(大于)	IN1 大于 IN2	
─┤ < ??? ├─	<(小于)	IN1 小于 IN2	

续表

指令	关系类型	满足以下条件时比较结果为真	支持的数据类型
IN_RANGE ??? MIN VAL MAX	IN_RANGE （值在范围内）	MIN<=VAL<=MAX	SInt、Int、Dint、USInt、UInt、UDInt、Real、Constant
OUT_RANGE ??? MIN VAL MAX	OUT_RANGE （值在范围外）	VAL<MIN 或 VAL>MAX	
─┤OK├─	OK（检查有效性）	输入值为有效 REAL 数	Real、LReal
─┤NOT_OK├─	NOT_OK （检查无效性）	输入值不是有效 REAL 数	

例 4－8　用比较指令和计数器指令编写开关灯程序，要求灯控按钮 I0.0 按下一次，灯 Q4.0 亮，按下二次，灯 Q4.0、Q4.1 全亮，按下三次灯全灭，如此循环。

编写程序如图 4－29 所示。

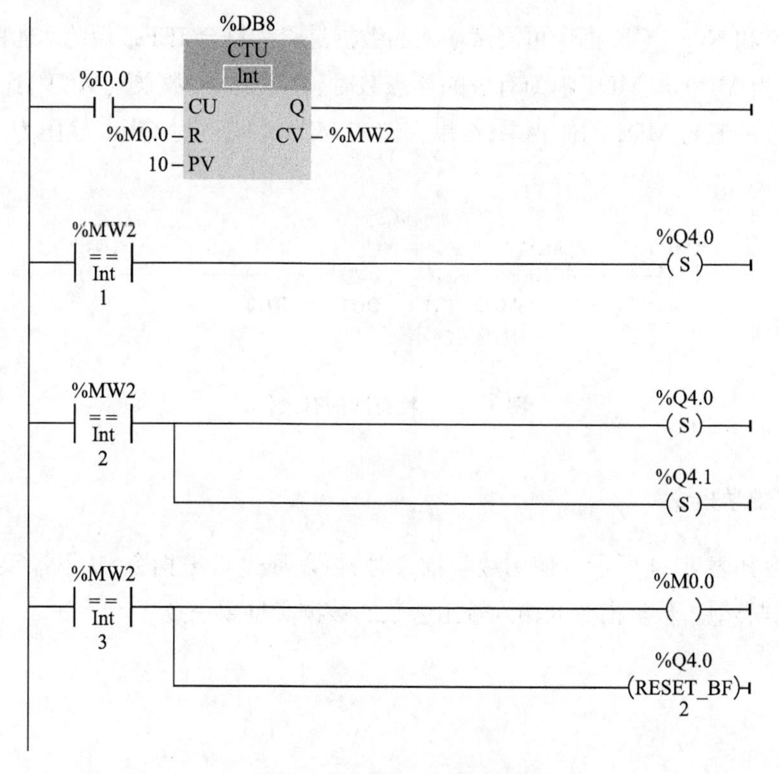

图 4－29　例 4－8 程序图

值在范围内指令 IN_RANGE 和值在范围外指令 OUT_RANGE 可测试输入值是在指定的值范围之内还是之外。如果比较结果为 TRUE，则其输出为真。输入参数 MIN、VAL 和 MAX 的数据类型必须相同。

例 4-9 在 HMI 设备上可以设定电动机的转速，设定值 MW20 的范围为 100～1440r/min，若输入的设定值在此范围内，则延时 5s 启动电动机 Q0.0，否则 Q0.1 长亮提示。编写程序如图 4-30 所示。

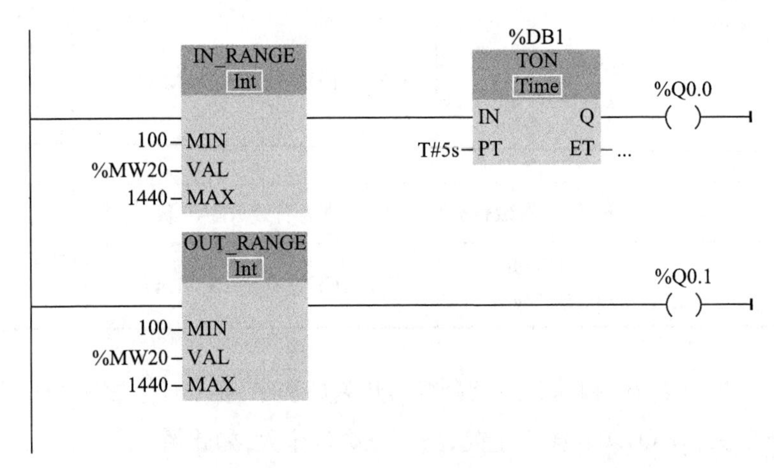

图 4-30 例 4-9 程序图

使用 OK 和 NOT_OK 指令可测试输入的数据是否为符合 IEEE 规范 754 的有效实数。图 4-31 中，当 MD0 和 MD4 中为有效的浮点数时，会激活“实数乘”(MUL)运算并置位输出，即将 MD0 的值与 MD4 的值相乘，结果存储在 MD10 中，同时 Q4.0 输出为 1。

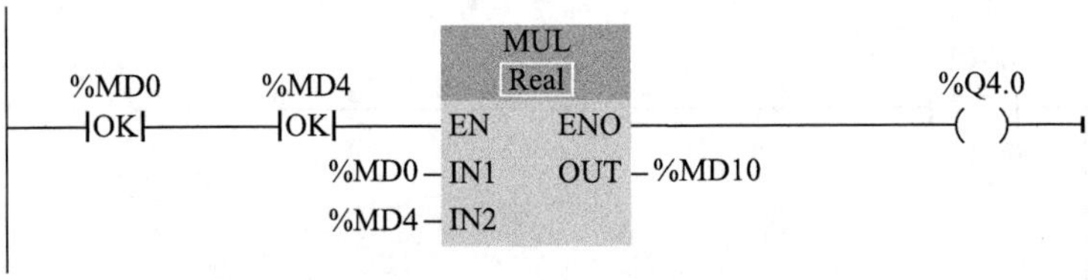

图 4-31 检查数的有效性

4.1.5 数学指令

数学指令如表 4-4 所示。使用数学指令时，可以通过点击指令，从下拉菜单中选择运算类型和数据类型。数学指令的输入输出参数的数据类型要一致。

表4-4 数学指令

指令	功能	指令	功能
ADD	加	SQR	平方
SUB	减	SQRT	平方根
MUL	乘	LN	自然对数
DIV	除	EXP	指数值
MOD	求余数	SIN	正弦
NEG	相反数(补码)	COS	余弦
INC	递增	TAN	正切
DEC	递减	ASIN	反正弦
ABS	绝对值	ACOS	反余弦
MIN	最小值	ATAN	反正切
MAX	最大值	FRAC	小数
LIMIT	设置限值	EXPT	取幂

例4-10 编程实现公式:$c=\sqrt{a^2+b^2}$,其中a为整数,存储在MW0中;b为整数,存储在MW2中;c为实数,存储在MD16中。

例4-10程序如图4-32所示,第1段程序中计算了"a^2+b^2",结果为整数存在MW8中。由于求平方根指令的操作数只能为实数,故通过转换指令CONV将整数转换为实数,再进行平方根。

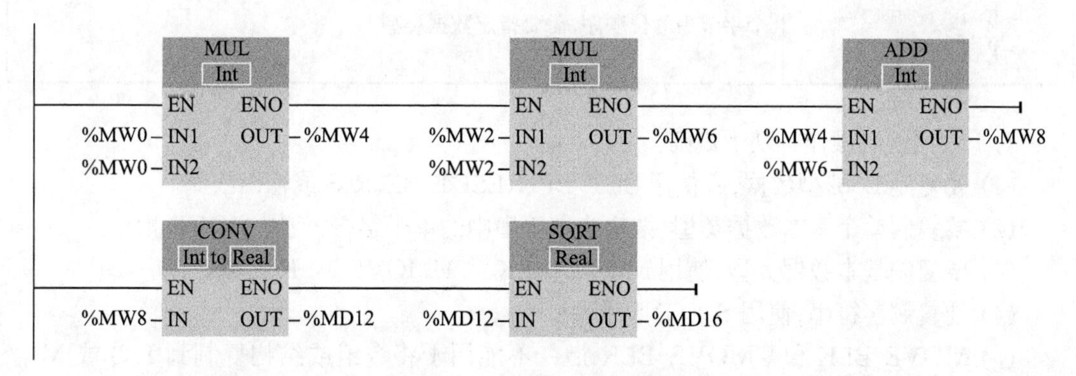

图4-32 例4-10程序图

4.1.6 移动指令

使用移动指令将设计元素复制到新的存储器地址,并从一种数据类型转换为另一种数据类型。移动过程不会更改源数据。S7-1200PLC的移动指令如表4-5所示。

表 4-5　移动指令

指令	功能
MOVE EN　ENO IN　OUT1	将存储在指定地址的数据元素复制到新地址
MOVE_BLK EN　ENO IN　OUT COUNT	将数据元素块复制到新地址的可中断移动,参数 COUNT 指定要复制的数据元素个数
UMOVE_BLK EN　ENO IN　OUT COUNT	将数据元素块复制到新地址的不中断移动,参数 COUNT 指定要复制的数据元素个数
FILL_BLK EN　ENO IN　OUT COUNT	可中断填充指令使用指定数据元素的副本填充地址范围,参数 COUNT 指定要复制的数据元素个数
UFILL_BLK EN　ENO IN　OUT COUNT	不中断填充指令使用指定数据元素的副本填充地址范围,参数 COUNT 指定要复制的数据元素个数
SWAP ??? EN　ENO IN　OUT	SWAP 指令用于调换二字节和四字节数据元素的字节顺序,但不改变每个字节中的位顺序,需要指定数据类型

对于数据复制操作有以下规则:

(1) 要复制 Bool 型数据,应使用 SET_BF、RESET_BF、R、S 或输出线圈。

(2) 要复制单个基本数据类型、结构或字符串中的单个字符,使用 MOVE 指令。

(3) 要复制基本数据类型,使用 MOVE_BLK 或 UMOVE_BLK 指令。

(4) 要复制字符串,使用 S_CONV 指令。

(5) MOVE_BLK 和 UMOVE_BLK 指令不能用于将数组或结构复制到 I、Q 或 M 存储区。

另外需要注意,MOVE_BLK 和 UMOVE_BLK 指令在处理中断的方式上有所不同:

MOVE_BLK 指令执行期间排队并处理中断事件。在中断 OB 中未使用移动目标地址的数据时,或者虽然使用了该数据,但是目标数据不必一致时,使用 MOVE_BLK 指令。如果 MOVE_BLK 指令操作被中断,则最后移动的一个数据元素在目标地址中是完整并且一致的,MOVE_BLK 操作会在中断 OB 执行完成后继续执行。

UMOVE_BLK 指令完成执行前排队但不处理中断事件。如果在执行中断 OB 前移动操作必须完成并且目标数据必须一致，则使用 UMOVE_BLK 指令。

对于数据填充操作有如下规则：

(1) 要使用 BOOL 数据类型填充，使用 SET_BF、RESET_BF、R、S 或输出线圈指令。

(2) 要使用单个基本数据类型填充或在字符串中填充单个字符，使用 MOVE 指令。

(3) 要使用基本数据类型填充数组，使用 FILL_BLK 或 UFILL_BLK。

(4) FILL_BLK 和 UFILL_BLK 指令不能用于将数组填充到 I、Q 或 M 存储区。

另外需要注意，FILL_BLK 和 UFILL_BLK 指令在处理中断的方式上有所不同：

FILL_BLK 指令执行期间排队并处理中断事件。在中断 OB 中未使用移动目标地址的数据时，或者虽然使用了该数据，但是目标数据不必一致时，使用 FILL_BLK 指令。

UFILL_BLK 指令完成执行前排队但不处理中断事件。如果在执行中断 OB 子程序前移动操作必须完成并且目标数据必须一致，则使用 UFILL_BLK 指令。

4.1.7　转换指令

S7－1200 转换指令包括：转换指令、取整和截取指令、上取整和下取整指令以及标定和标准化指令，如表 4－6 所示。

表 4－6　转换指令

指令	名称	指令	名称
CONV ??? to ??? EN　ENO IN　OUT	转换	FLOOR Real to ??? EN　ENO IN　OUT	上取整
ROUND Real to ??? EN　ENO IN　OUT	取整	TRUNC Real to ??? EN　ENO IN　OUT	下取整
CEIL Real to ??? EN　ENO IN　OUT	截取	SCALE_X Real to ??? EN　ENO MIN　OUT VALUE MAX	标定
		NORM_X ??? to Real EN　ENO MIN　OUT VALUE MAX	标准化

1. 转换指令

CONVERT 指令将数据从一种数据类型转换为另一种数据类型。使用时单击指令“问号”位置,可以从下拉列表中选择输入数据类型和输出数据类型。

转换指令支持的数据类型包括:整数、双整数、实型、无符号短数型、无符号整数、无符号双整数、短整数、长整数、字、双字、字节、BCD16、BCD32 等。

图 4-32 所示例子就是使用了转换指令。

2. 取整和截取指令

取整指令用于将实数转换为整数。实数的小数部分舍入为最接近的整数值。如果实数刚好是两个连续整数的一半,则实数舍入为偶数。如 ROUND(10.5)=10 或 ROUND(11.5)=12。

截取指令用于将实数转换为整数,实数的小数部分被截成零。

3. 上取整和下取整指令

上取整指令用于将实数转换为大于或等于该实数的最小整数。

下取整指令用于将实数转换为小于或等于该实数的最大整数。

4. 标定和标准化指令

标定指令用于按参数 MIN 和 MAX 所指定的数据类型和值范围对标准化的实参数 VALUE 进行标定,OUT=VALUE * (MAX-MIN)+MIN,其中,0.0<=VALUE<=1.0。

对于标定指令,参数 MIN、MAX 和 OUT 的数据类型必须相同。

标准化指令用于标准化通过参数 MIN 和 MAX 指定的值范围内的参数 VALUE,OUT=(VALUE-MIN)/(MAX-MIN),其中,0.0<=OUT<=1.0。

对于标准化指令,参数 MIN、MAX 和 VALUE 的数据类型必须相同。

例 4-11　S7-1200 的模拟量输入 IW64 为温度信号,0~100℃对应 0~10V 电压,对应于 PLC 内部 0~27648 的数,求 IW64 对应的实际整数温度值。

根据上述对应关系,得到公式:$T=\frac{IW64-0}{27648-0}\times(100-0)+0$。程序如图 4-33 所示。

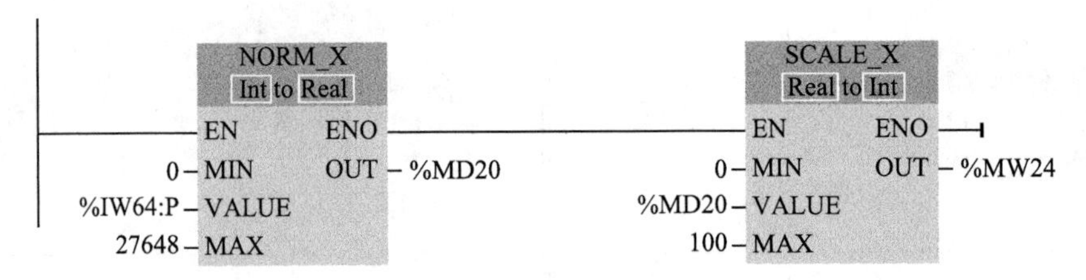

图 4-33　例 4-11 程序图

4.1.8　程序控制指令

程序控制指令用于有条件地控制执行顺序,如表 4-7 所示。

表4-7　程序控制指令

指令	功能
—(JMP)—	如果有能流通过该指令线圈，则程序将从指定标签后的第一条指令继续执行
—(JMPN)—	如果没有能流通过该指令线圈，则程序将从指定标签后的第一条指令继续执行
<???>	JMP或JMPN跳转指令的目标标签
—(RET)—	用于终止当前块的执行

4.1.9　字逻辑运算指令

字逻辑运算指令如表4-8所示。字逻辑指令需要选择数据类型。

表4-8　字逻辑运算指令

指令	名称	指令	名称
AND ??? EN　ENO IN1　OUT IN2	与逻辑运算	DECO ??? EN　ENO IN　OUT	解码
OR ??? EN　ENO IN1　OUT IN2	或逻辑运算	ENCO ??? EN　ENO IN　OUT	编码
XOR ??? EN　ENO IN1　OUT IN2	异或逻辑运算	SEL ??? EN　ENO G　OUT IN0 IN1	选择
INV ??? EN　ENO IN　OUT	反码	MUX ??? EN　ENO K　OUT IN0 IN1 ELSE	多路复用

逻辑运算指令的应用比较简单，不用例子解释了。

1. 解码和编码指令

假设输入参数 IN 的值为 n,解码(译码)指令 DECO(Decode)将输出参数 OUT 的第 n 位置位为 1,其余各位置为 0,相当于数字电路中译码电路的功能。利用解码指令,可以用输入 IN 的值来控制 OUT 中某一位的状态。

如果输入 IN 的值大于 31,将 IN 的值除以 32 以后,用余数来进行解码操作。

IN 的数据类型为 UInt,OUT 的数据类型可选 Byte、Word 和 DWord。

IN 的值为 0～7(3 位二进制数)时,输出 OUT 的数据类型为 8 位的字节。

IN 的值为 0～15(4 位二进制数)时,输出 OUT 的数据类型为 16 位的字。

IN 的值为 0～31(5 位二进制数)时,输出 OUT 的数据类型为 32 位的双字。

例如 IN 的值为 5 时(见图 4-34),OUT 为 2#0010 0000(16#20),仅第 5 位为 1。

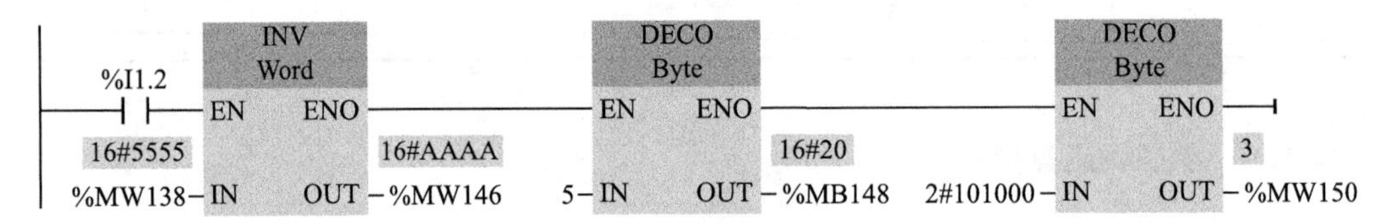

图 4-34　逻辑运算指令

编码指令 ENCO(Encode)与解码指令相反,将 IN 中为 1 的最低位的位数给输出参数 OUT 指定的地址,IN 的数据类型可选 Byte、Word 和 DWord,OUT 的数据类型为 Int。

如果 IN 为 2#0010 1000(见图 4-34),OUT 指定的 MW150 中的编码结果为 3。如果 IN 为 1 或 0,MW150 的值为 0。如果 IN 为 0,ENO 为 0 状态。

2. 选择和多路复用指令

指令 SEL(Select)的 Bool 输入参数 G 为 0 时选中 IN0(见图 4-35),G 为 1 时选中 IN1,并将它们保存到输出参数 OUT 指定的地址。

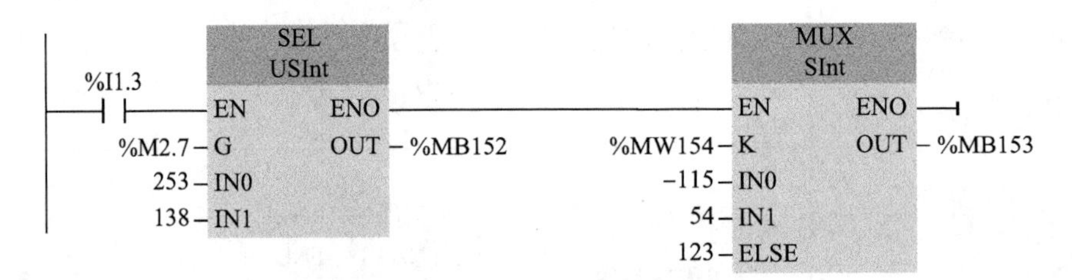

图 4-35　选择和多路复用指令

指令 MUX(Multiplex),多路开关选择器根据输入参数 K 的值,选中某个输入数据,并将它传送到输出参数 OUT 指定的地址。K＝m 时,将选中输入参数 INm。如果 K 的值超过允许的范围,将选中输入参数 ELSE。

将 MUX 指令拖放到程序编辑器时,它只有 IN0、IN1 和 ELSE。用鼠标右键点击该指令,执行出现的快捷菜单中的指令“插入输入”,可以增加一个输入。反复使用这个方法,可以增加多个输入。增添输入后,用右键点击某个输入 INn 从方框伸出的水平短线,执行出现的快捷菜单中的指令“删除”,可以删除选中的输入。删除后自动调整剩下的输入 INn 的编号。

参数K的数据类型为UInt、INn、ELSE和OUT可以取12种数据类型，它们的数据类型应相同。

4.1.10　移位和循环指令

移位和循环指令如表4－9所示。移位和循环指令需要选择数据类型。

表4－9　移位和循环指令

指令	功能
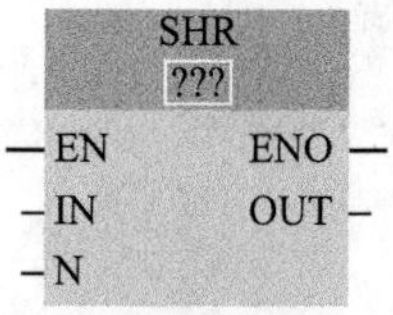 SHR ??? EN ENO IN OUT N	将参数IN的位序列右移N位，结果送给参数OUT
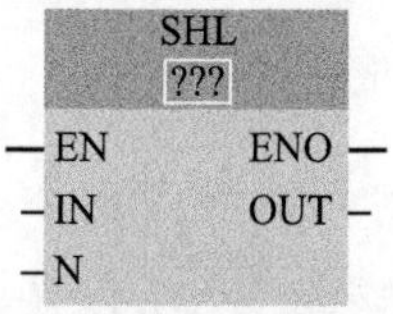 SHL ??? EN ENO IN OUT N	将参数IN的位序列左移N位，结果送给参数OUT
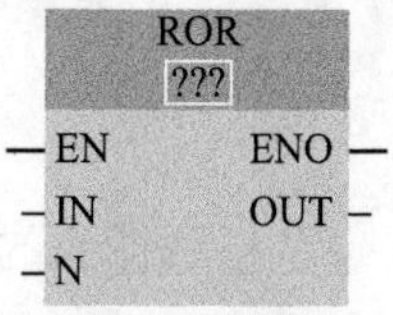 ROR ??? EN ENO IN OUT N	将参数IN的位序列循环右移N位，结果送给参数OUT
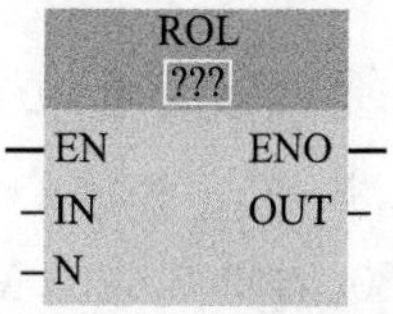 ROL ??? EN ENO IN OUT N	将参数IN的位序列循环左移N位，结果送给参数OUT

对于移位指令，需要注意以下事项：

(1) N=0时，不进行移位，直接将IN值分配给OUT。

(2) 用0填充移位操作清空的位。

(3) 如果要移位的位数(N)超过目标值中的位数(Byte为8位、Word为16位、DWord为32位)，则所有原始位值将被移出并用0代替，即将0分配给OUT。

对于循环指令，需要注意以下事项：

(1) N=0时，不进行循环移位，直接将IN值分配给OUT。

(2) 从目标值一侧循环移出的位数据将循环移位到目标值的另一侧，因此原始位值不会丢失。

(3) 如果要循环移位的位数(N)超过目标值中的位数(Byte为8位、Word为16位、DWord为32位)，仍将执行循环移位。

移位指令的使用如图4－36所示。如果移位后的数据要送回原地址，应将图中的I0.5的常开触点改为I0.5的上升沿检测触点(P触点)，否则在I0.5为1的每个扫描周期都要移位一次。

右移n位相当于除以 2^n,例如将十进制数−200对应的二进制数2#1111 1111 0011 1000右移2位(见图4-36和图4-37),相当于除以4,右移后得到的二进制数2#1111 111 100 1110对应于十进制数−50。

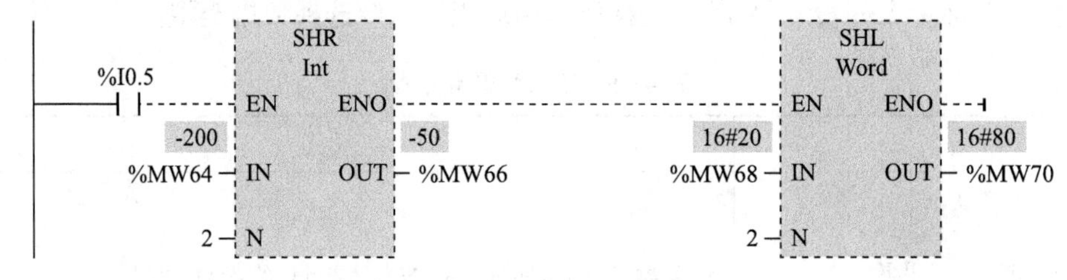

图4-36 移位指令的使用

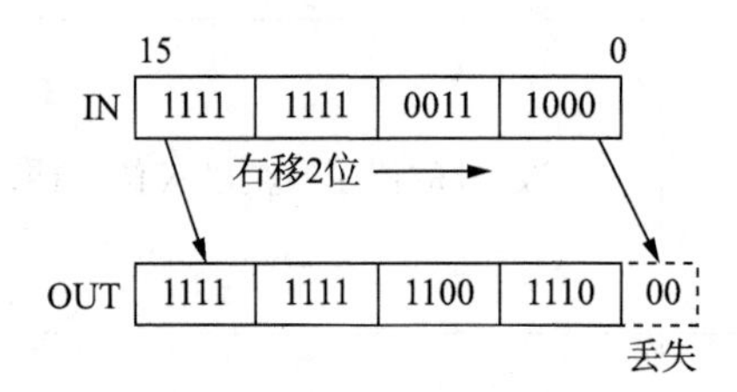

图4-37 数据的右移

左移n位相当于乘以 2^n,例如将16#20左移2位,相当于乘以4,左移后得到的十六进制数为16#80(见图4-36)。

例4-12 在图4-38的8位循环移位彩灯控制程序中,QB0是否移位用I0.6控制,移位的方向用I0.7来控制。为了获得移位用的时钟和首次扫描脉冲,在组态CPU的属性时,设置系统存储器字节地址和时钟地址分别是默认的MB1和MB0,时钟脉冲位M0.5的频率为1Hz。

PLC首次扫描时M1.0的常开触点接通,MOVE指令给QB0(Q0.0～Q0.7)置初值7,其低3位被置为1。

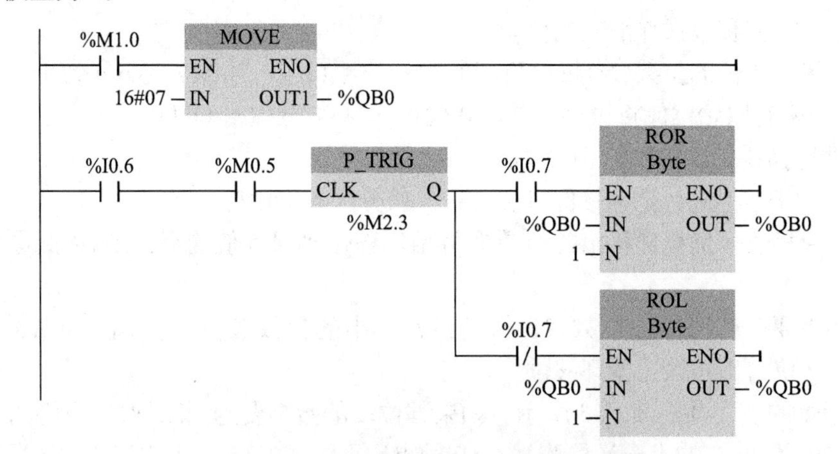

图4-38 使用循环移位指令的彩灯控制器

I0.6为1状态时,在时钟脉冲M0.5的上升沿,指令P_TRIG输出一个扫描周期的脉冲。如果此时I0.7为1状态,执行一次ROR指令,QB0的值循环右移1位。如果I0.7为0状态,执行一次ROL指令,QB0的值循环左移1位。表4-10是QB0循环移位前后的数据。因为QB0循环移位后的值又送回QB0,循环移位指令的前后必须使用P_TRIG指令,否则每个扫描循环周期都执行一次循环移位指令,而不是每秒钟移位一次。

表4-10 QB0循环移位前后的数据

内容	循环左移	循环右移
移位前	0000 0111	0000 0111
第1次移位后	0000 1110	1000 0011
第2次移位后	0001 1100	1100 0001
第3次移位后	0011 1000	1110 0000

4.2 扩展指令

S7-1200PLC的扩展指令包括日期和时间指令、字符串和字符指令、程序控制指令、通信指令、中断指令、PID控制指令、运动控制指令、脉冲指令等。

4.2.1 日期和时间指令

日期和时间指令用于计算日期和时间,如表4-11所示。

表4-11 日期和时间指令

指令	功能
T_CONV ??? to ??? EN ENO IN OUT	T_CONV用于转换时间值的数据类型:(Time转换为DInt)或(Dint转换为Time)
T_ADD ??? to Time EN ENO IN1 OUT IN2	T_ADD用于将Time与DTL值相加
T_SUB ??? to Time EN ENO IN1 OUT IN2	T_SUB用于将Time与DTL值相减

续表

指令	功能
T_DIFF DTL to Time EN　ENO IN1　OUT IN2	T_DIFF 提供两个 DTL 值的差作为 Time 值
WR_SYS_T DTL EN　ENO IN　RET_VAL	WR_SYS_T(写入系统时间)使用参数 IN 中的 DTL 值设置 PLC 实时时钟
RD_SYS_T DTL EN　ENO RET_VAL OUT	RD_SYS_T(读取系统时间)从 PLC 读取当前系统时间
RD_LOC_T DTL EN　ENO RET_VAL OUT	RD_LOC_T(读取本地时间)以 DTL 数据类型提供 PLC 的当前本地时间

CPU 的实时时钟(Time-of-day Clock)在 CPU 断电时由超级电容提供的能量保证时钟的运行。CPU 上电至少 24h 后,超级电容充的能量可供时钟运行 10 天。打开在线与诊断视图,可以设置实时时钟的时间值,也可以用时钟指令来读、写实时时钟。

1. 日期时间的数据类型

(1) 数据类型 Time 的长度为 4B,取值范围为 T#-24d_20h-31m-23s-648ms～T#24d_20h_31m_647ms(－2147483648ms～2147483647ms)

(2) 数据结构 DTL(日期时间)如表 4-12 所示。可以在全局数据块或块的界面区中定义 DTL 变量。

表 4-12　数据结构 DTL

数据	字节数	取值范围	数据	字节数	取值范围
年	2	1970～2554	h	1	0～23
月	1	1～12	min	1	0～59
日	1	1～31	s	1	0～59
星期	1	1～7	ns	4	0～999999999

2. 指令使用举例

例 4-13　用实时时钟指令控制路灯的定时接通和断开,20:00 开灯,06:00 关灯,图 4

－39 是梯形图程序。首先用 RD_LOC_T 读取实时时间，保存在数据类型为 DTL 的局部变量 DT5 中，其中的 HOUR 是小时值，其变量名称为 DT5. HOUR。用 Q0. 0 来控制路灯，20:00～0:00 时，上面的比较触点接通；0:00～6:00 时，下面的比较触点接通。

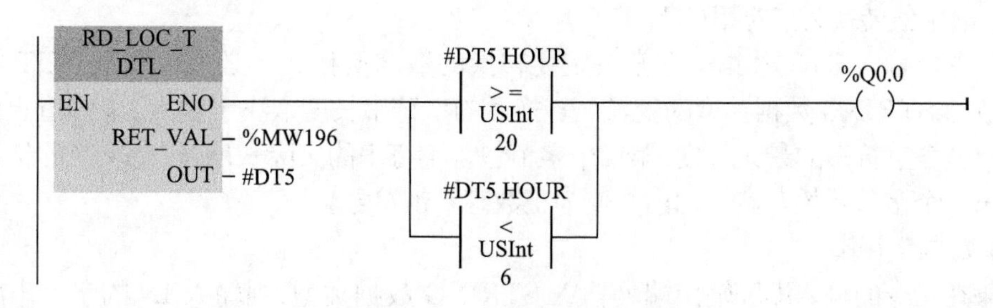

图 4－39　路灯控制程序图

4. 2. 2　字符串和字符指令

字符串转换指令中，可以使用表 4－13 所示指令将数字字符串转换为数值或将数值转换为数字字符串。

表 4－13　字符串转换指令

指令	功能
S_CONV ??? to ??? —EN　ENO— –IN　OUT–	S_CONV 用于将数字字符串转换为数值或将数值转换为数字字符串
STRG_VAL String to ??? —EN　ENO— –IN　OUT– FORMAT –P	STRG_VAL 使用格式选项将数字字符串转换为数值
VAL_STRG ??? to String —EN　ENO— –IN　OUT– –SIZE –PREC –FORMAT –P	VAL_STRG 使用格式选项将数值转换为数字字符串

1. S_CONV 指令

使用 S_CONV 指令可将输入 IN 的值转换为在输出 OUT 中指定的数据格式。S_CONV 指令可以实现以下转换：

(1) 字符串(STRING)转换为数字值

在输入 IN 中指定的字符串的所有字符都将进行转换。允许的字符为数字 0～9、小数点以及加号和减号。字符串的第一个字符可以是有效数字或字符。前导空格和指数表示将被忽略。无效符号可能会中断字符转换,此时,使能输出 ENO 将设置为“0”。可以通过选择输出 OUT 的数据类型来决定转换的输出格式。

(2) 数字值转换为字符串(STRING)

通过选择输入 IN 的数据类型来决定要转换的数字值格式。必须在输出 OUT 中指定一个有效的 STRING 数据类型的变量。转换后的字符串长度取决于输入 IN 的值。由于第一个字节包含字符串的最大长度,第二个字节包含字符串的实际长度,因此转换的结果从字符串的第三个字节开始存储。输出数值为正数时不带符号。

(3) 复制字符串

如果在指令的输入端和输出端均输入 STRING 数据类型,则输入 IN 的字符串将被复制到输出 OUT。如果输入 IN 字符串的实际长度超过输出 OUT 字符串的最大长度,则将复制 IN 字符串中完全适合 OUT 的字符串的那部分,并且使能输出端 ENO 设置为“0”值。

2. STRG_VAL 指令

STRG_VAL(字符串到值)指令将数字字符串转换为相应的整数或浮点型表示法。转换从字符串 IN 中的字符偏移量 P 位置开始,并一直进行到字符串的结尾,或者一直进行到遇到第一个不是“+”“-”“.”“,”“e”“E”或“0”~“9”的字符为止,结果放置在参数 OUT 中指定的位置;同时,还将返回参数 P 作为原始字符串中转换终止位置的偏移量计数。必须在执行前将 STRING 数据初始化为存储器中的有效字符串。无效字符可能会中断转换。

使用参数 FORMAT 可指定要如何解释字符串中的字符,其含义如表 4-14 所示,注意只能为参数 FORMAT 指定 USINT 数据类型的变量。

表 4-14　参数 FORMAT 的可能值及其含义

值(W#16#……)	表示法	小数点表示法
0000	小数	“.”
0001		“,”
0002	指数	“.”
0003		“,”
0004~FFFF	无效数	

3. VAL_STRG 指令

VAL_STRG(值到字符串)指令将整数值、无符号整数值或浮点值转换为相应的字符串表示法。参数 IN 表示的值将被转换为参数 OUT 所引用的字符串。在执行转换前,参数 OUT 必须为有效字符串。

转换后的字符串将从字符偏移量计数 P 位置开始替换 OUT 字符串中的字符,一直到参数 SIZE 指定的字符串。SIZE 中的字符数必须在 OUT 字符串长度范围内(从字符位置 P 开始计数)。该指令对于将数字字符嵌入到文本字符串中很有用。例如,可以将数字“120”放入字符串“Pump pressure=120 psi”中。

参数 PREC 用于指定字符串中小数部分的精度或位数。如果参数 IN 的值为整数,则 PREC 指定小数点的位置。例如,如果数据值为 1　2　3 而 PREC=1,则结果为“12.3”。

对于 REAL 数据类型支持的最大精度为 7 位。

如果参数 P 大于 OUT 字符串的当前大小，则会添加空格，一直到位置 P，并将该结果附加到字符串末尾。如果达到了最大 OUT 字符串长度，则转换结束。

表 4－15 列出了参数 FORAMT 的可能值及其含义。

表 4－15　参数 FORAMT 的可能值及其含义

值(W#16#……)	表示法	符号	小数点表示法
0000	小数	“－”	“.”
0001			“,”
0002	指数		“.”
0003			“,”
0004	小数	“＋”和“－”	“.”
0005			“,”
0006	指数		“.”
0007			“,”
0008～FFFF	无效值		

字符串操作指令如表 4－16 所示。

表 4－16　字符串操作指令

指令	功能
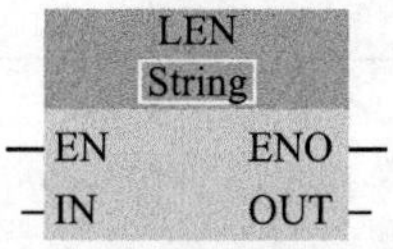 LEN String EN ENO IN OUT	获取字符串长度
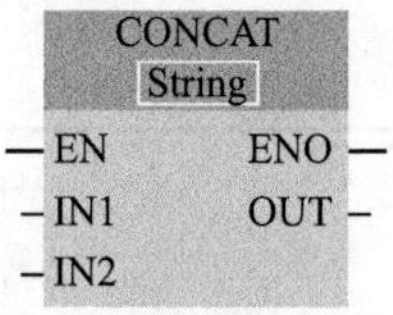 CONCAT String EN ENO IN1 OUT IN2	连接两个字符串
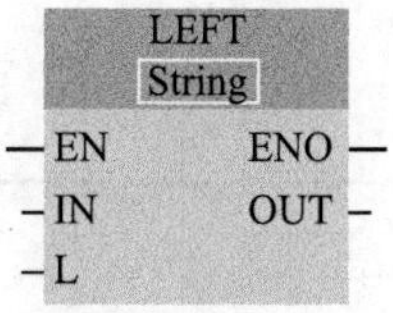 LEFT String EN ENO IN OUT L	获取字符串的左侧子串
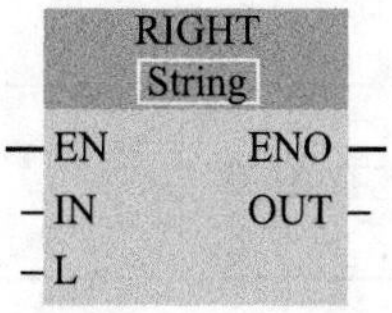 RIGHT String EN ENO IN OUT L	获取字符串的右侧子串

续表

指令	功能
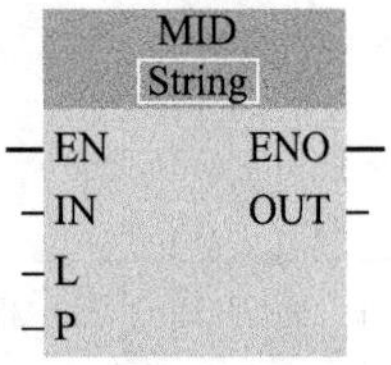 MID String EN ENO IN OUT L P	获取字符串的中间子串
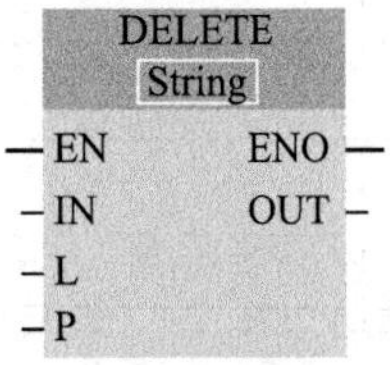 DELETE String EN ENO IN OUT L P	删除字符串的子串
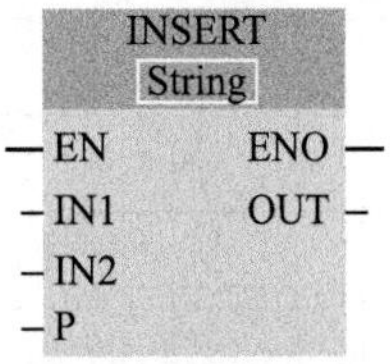 INSERT String EN ENO IN1 OUT IN2 P	在字符串中插入子串
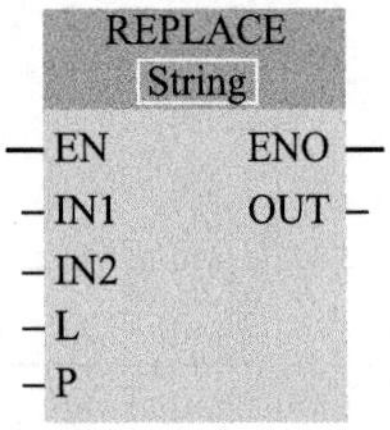 REPLACE String EN ENO IN1 OUT IN2 L P	替换字符串中的子串
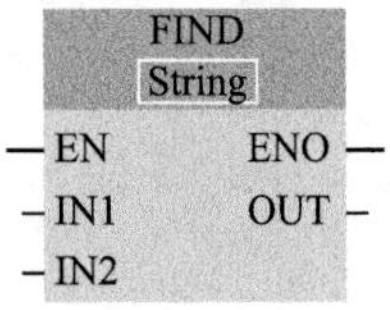 FIND String EN ENO IN1 OUT IN2	查找字符串中的子串或字符

4.2.3　扩展指令中的程序控制指令

扩展指令中的程序控制指令如表 4 - 17 所示。

表 4 - 17　扩展指令中的程序控制指令

指令	功能
 RE_TRIGR EN ENO	RE_TRIGR(重新触发扫描时间监视狗)用于延长扫描循环监视狗定时器生成错误前允许的最大时间
 STP EN ENO	STP(停止 PLC 扫描循环)将 PLC 置于 STOP 模式

续表

指令	功能
GetError EN　ENO ERROR	GET_ERROR 指示发生程序块执行错误并用详细错误信息填充预定义的错误数据结构
GetErrorID EN　ENO ID	GET_ERR_ID 指示发生程序块执行错误并报告错误的 ID

4.2.4　通信指令

通信指令包括可自动连接/断开的开放式以太网通信指令、控制通信过程的指令以及 PTP 指令等。使用通信指令都需要设置背景数据块。

1. 可自动连接/断开的开放式以太网通信指令

可自动连接/断开的开放式以太网通信指令包括 TSEND_C 和 TRCV_C，如图 4－40 所示。要注意的是，图 4－40 所示的通信指令底部有个“▼”符号，点击此符号将显示该指令的更多参数，可以根据需要进行参数设置，后面遇到此种情况将不再赘述。

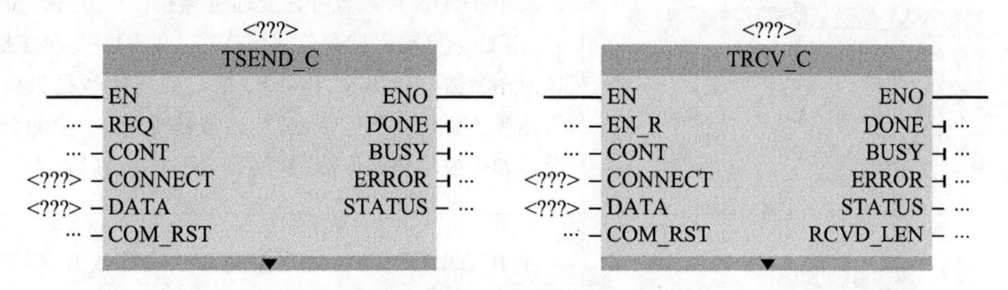

图 4－40　开放式以太网通信指令

(1) TSEND_C 指令

TSEND_C 是异步指令，该指令具有以下功能：

① 设置并建立通信连接。TSEND_C 可设置并建立 TCP 或 ISO－on－TCP 通信连接。设置并建立连接后，CPU 会自动保持和监视该连接。在参数 CONNECT 中指定的连接描述用于设置通信连接。要建立连接，参数 CONT 的值必须设置为“1”。连接成功建立后，参数 DONE 在一个周期内设置为“1”。若 CPU 转到 STOP 模式，则将终止现有连接并删除所设置的相应连接。必须再次执行 TSEND_C，才能重新设置并建立该连接。

② 通过现有通信连接发送数据。通过参数 DATA 可指定要发送的区域，包括要发送数据的地址和长度。在参数 REQ 中检测到上升沿时执行发送作业。使用参数 LEN 指定通过一个发送作业可发送的最大字节数。在发送作业完成前不允许编辑要发送的数据。如果发送作业成功执行，则参数 DONE 将设置为“1”。参数 DONE 的信号状态为“1”并不表示是确认通信伙伴已读取发送的数据。

③ 终止通信连接。参数 CONT 设置为“0”时，将终止通信连接。

(2) TRCV_C 指令

TRCV_C 是异步指令，该指令具有以下功能：

① 设置并建立通信连接。TRCV_C 可设置并建立 TCP 或 ISO－on－TCP 通信连接。设置并建立连接后，CPU 会自动保持和监视该连接。在参数 CONNECT 中指定的连接描述用于设置通信连接。要建立连接，参数 CONT 的值必须设置为“1”。连接成功建立后，参数 DONE 在一个周期内设置为“1”。若 CPU 转到 STOP 模式，则将终止现有连接并删除所设置的相应连接。必须再次执行 TRCV_C，才能重新设置并建立该连接。

② 通过现有通信连接发送数据。如果参数 EN_R 的值设置为“1”，则启用数据接收，接收到的数据将输入到接收区中。根据所用的协议选项，通过参数 LEN 指定接收区长度(如果 LEN<>0)，或者通过参数 DATA 的长度信息来指定(如果 LEN＝0)。成功接收数据后，参数 DONE 的信号状态为“1”。如果数据传送过程中出错，参数 DONE 将设置为“0”。

③ 终止通信连接。参数 CONT 设置为“0”时，将终止通信连接。

2. 控制通信过程的指令

控制通信过程的指令如表 4－18 所示。

表 4－18　控制通信过程的指令

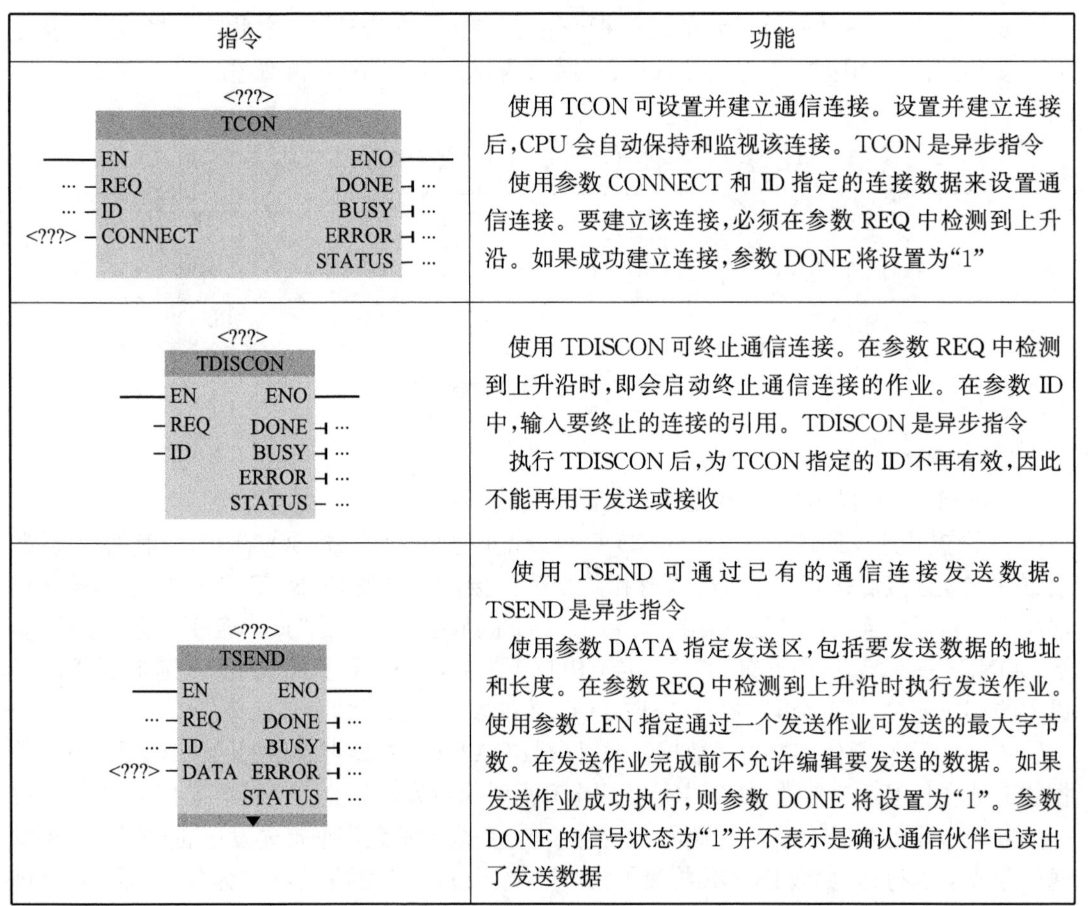

指令	功能
<???> TCON EN　ENO … REQ　DONE … … ID　BUSY … <???> CONNECT　ERROR … STATUS …	使用 TCON 可设置并建立通信连接。设置并建立连接后，CPU 会自动保持和监视该连接。TCON 是异步指令 使用参数 CONNECT 和 ID 指定的连接数据来设置通信连接。要建立该连接，必须在参数 REQ 中检测到上升沿。如果成功建立连接，参数 DONE 将设置为“1”
<???> TDISCON EN　ENO REQ　DONE … ID　BUSY … ERROR … STATUS …	使用 TDISCON 可终止通信连接。在参数 REQ 中检测到上升沿时，即会启动终止通信连接的作业。在参数 ID 中，输入要终止的连接的引用。TDISCON 是异步指令 执行 TDISCON 后，为 TCON 指定的 ID 不再有效，因此不能再用于发送或接收
<???> TSEND EN　ENO … REQ　DONE … … ID　BUSY … <???> DATA　ERROR … STATUS …	使用 TSEND 可通过已有的通信连接发送数据。TSEND 是异步指令 使用参数 DATA 指定发送区，包括要发送数据的地址和长度。在参数 REQ 中检测到上升沿时执行发送作业。使用参数 LEN 指定通过一个发送作业可发送的最大字节数。在发送作业完成前不允许编辑要发送的数据。如果发送作业成功执行，则参数 DONE 将设置为“1”。参数 DONE 的信号状态为“1”并不表示是确认通信伙伴已读出了发送数据

续表

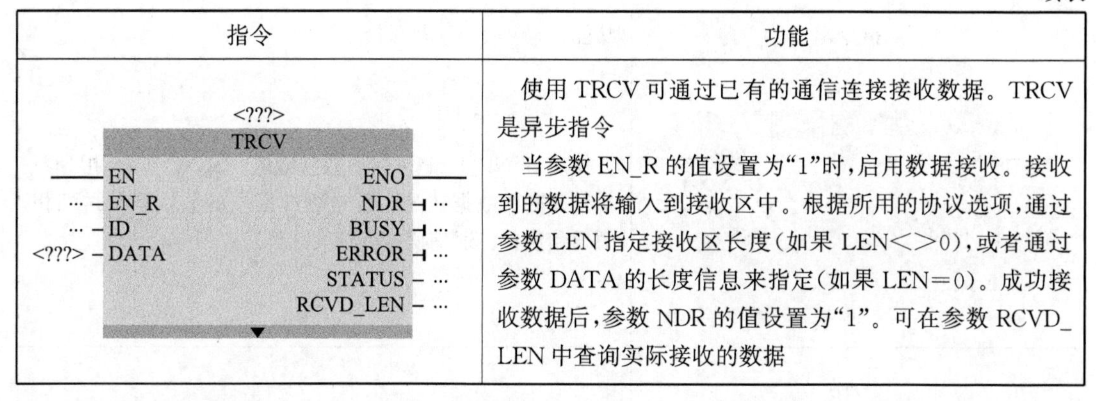

指令	功能
<???> TRCV EN　ENO … – EN_R　NDR ⊣ … … – ID　BUSY ⊣ … <???> – DATA　ERROR ⊣ … STATUS – … RCVD_LEN – …	使用 TRCV 可通过已有的通信连接接收数据。TRCV 是异步指令 当参数 EN_R 的值设置为"1"时，启用数据接收。接收到的数据将输入到接收区中。根据所用的协议选项，通过参数 LEN 指定接收区长度(如果 LEN<>0)，或者通过参数 DATA 的长度信息来指定(如果 LEN=0)。成功接收数据后，参数 NDR 的值设置为"1"。可在参数 RCVD_LEN 中查询实际接收的数据

3. 点对点指令

点对点指令如表 4-19 所示。

表 4-19　点对点指令

指令	功能
<???> PORT_CFG EN　ENO … – REQ　DONE ⊣ … … – PORT　ERROR ⊣ … … – PROTOCOL　STATUS – … … – BAUD … – PARITY … – DATABITS … – STOPBITS … – FLOWCTRL … – XONCHAR … – XOFFCHAR … – WAITTIME	使用 PORT_CFG 可动态组态点对点通信端口的通信参数 在硬件配置中设置了端口的初始静态组态，可通过执行 PORT_CFG 指令更改该组态。使用 PORT_CFG 可更改以下通信参数设置：奇偶效验、波特率、每个字符的位数、停止位的数目、流控制的类型和属性等 PORT_CFG 指令所做的更改不会永久存储在目标系统中
<???> SEND_CFG EN　ENO … – REQ　DONE ⊣ … … – PORT　ERROR ⊣ … … – RTSONDLY　STATUS – … … – RTSOFFDLY … – BREAK … – IDLELINE	使用 SEND_CFG 可动态组态点对点通信端口的串行传送参数。SEND_CFG 执行将丢弃所有等待传送的消息 在硬件配置中设置了端口的初始静态组态，可通过执行 SEND_CFG 指令更改该组态。使用 SEND_CFG 可更改以下传送参数设置：激活 RTS 到开始传送之间的时间、结束传送到激活 RTS 之间的时间、定义中断的位时间数等 SEND_CFG 指令所做的更改不会永久存储在目标系统中
<???> RCV_CFG EN　ENO … – REQ　DONE ⊣ … … – PORT　ERROR ⊣ … … – CONDITIONS　STATUS – …	使用 RCV_CFG 可动态组态点对点通信端口的串行接收数据。可使用该指令来组态条件，以指定发送消息的开始和结束。符合这些条件的消息接收可通过 RCV_PTP 指令来启用 在硬件配置的属性中设置了端口的初始静态组态。在用户程序中执行 RCV_CFG 指令可以更改该组态。RCV_CFG 指令所做的更改不会永久存储在目标系统中 RCV_CFG 指令执行后将丢弃所有等待传送的消息

续表

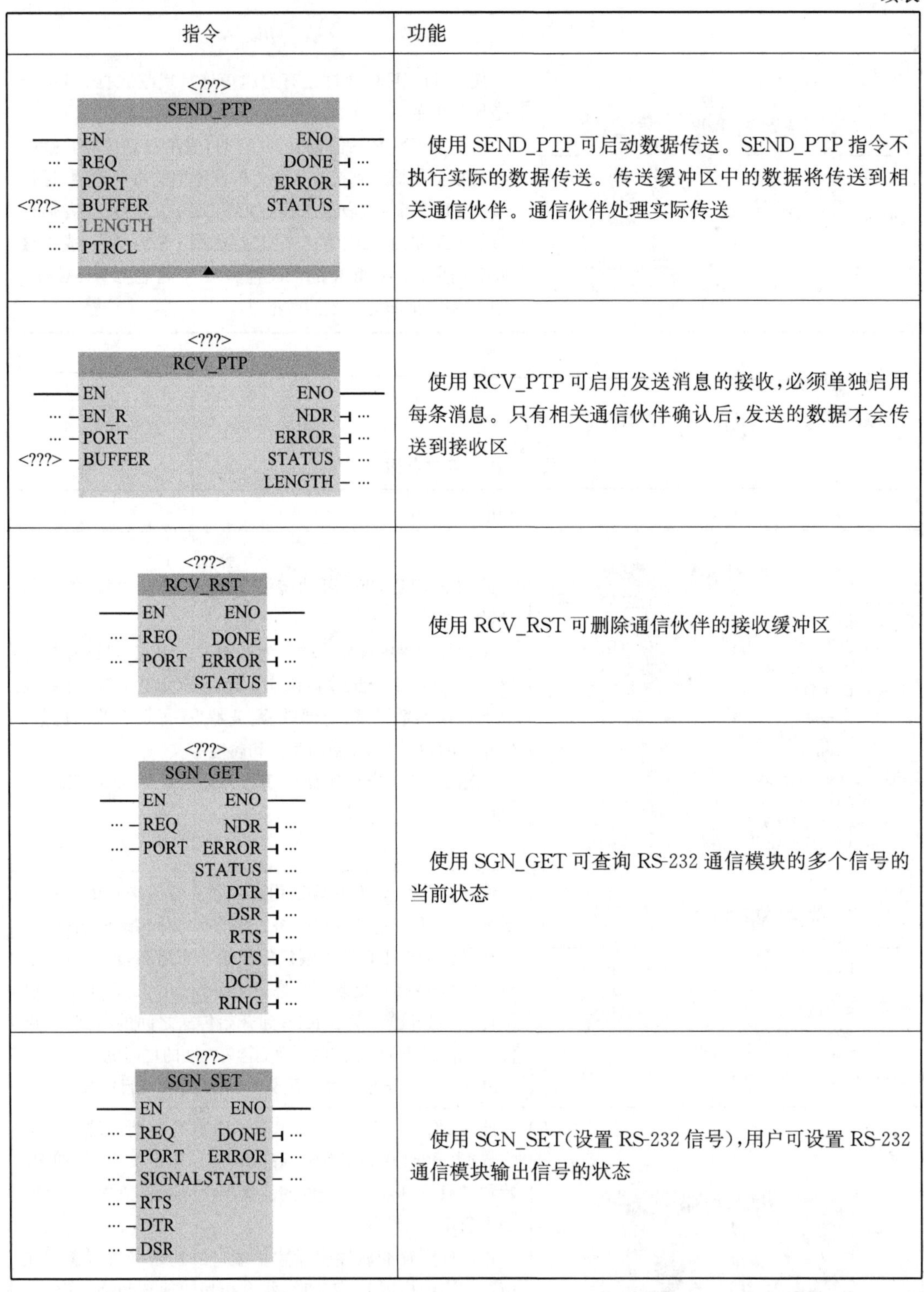

指令	功能
<???> SEND_PTP: EN, REQ, PORT, BUFFER, LENGTH, PTRCL; ENO, DONE, ERROR, STATUS	使用 SEND_PTP 可启动数据传送。SEND_PTP 指令不执行实际的数据传送。传送缓冲区中的数据将传送到相关通信伙伴。通信伙伴处理实际传送
<???> RCV_PTP: EN, EN_R, PORT, BUFFER; ENO, NDR, ERROR, STATUS, LENGTH	使用 RCV_PTP 可启用发送消息的接收,必须单独启用每条消息。只有相关通信伙伴确认后,发送的数据才会传送到接收区
<???> RCV_RST: EN, REQ, PORT; ENO, DONE, ERROR, STATUS	使用 RCV_RST 可删除通信伙伴的接收缓冲区
<???> SGN_GET: EN, REQ, PORT; ENO, NDR, ERROR, STATUS, DTR, DSR, RTS, CTS, DCD, RING	使用 SGN_GET 可查询 RS-232 通信模块的多个信号的当前状态
<???> SGN_SET: EN, REQ, PORT, SIGNAL, RTS, DTR, DSR; ENO, DONE, ERROR, STATUS	使用 SGN_SET(设置 RS-232 信号),用户可设置 RS-232 通信模块输出信号的状态

以上仅仅是简要介绍通信指令的功能,关于通信指令的详细使用将在第 7 章进行介绍。

4.2.5　中断指令

中断指令包括附加和分离指令、启动和取消延时中断指令、禁用和启用报警中断指令等。其中,使用附加指令 ATTACH 和分离指令 DETACH 指令可激活和禁用中断事件驱动的子程序,通过启动延时中断指令 SRT_DINT 和取消延时中断指令 CAN_DINT 可以启动和取消延时中断处理过程,使用禁用报警中断指令 DIS_AIRT 和启用报警中断指令 EN_AIRT 可禁用和启用报警中断处理过程。

1. 附加和分离指令

附加指令如图 4－41 所示。使用 ATTACH 可为事件分配组织块(OB)。在参数 OB_NR 中输入组织块的符号名称或数字名称,然后此组织块将分配给由参数 EVENT 指定的事件。如果在无错执行 ATTACH 指令之后发生参数 EVENT 中的事件,则会调用由参数 OB_NR 指定的组织块并执行其程序。通过参数 ADD 可指定应取消还是保留先前对其他事件进行的组织块分配。如果参数 ADD 的值为“0”,则现有分配会被当前分配替代。

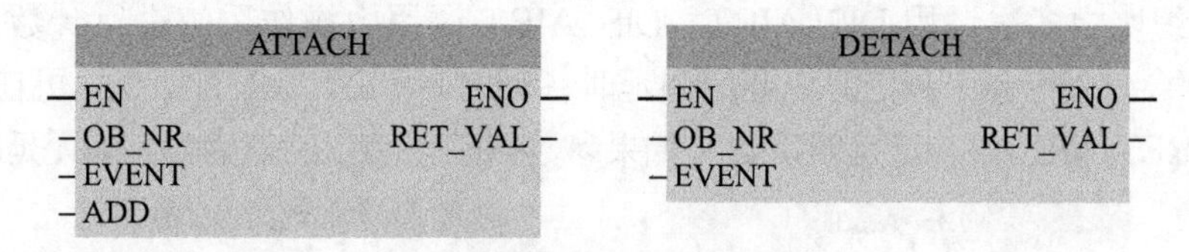

图 4－41　附加和分离指令

CPU 支持以下硬件中断事件:

(1) 上升沿事件(所有内置 CPU 数字量输入外加任何信号板数字量输入)。数字输入从 OFF 切换为 ON 时会出现上升沿,以响应连接到输入的现场设备的信号变化。

(2) 下降沿事件(所有内置 CPU 数字量输入外加任何信号板数字量输入)。数字输入从 ON 切换到 OFF 时会出现下降沿。

(3) 高速计数器(HSC)当前值＝参考值(CV＝RV)事件(HSC1～HSC6)。当前计数值从相邻值变为与先前设置的参考值完全匹配时,会生成 HSC 的 CV＝RV 中断。

(4) HSC 方向变化事件(HSC1～HSC6)。当检测到 HSC 从增大变为减小或从减小变为增大时,会发生方向变化事件。

(5) HSC 外部复位事件(HSC1～HSC6)。某些 HSC 模式允许分配一个数字输入作为外部复位端,用于将 HSC 的计数值重置为零。当该输入从 OFF 切换为 ON 时,会发生此类 HSC 的外部复位事件。

注意:必须在设备配置中启用硬件中断。如果要在配置或运行期间附加此事件,则必须在设备配置中为数字输入通道或 HSC 选中启用事件框。

分离指令如图 4－41 所示。使用 DETACH 指令将特定事件或所有事件与特定 OB 分离。如果指定了 EVENT,则仅将该事件与指定的 OB_NR 分离。当前附加到此 OB_NR 的任何其他事件仍保持附加状态。如果未指定 EVENT,则分离当前连接到 OB_NR 的所有事件。

2. 启动和取消延时中断指令

启动和取消延时中断指令如图 4－42 所示。通过 SRT_DINT 和 CAN_DINT 指令可以启动和取消延时中断处理过程。每个延时中断都是一个在指定的延时时间过后发生的一次性事件。如果在延时时间到期前取消延时事件,则不会发生程序中断。

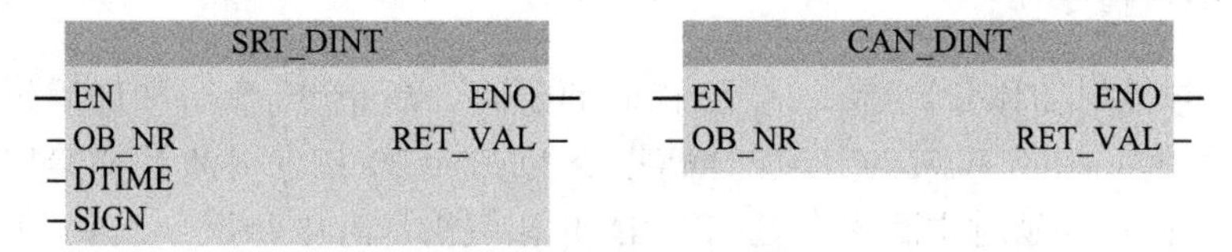

图 4-42 启动和取消延时中断指令

参数 DTIME 指定的延时时间过去后,SRT_DINT 会启动执行 OB 的延时中断。延时时间从使能输入 EN 上生成下降沿开始算起。如果延时时间的减计数中断,则不会执行在参数 OB_NR 中指定的组织块。CAN_DINT 可取消已启动的延时中断,此时,将不执行延时中断 OB。激活延时和时间循环中断事件的总次数不得超过 4 次。

3. 禁用和启用报警中断指令

禁用和启用报警中断指令如图 4-43 所示。使用 DIS_AIRT 和 EN_AIRT 指令可禁用和启用报警中断处理过程。可使用 DIS_AIRT 延时处理其优先级高于当前组织块优先级的中断 OB。可在组织块中多次调用 DIS_AIRT。DIS_AIRT 调用由操作系统进行计数。每次执行 DIS_AIRT 都会使处理越来越延时。要取消延时,需要执行 EN_AIRT 指令。可在 DIS_AIRT 指令的参数 RET_VAL 中查询延时次数。如果参数 RET_VAL 的值为"0",则无延时。

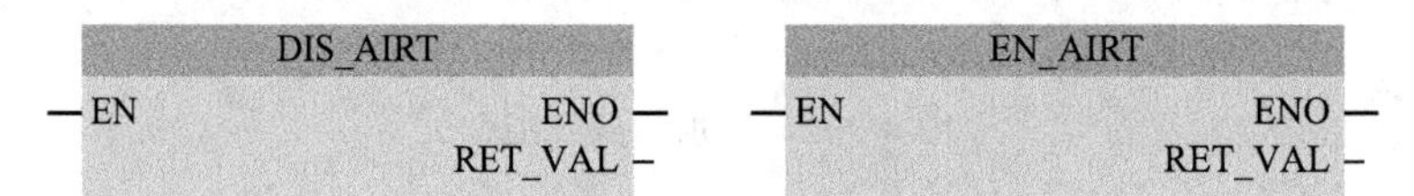

图 4-43 禁用和启用报警中断指令

发生中断时,可使用 EN_AIRT 启用由 DIS_AIRT 指令延时的组织块处理。每次执行 EN_AIRT 都会取消已被操作系统记录的由 DIS_AIRT 调用产生的处理延时。要取消所有延时,EN_AIRT 的执行次数必须与 DIS_AIRT 的调用次数相等。例如,如果调用了 DIS_AIRT5 次并因此延时处理 5 次,则需要调用 EN_AIRT 指令 5 次以取消全部 5 次延时。可在 EN_AIRT 指令的参数 RET_VAL 中查询执行 EN_AIRT 后尚未启用的中断延时数。参数 RET_VAL 的值为"0"表示由 DIS_AIRT 启用的所有延时均已取消。

4.2.6 高速脉冲输出指令

脉冲宽度与脉冲周期之比称为占空比,脉冲列输出(PTO)功能提供占空比为 50%的方波脉冲列输出。脉冲宽度调制(PWM)功能提供连续的、脉冲宽度可以用程序控制的脉冲列输出。

每个 CPU 有两个 PTO/PWM 发生器,分别通过 CPU 集成的 Q0.0~Q0.3 或信号板上的 Q4.0~Q4.3 输出 PTO 或 PWM 脉冲(见表 4-20)。

表 4-20 PTO 或 PWM 的输出点

PTO1		PWM1		PTO2		PWM2	
脉冲	方向	脉冲	方向	脉冲	方向	脉冲	方向
Q0.0 或 Q4.0	Q0.1 或 Q4.1	Q0.0 或 Q4.0	—	Q0.2 或 Q4.2	Q0.3 或 Q4.3	Q0.2 或 Q4.2	—

脉冲指令如图4－44所示。通过CTRL_PWM指令,可使用软件启动和禁用CPU所支持的脉冲发生器。使用脉冲指令时需要指定背景数据块。

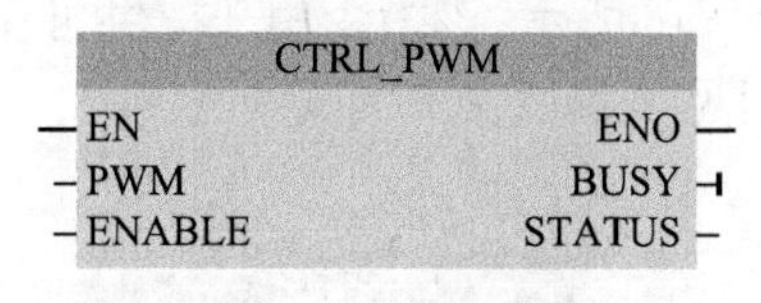

图4－44　脉冲指令

4.2.7　高速计数器指令

PLC的普通计数器的计数过程与扫描工作方式有关,CPU通过每一个扫描周期读取一次被测信号的方法来捕捉被测信号的上升沿,被测信号的频率比较高时,会丢失计数脉冲,因此普通计数器的最高工作频率一般仅有几十赫兹。高速计数器可以对普通计数器无法处理的高速事件进行计数。

1. 高速计数器的功能

S7－1200PLC集成有6个高速计数器(HSC)。HSC1～HSC3的高速计数频率为100kHz。

CPU1211C可以使用HSC1～HSC3,CPU1212C可以使用HSC1～HSC4,使用信号板DI2/DI2后,它们还可以使用HSC5。CPU1214C可以使用HSC1～HSC6。

HSC有4种工作模式:内部方向控制的单相计数器、外部方向控制的单相计数器、二路计数脉冲输入的计数器和A/B相计数器。

并非每个HSC都能提供所有的模式,每种HSC模式都可以使用或不使用复位输入。复位输入为1状态时,HSC的实际计数值被清除。直到复位输入变为0状态,才能启动计数功能。高速计数器有两种功能:频率测量功能和计数功能。

某些HSC模式可以选用3种频率测量的周期(0.01s、0.1s和1.0s)来测量频率值。频率测量的周期决定了多长时间计算和报告一次新的频率值。得到的是根据信号脉冲的计数值和测量周期计算出的频率平均值,频率的单位为Hz(每秒的脉冲数)。

2. 高速计数器指令

高速计数器控制器指令如图4－45所示。具体使用见第6章。

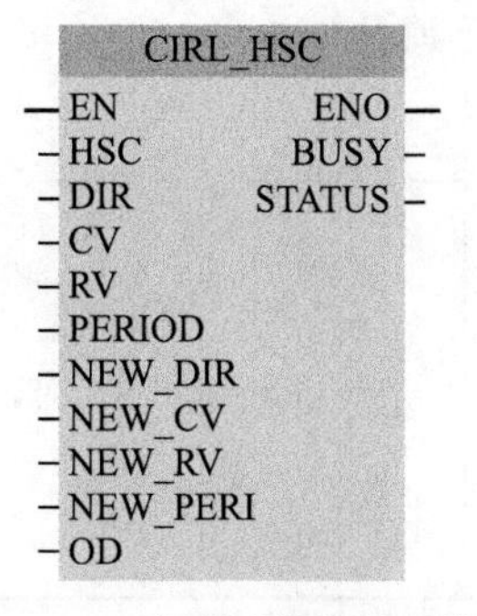

图4－45　高速计数器控制指令

4.2.8 PID 控制指令

PID_Compact 指令如图 4－46 所示，该指令用来提供可在自动和手动模式下自我优化调节的 PID 控制器。具体使用见第 6 章。

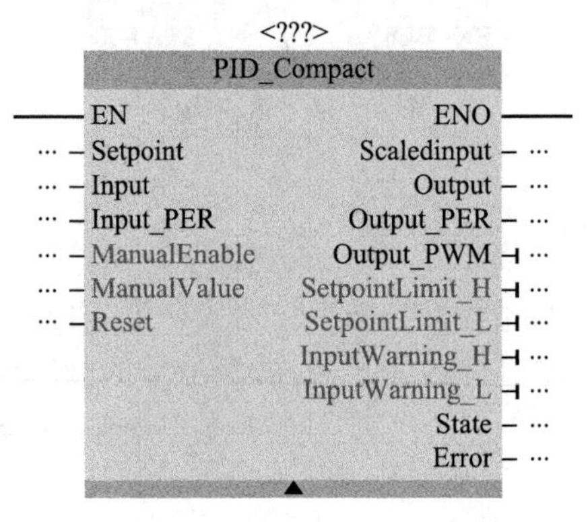

图 4－46 PID_Compact 指令

4.2.9 运动控制指令

运动控制指令如表 4－21 所示，通过运动控制指令可使用相关工艺数据块和 CPU 的专用 PTO 来控制轴上的运动。所有运动控制指令都需要制定背景数据块。

表 4－21 运动控制指令

指令	功能
MC_Power EN ENO Axis Status Enable Error StopMode	MC_Power 可启用和禁止运动控制轴
MC_Reset EN ENO Axis Done Execute Error	MC_Reset 可复位所有运动控制错误。所有可确认的运动控制错误都会被确认
MC_Home EN ENO Axis Done Execute Error Position Mode	MC_Home 可建立轴控制程序与轴机械定位系统的关系

续表

指令	功能
MC_Halt EN ENO Axis Done Execute Error	MC_Halt 可取消所有运动过程并使轴运动停止
MC_MoveAbsolute EN ENO Axis Done Execute Error Position Velocity	MC_MoveAbsolute 可启动到某个绝对位置的运动，该作业在到达目标位置时结束
MC_MoveRelative EN ENO Axis Done Execute Error Distance Velocity	MC_MoveRelative 可启动相对于起始位置的定位运动
MC_MoveVelocity EN ENO Axis InVelocity Execute Error Velocity Current	MC_MoveVelocity 可使轴以指定的速度平动
MC_MoveJog EN ENO Axis InVelocity JogForward Error JogBackward Velocity	MC_MoveJog 可执行用于测试和启动目的的点动模式

4.3 全库指令

4.3.1 USS

USS 协议使 S7－1200 控制支持 USS 协议的西门子驱动器，通过 RS-485 通信模块与驱动器进行通信。USS 协议库指令包括 USS_DRV、USS_PORT、USS_RPM 和 USS_WPM 指令，如表 4－22 所示。

表 4-22 USS 协议库指令

指令	功能
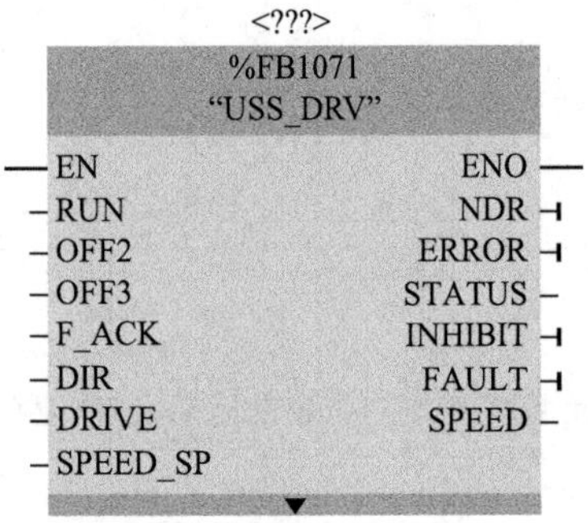 <???> %FB1071 "USS_DRV" EN ENO RUN NDR OFF2 ERROR OFF3 STATUS F_ACK INHIBIT DIR FAULT DRIVE SPEED SPEED_SP	USS_DRV 指令通过创建请求消息和解释驱动器响应消息与驱动器交换数据。每个驱动器都应使用单独的一个功能块,但是与一个 USS 网络和 PtP 通信模块相关的所有 USS 功能都必须使用同一个背景数据块,必须在放置第一个 USS_DRV 指令时创建该 DB 名称,然后可重复使用通过该初始指令使用而创建的这个 DB
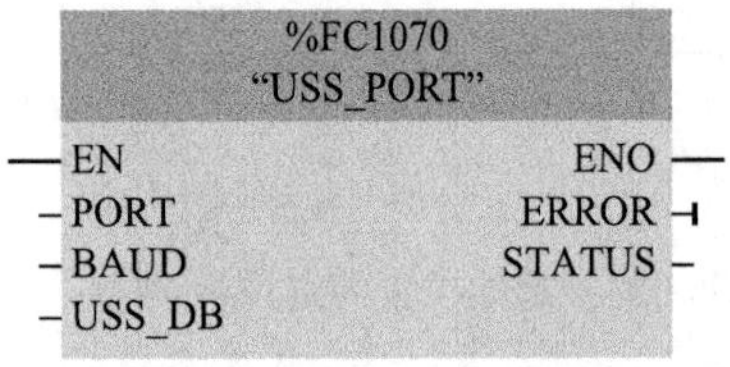 %FC1070 "USS_PORT" EN ENO PORT ERROR BAUD STATUS USS_DB	USS_PORT 指令用于处理 USS 网络上的通信。通常程序中每个 PtP 通信模块只一个 USS_PORT 功能,并且每次调用该功能都会处理与单个驱动器的通信。与同一个 USS 网络和 PtP 通信模块相关的所有 USS 功能必须使用同一个背景数据块
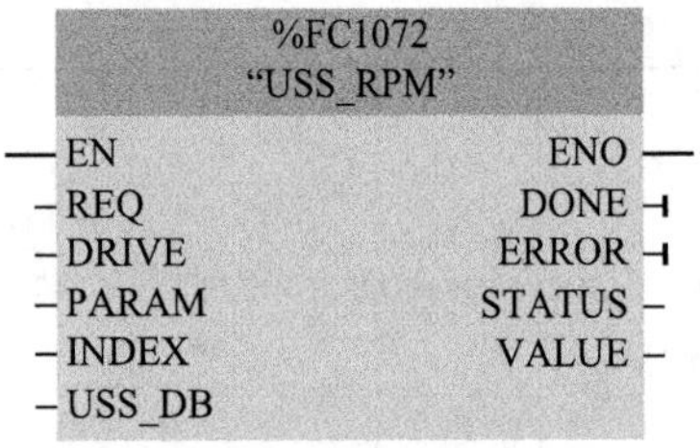 %FC1072 "USS_RPM" EN ENO REQ DONE DRIVE ERROR PARAM STATUS INDEX VALUE USS_DB	USS_RPM 指令用于从驱动器读取数据,与同一个 USS 网络和 PtP 通信模块相关的所有 USS 功能必须使用同一个数据块。必须在主 OB 中调用 USS_RPM
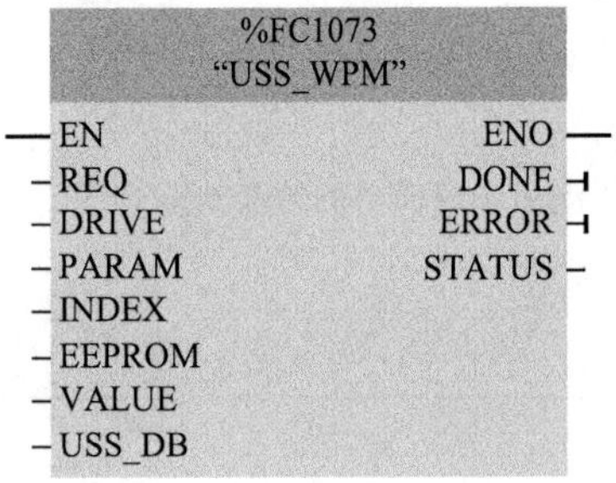 %FC1073 "USS_WPM" EN ENO REQ DONE DRIVE ERROR PARAM STATUS INDEX EEPROM VALUE USS_DB	USS_WPM 指令用于修改驱动器中的参数。与同一个 USS 网络和 PtP 通信模块相关的所有 USS 功能必须使用同一个模块。必须从主 OB 中调用 USS_WPM

关于 USS 协议库指令的详细使用将在第 7 章进行介绍。

4.3.2 Modbus

Modbus 通信协议广泛应用于工业控制领域,并已经成为一种通用的行业标准。不同厂商提供的控制设备可通过 Modbus 协议连接成通信网络,从而实现集中控制。Modbus 协议库指令包括 MB_COMM_LOAD、MB_MASTER 和 MB_SLAVE,如表 4-23 所示。

表 4-23　Modbus 协议库指令

指令	功能
%FB1080 "MB_COMM_LOAD" EN ENO PORT ERROR BAUD STATUS PARITY FLOW_CTRL RTS_ON_DLY RTS_OFF_DLY RESP_TO MB_DB	MB_COMM_LOAD 指令用于组态点对点 RS-485 或 RS-232 模块上的端口，以进行 Modbus RTU 协议通信
%FB1081 "MB_MASTER" EN ENO REQ DONE MB_ADDR BUSY MODE ERROR DATA_ADDR STATUS DATA_LEN DATA_PTR	MB_MASTER 指令允许程序作为 Modbus 主站使用点对点 CM1241 RS-485 或 CM1241 RS-232 模块上的端口进行通信。可访问一个或多个 Modbus 从站设备中的数据
%FB1082 "MB_SLAVE" EN ENO MB_ADDR NDR MB_HOLD_REG DR ERROR STATUS	MB_SLAVE 指令允许程序作为 Modbus 从站使用点对点 RS-485 或 RS-232 模块上的端口进行通信。Modbus RTU 主站可以发出请求，然后程序通过执行 MB_SLAVE 来响应

关于 Modbus 协议库指令的详细使用将在第 7 章进行介绍。

习题与思考题四

1. 用接在 I0.0 输入端的光电开关检测传送带上通过的产品，有产品通过时%I0.0 为 ON，如果在 10s 内没有产品通过，由%Q0.0 发出报警信号，用%I0.1 输入端外接的开关解除报警信号。画出梯形图，并写出对应的指令表程序。
2. 设计一个计数范围为 50000 的计数器。
3. 设计一个居室通风系统控制程序，使 3 个居室的通风机自动轮流地打开和关闭。轮换时间间隔为 1h。
4. 试设计一个用户程序，要求按下启动按钮后，(%Q0.0～%Q0.7)8 个输出中每次有 2 个为 1，每隔 6s 变化 1 次，即先是%Q0.0，%Q0.1 为 1，6s 到换为%Q0.2，%Q0.3 为 1(%Q0.0，%Q0.1 变为 0)，以此类推，直到%Q0.6，%Q0.7 为 1，6s 后从头开始，循环 100 次后自动停止运行。要求设计相关程序。
5. 采用一只按钮每隔 3s 顺序启动三台电动机，试编写梯形图程序。

6. 简易全自动洗衣机的工作程序如下:按下启动按钮→进水(20s)→洗涤→正转(15s)→停(3s)→反转(10s)停(2s),50 次;排水(25s),重复 3 次,停机。请设计出电气控制系统硬件图和梯形图。
7. 现有一个按钮,一个灯泡,要求按钮按下多长时间,灯泡亮多长时间。请设计 PLC 程序。
8. 某一机器有两台星形-三角形启动电动机,两台电动机一备一用,某一台故障时,启动另外一台。请设计 PLC 程序。
9. 某一机器有 4 台电动机 M1、M2、M3、M4,先启动 M1,如转矩不够,每按一下加载按钮,按循序启动 M2、M3、M4。如转矩过大,每按一下减载按钮,最先运行的电动机停止工作。某一台有故障,则其停止工作,转矩不够则加载下一台电动机。设计 PLC 程序。
10. 有电动机三台,希望能够轮换启动。设%Q0.0、%Q0.1、%Q0.2 分别驱动三台电动机的接触器。%I0.0 为启动按钮,%I0.1 为停止按钮,试编写程序。
11. 用移位指令设计一个路灯照明系统的控制程序,3 路灯按 H1→H2→H3 的顺序依次点亮。各路灯之间点亮的间隔时间为 10h。
12. 设计一个彩灯控制程序,8 路彩灯串按 H1→H2→H3→…→H8 的顺序依次点亮,且不断重复循环。各路彩灯之间的间隔时间为 0.2s。

第5章

PLC 控制系统设计

从应用的角度来看,运用PLC技术进行PLC应用系统的软件设计与开发,不外乎是需要两个方面的知识和技能,第一是学会PLC硬件系统的配置,第二是掌握编写程序的技术,进行PLC应用系统的软件设计。在熟悉PLC的指令系统后,就可以进行简单的PLC编程,但还很不够,对于一个较为复杂的控制系统,设计者还必须具备有一定的软件设计知识,这样才能开发出有实际应用价值的PLC应用系统。为此本章在熟悉PLC指令系统的基础上,对PLC应用软件的设计内容、方法、步骤以及编程工具软件进行较全面的介绍。

5.1 PLC应用系统软件设计与开发的过程

在进行应用系统软件设计开发的过程中,需要经历许多阶段和环节,当PLC应用系统的应用软件开发完成后,能否达到预期的结果?能否操作安全、可靠、方便令用户满意,要依赖于软件开发过程中各个环节的指导思想是否明确?工作是否扎实?大量的PLC应用系统的应用软件开发的实践表明:应用软件开发的好与坏直接关系到PLC控制系统的成败。如何保证应用软件开发的质量,尽可能减少错误,若出了错能明确在什么环节出了错,以便迅速修正,这就要求软件开发者应该对软件开发过程中所经历的这些环节有一个明确清醒的认识。PLC应用系统软件设计开发过程中,各个主要环节之间的关系描述,如图5-1所示。

5.2 应用软件设计的内容

PLC应用软件的设计是一项十分复杂的工作,它要求设计人员既要有PLC、计算机程序设计的基础,又要有自动控制的技术,还要有一定的现场实践经验。

首先设计人员必须深入现场,了解并熟悉被控对象(机电设备或生产过程)的控制要求,明确采用PLC控制系统必须具备的功能,为应用软件的编制提出明确的要求和技术指标,并形成软件需求说明书。在此基础上进行总体设计,将整个软件根据功能的要求分成若干个相对独立的部分,分析它们之间在逻辑上、时间上的相互关系,使设计出的软件在总体上结构清晰、简洁、流程合理,保证后继的各个开发阶段及其软件设计规格说明书的完全性和一致性。然后在软件规格说明书的基础上,选择适当的编程语言,进行程序设计。所以一个实用的PLC软件工程的设计通常要涉及以下几个方面的内容:

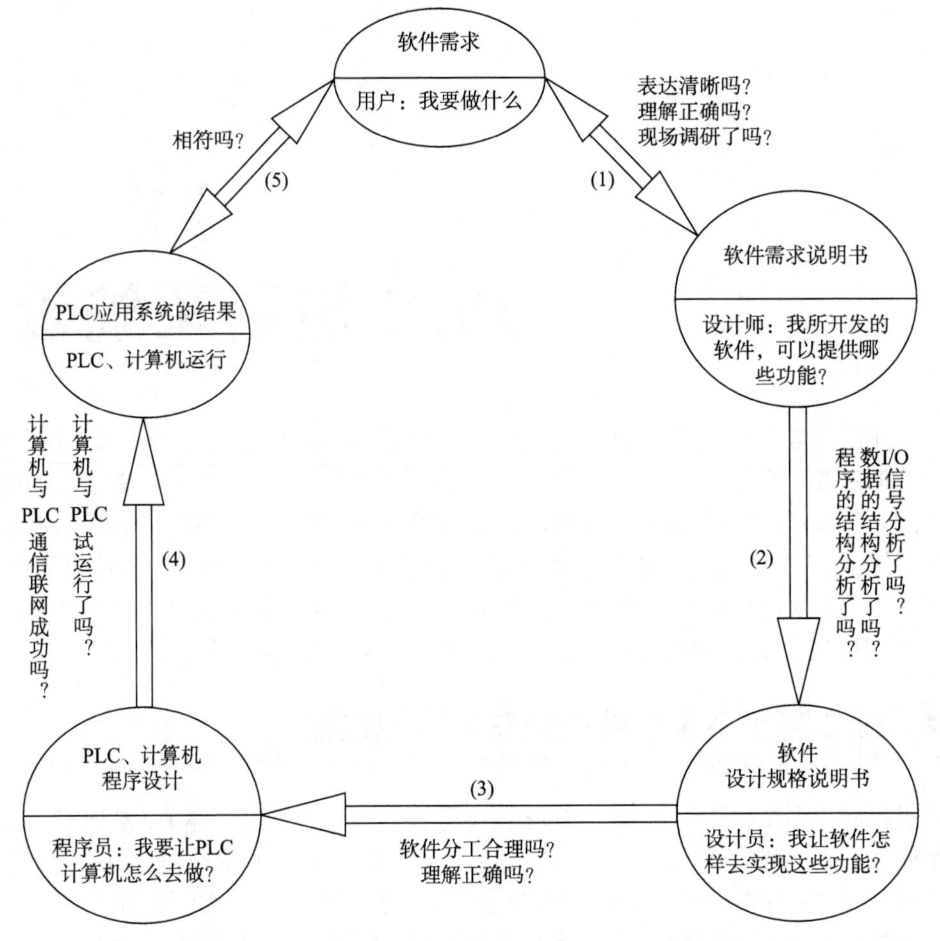

图 5－1　PLC 应用系统软件设计与开发主要环节间的关系

(1) PLC 软件功能的分析与设计；

(2) I/O 信号及数据结构分析与设计；

(3) 程序结构分析与设计；

(4) 软件设计规格说明书编制；

(5) 用编程语言、PLC 指令进行程序设计；

(6) 软件测试；

(7) 程序使用说明书编制。

5.2.1　功能的分析与设计

PLC 软件功能的分析与设计实际上是 PLC 控制系统的功能分析与设计中的一个重要组成部分。对于控制系统的整体功能要求，可以通过硬件的途径、软件的途径或者软硬结合的途径来实现。因此，在未着手正式编写程序之前，必须要进行的第一件事就是站在控制系统的整体角度上，进行系统功能要求的分配，弄清楚哪些功能是要通过软件的执行来实现的，即明确应用软件所必须具备的功能。对于一个实用的软件，大体上可以从 3 个方面来考虑：

(1) 控制功能；

(2) 操作功能(人-机界面);

(3) 自诊断功能。

作为PLC控制系统,其最基本的要求就是如何通过PLC对被控对象实现人们所希望的控制,所以以上3个方面,控制功能是最基本的,必不可少的。对于一些简单的PLC控制系统或许仅此功能就可以了,但对于多数的PLC控制系统却是远远不够的。在进行功能的分析、分配之后,接下去要做的就是进行具体功能的设计,对于不同的PLC控制系统,有着不同的具体要求,其主要的依据是根据被控对象和生产工艺要求而定。设计时一定要进行详尽的调查和研究,搞清被控设备的动作时序、控制条件、控制精度等,作出明确具体的规定,分析这些规定是否合理、可行。如果经过分析后,认为做不到,那就要对其修订,其中也可能包括与之配合的硬件系统,直至所有的控制功能都被证明是合理可行为止。

第二部分是操作功能。随着PLC应用的不断深入,PLC不再单机控制,为了要实现自动化车间或工厂,往往采用的是包括有计算机、PLC的多级分布式控制系统。这时为便于操作人员的操作,就需要有友善的人机对话界面。系统的规模越大, 自动化程度越高,对这部分的要求也越高。如下拉式菜单设计,I/O信息的显示,趋势报警,有关的数据表格的更新、存储和输出等。一般来说,这部分的软件工作量可多达整个软件的1/4~1/3。

第三部分自诊断功能。它包括PLC自身工作状态的自诊断和系统中被控设备工作状态的自诊断两部分。对于前者可利用PLC自身的一些信息和手段来完成。对于后者,则可以通过分析被控设备接收到的控制指令及被控动作的反馈信息,来判断被控设备的工作状态。如果有故障发生,则以电、声、光报警,并通过计算机还可显示发生故障的原因以及处理故障的方法和步骤。

当然自诊断功能的设计,并不是每个PLC系统都是必需的。如果有条件的话,设计良好的自诊断功能与操作功能相结合,可以给系统的调试和维护带来极大的方便。

5.2.2 I/O信号及数据结构分析与设计

PLC的工作环境是工业现场,在工业现场的检测信号是多种多样的,有模拟量,也有开关量, PLC就以这些现场的数据作为对被控对象进行控制的信息。同时PLC又将处理的结果送给被控设备或工业生产过程,驱动各种执行机构实现控制。因此I/O信息分析任务,就是对后面程序编程所需要的I/O信号进行详细的分析和定义, 并以I/O信号表的形式提供给编程人员。

I/O信号分析的主要内容有:

(1) 定义每一个输入信号并确定它的地址。可以以输入模板接线图的方式给出,图中应包含有对每一输入点的简洁说明。同样可以以I/O信号表的形式给出(具体可参看第7章)。

(2) 定义每一个输出信号并确定它的地址。可以以输出模板接线图的方式给出,图中同样也应包含有对每一输出点的简洁说明。同样可以以I/O信号表的形式给出 。

(3) 审核上述的分析设计是否能满足系统规定的功能要求。若不满足,则须修改,直至满足为止。

数据结构设计:

数据结构设计的任务,就是对程序中的数据结构进行具体的规划和设计,合理地对内存进行估算,提高内存的利用率。

PLC应用程序所需的存储空间,与内存利用率、I/O点数、程序编写的水平有关。通常我们把系统中I/O点数和存放用户机器语言程序所占内存数之比称内存利用率,高的内存利用率,可使同样的程序减少内存投资,还可以缩短扫描周期时间,从而提高系统的响应速度,同样用户编写程序的优劣对程序的长短和运行时间都有很大的影响。而数据结构的设计直接关系到后面的编程质量。

数据结构设计的主要内容有:

(1) 按照软件设计的要求,将PLC的数据空间作进一步的划分,分为若干个子空间,并对每一个子空间进行具体的定义。当然这要以功能算法、硬件设备要求、预计的程序结构和占有量为依据综合考虑来决定的。

(2) 应为每一个子空间留出适当的裕量,以备不可预见的使用要求。

(3) 规定存放子空间的数据存放方式、编码方式和更改时的保护方法。

(4) 在采用模块化程序设计时,最好对每一个(若做不到,则对某些个)程序块规定独立的中间结果存放区域,以防混用给程序的调试及可靠的运行带来不必要的麻烦,当然对于公用的数据也应考虑它的存放空间。

(5) 为了明晰起见,数据结构的设计可以以数据结构表的形式给出,其中明确规定各子空间的名称、起始地址、编码方式、存放格式等。

I/O信号及数据结构的分析与设计为PLC程序编程提供了重要的依据。

5.2.3 程序结构分析和设计

模块化的程序设计方法,是PLC程序设计和编制的最有效、最基本的方法。程序结构分析和设计的基本任务就是以模块化程序结构为前提,以系统功能要求为依据,按照相对独立的原则,将全部应用程序划分为若干个“软件模块”,并对每一“模块”,提供软件要求、规格说明。

一般应以某一或某组功能要求为前提,确定这些“独立”的软件模块。模块的划分不宜过大,过大的模块常失去模块化程序设计的优点,只具有软件分工的含义。当某一功能要求的程序模块必须很大时,应人为地将其分解为若干个子模块。子模块的规模,没有具体的规定,若在计算机上开发的话,大约在3~5个梯形图的页面为宜。

软件设计常采用“自顶而下”的设计方法(Top To Down),只给出软件模块的定义和说明。子模块的划分大多是在程序设计的阶段由编程人员自行完成的。

5.2.4 软件设计规格说明书编制

(1) 技术要求

① 整体应用软件功能要求;

② 软件模块功能要求;

③ 被控设备(生产过程)及其动作时序、精度、计时(计数)和响应速度要求;

④ 输入装置、输入条件、执行装置、输出条件和接口条件。

(2) 程序编制依据

① 输入模块和输出模块接口或I/O信号表(公共);

② 数据结构表（其中包括通信数据传送格式命令和响应等）（公共）。

(3) 软件测试

① 模块单元测试原则；

② 特殊功能测试的设计；

③ 整体测试原则。

5.2.5 用编程语言进行程序设计

(1) 框图设计；

(2) 程序编制；

(3) 程序测试；

(4) 编写程序说明书。

5.2.6 软件测试

在长期的软件开发实践中，人们积累了许多成功的经验，同时也总结出许多失败的教训。在此过程中，软件测试的重要性正逐渐被人们所认识，现在软件测试成本在整个软件开发成本中已占有很高的比重。

软件不同于硬件，它是看不见、摸不着的逻辑程序，与人的思维有着密切的关系。即使是一个非常有经验的程序设计员，也很难保证他的思维是绝对周密的，在程序中不会出错。大量的实践表明：在软件开发过程中要完全避免出错是不可能的，也是不现实的，问题在于如何及时地开发和排除明显的或隐匿的错误。这就需要做好软件的测试工作。软件测试的内容很多，各种不同的软件也有不同的测试方法和手段，但它们测试的内容大体相同。

(1) 检查程序 按照需求规格说明书检查程序。

(2) 寻找程序中的错误 寻找程序中隐藏的有可能导致失控的错误。

(3) 测试软件 测试软件是否满足用户需求。

(4) 程序运行限制条件与软件功能 程序运行的限制是什么，弄清该软件不能做什么。

(5) 验证软件文件 验证软件有关文件。

为了保证软件的质量能满足以上的要求，通常可以按单元测试、集成测试、确认测试和现场系统测试这 4 个步骤来完成。软件测试的主要步骤如图 5－2 所示。

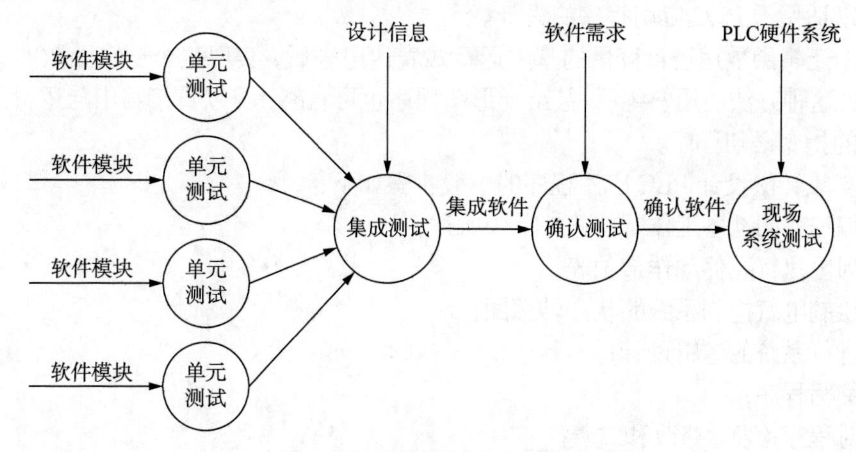

图 5－2 软件测试的主要步骤

5.2.7 程序使用说明书编制

当一项软件工程完成后为了便于用户和现场调试人员的使用,应对所编制的程序进行说明。通常程序使用说明书应包括程序设计的依据、结构、功能、流程图,各项功能单元的分析,PLC 的 I/O 信号,软件程序操作使用的步骤、注意事项,对程序中需要测试的必要环节或部分进行注释。实际上说明书就是一份软件综合说明的存档文件。

5.3 PLC 程序设计的常用方法

在工程中,对 PLC 应用程序的设计有多种方法,这些方法的使用,也因各个设计人员的技术水平和喜好有较大差异。现将常用的几种应用程序的设计方法简要介绍如下。

5.3.1 经验设计法

在一些典型的控制环节和电路的基础上,根据被控对象对控制系统的具体要求,凭经验进行选择、组合。有时为了得到一个满意的设计结果,需要进行多次反复地调试和修改,增加一些辅助触点和中间编程元件。这种设计方法没有一个普遍的规律可遵循,具有一定的试探性和随意性,最后得到的结果也不是唯一的,设计所用的时间、设计的质量与设计者的经验的多少有关。

经验设计法对于一些比较简单的控制系统的设计是比较奏效的,可以收到快速、简单的效果。但是,由于这种方法主要是依靠设计人员的经验进行设计,所以对设计人员的要求也比较高,特别是要求设计者有一定的实践经验,对工业控制系统和工业上常用的各种典型环节比较熟悉。对于较复杂的系统,经验法一般设计周期长,不易掌握,系统交付使用后,维护困难,所以,经验法一般只适合于较简单的或与某些典型系统相类似的控制系统的设计。

5.3.2 逻辑设计法

工业电气控制线路中,有不少都是通过继电器等电器元件来实现。而继电器,交流接触器的触点都只有两种状态即吸合和断开,因此,用“0”和“1”两种取值的逻辑代数设计电器控制线路是完全可以的。PLC 的早期应用就是替代继电器控制系统,因此用逻辑设计方法同样也可以适用于 PLC 应用程序的设计。

当一个逻辑函数用逻辑变量的基本运算式表达出来后,实现这个逻辑函数的线路也就确定了。当这种方法使用熟练后,甚至梯形图程序也可省略,可以直接写出与逻辑函数和表达式对应的指令语句程序。

用逻辑设计法设计 PLC 应用程序的一般步骤如下:

(1) 编程前的准备工作同前第二节中所述;

(2) 列出执行元件动作节拍表;

(3) 绘制电气控制系统的状态转移图;

(4) 进行系统的逻辑设计;

(5) 编写程序;

(6) 对程序检测、修改和完善。

5.3.3 顺序控制设计法

顺序控制设计法最基本的思想是将系统的一个工作周期划分为称为步的若干个顺序相连的阶段,并用编程元件(例如位存储器M和顺序控制继电器S)来代表各步。用转换条件控制代表各步的编程元件,让它们的状态按一定的顺序变化,然后用代表各步的编程元件去控制PLC的各输出位,如图5-3所示。

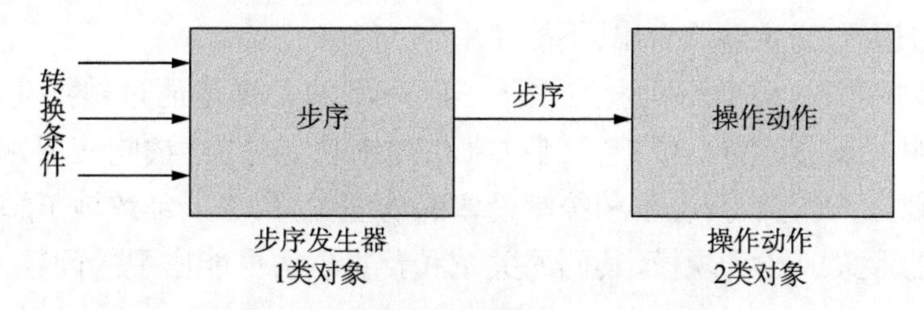

图5-3 顺序控制设计法的基本思想

引入二类对象的概念使转换条件与操作动作在逻辑关系上分离。步序发生器根据转换条件发出步序标志,而步序标志再控制相应的操作动作。步序类似于令牌,只有取到令牌,才能操作相应的动作。

经验设计法通过记忆、联锁、互锁等方法来处理复杂的输入输出关系,而顺序控制设计法则是用输入控制代表各步的编程元件(如位存储器M),再通过编程元件来控制输出,从而实现了输入/输出的分离,两种程序设计方法如图5-4所示。

图5-4 两种程序设计方法

具体设计过程见下节。

5.4 PLC程序设计步骤

根据可编程序控制器系统硬件结构和生产工艺要求,在软件规格说明书的基础上,用相应的编程语言指令,编制实际应用程序并形成程序说明书的过程就是程序设计。

5.4.1 程序设计步骤

PLC程序设计一般分为以下几个步骤:

(1) 程序设计前的准备工作;

(2)程序框图设计;

(3)程序测试;

(4)编写程序说明书。

1. 程序设计前的准备工作

程序设计前的准备工作大致可分为3个方面。

(1) 了解系统概况,形成整体概念。这一步的工作主要是通过系统设计方案和软件规格说明书了解控制系统的全部功能、控制规模、控制方式、输入/输出信号种类和数量、是否有特殊功能接口、与其他设备的关系、通信内容与方式等。没有对整个控制系统的全面了解,就不能对各种控制设备之间的关联有真正的理解,闭门造车和想当然地编程序,编出的程序拿到现场去运行,肯定问题百出,不能使用。

(2) 熟悉被控对象、编出高质量的程序。这一步的工作是通过熟悉生产工艺说明书和软件规格说明书来进行的。可把控制对象和控制功能分类,按响应要求、信号用途或者按控制区域划分,确定检测设备和控制设备的物理位置,深入细致地了解每一个检测信号和控制信号的形式、功能、规模、其间的关系和预见以后可能出现的问题,使程序设计有的放矢。

在熟悉被控对象的同时,还要认真借鉴前人在程序设计中的经验和教训,总结各种问题的解决方法,包括:哪些是成功的,哪些是失败的,原因是什么。总之,在程序设计之前,掌握的东西越多,对问题思考得越深入,程序设计就会越得心应手。

(3) 充分利用手头的硬件和软件工具。例如,硬件工具有:编程器、GPC(图形编程器)、FIT(工厂智能终端);编程软件有:LSS、SSS、CPT、CX-Programmer、西门子 STEP7 等。如果是利用计算机编程,可以大大提高编程的效率和质量。

2. 程序框图设计

这步的主要工作是根据软件设计规格书的总体要求和控制系统具体情况,确定应用程序的基本结构、按程序设计标准绘制出程序结构框图;然后再根据工艺要求,绘制出各功能单元的详细功能框图。如果有人已经做过这步工作,最好拿来借鉴一下。有的系统的应用软件已经模块化,那就要对相应程序模块进行定义,规定其功能,确定各块之间连接关系,然后再绘制出各模块内部的详细框图。框图是编程的主要依据,要尽可能地详细。如果框图是别人设计的,一定要设法弄清楚其设计思想和方法。这步完成之后,就会对全部控制程序功能实现有一个整体概念。

3. 编写程序

编写程序就是根据设计出的框图逐条地编写控制程序,这是整个程序设计工作的核心部分。梯形图语言是最普遍使用的编程语言,编写程序过程中要及时对编出的程序进行注释,以免忘记其间相互关系,要随编随注。注释要包括程序的功能、逻辑关系说明、设计思想、信号的来源和去向,以便调试人员阅读和调试。

4. 程序测试

程序测试是整个程序设计工作中一项很重要的内容,它可以初步检查程序的实际效果。程序测试和程序编写是分不开的,程序的许多功能是在测试中修改和完善的。测试时先从各功能单元入手,设定输入信号,观察输出信号的变化情况,必要时可以借用某些仪器仪表。各功能单元测试完成后,再贯通全部程序,测试各部分的接口情况,直到满意为止。程序测试可以在实验室进行,也可以在现场进行。如果是在现场进行程序测试,那就要将可编程序控制器系统与现场信号隔离,可以使用暂停输入输出服务指令,也可以切断输入输出模板的外部电源,以免引起不必要的,甚至可能造成事故的机械设备动作。

5. 编写程序说明书

程序说明书是对程序的综合说明,是整个程序设计工作的总结。编写程序说明书的目的是便于程序的使用者和现场调试人员使用。对于编程人员本人,程序说明书也是不可缺少的,它是整个程序文件的一个重要组成部分。在程序说明书中通常可以对程序的依据即控制要求、程序的结构、流程图等给予必要的说明,并且给出程序使用的安装操作及使用步骤等。

5.4.2　程序设计流程图

根据上述的步骤,现给出 PLC 程序设计流程图,如图 5 - 5 所示。

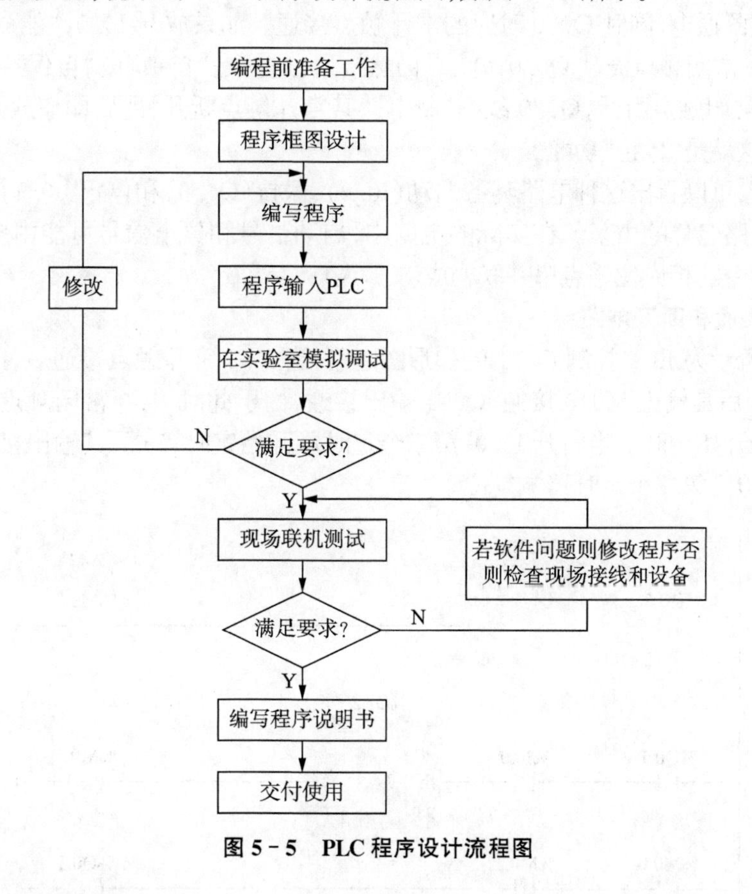

图 5 - 5　PLC 程序设计流程图

5.5　经验设计法

经验设计法的定义如前所示,下面介绍经验设计法常用的典型梯形图电路。

5.5.1 梯形图中的基本电路

1. 启保停电路

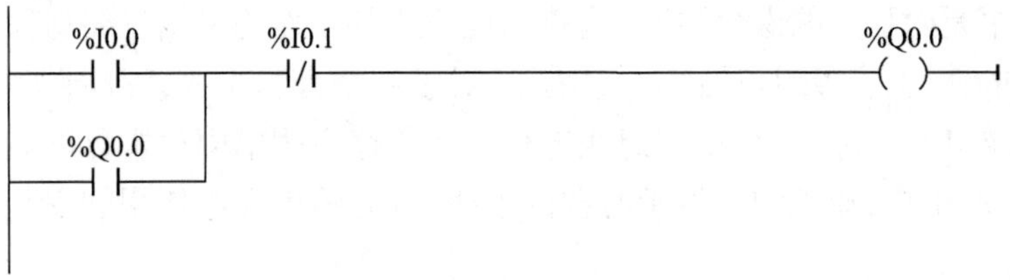

图 5－6 启保停电路

图 5－6 所示电路中，按下 I0.0，其常开触点接通，此时没有按下 I0.1，其常闭触点是接通的，Q0.0 线圈通电，同时 Q0.0 对应的常开触点接通。如果放开 I0.0，“能流”经 Q0.0 常开触点和 I0.1 常闭触点流过 Q0.0，Q0.0 仍然接通，这就是“自锁”或“自保持”功能。如果按下 I0.1，其常闭触点断开，Q0.0 线圈“断电”，其常开触点断开，此后即使放开 I0.1，Q0.0 也不会通电，这就是“停止”功能。

通过分析，可以看出这种电路具备启动(I0.0)、保持(Q0.0)和停止(I0.1)的功能，这也是“启保停”电路名称的由来。在实际的电路中，启动信号和停止信号可能由多个触点或者比较等其他指令的相应位触点串并联构成。

2. 延时接通和断开电路

图 5－7 所示为 I0.0 控制 Q0.1 的梯形图电路，当 I0.0 常开触点接通后，第一个定时器开始定时，10s 后其输出 M0.0 接通，Q0.1 输出接通，由于此时 I0.0 常闭触点断开，所以第二个定时器未开始定时。当断开 I0.0，第二个定时器开始定时，5s 后其输出接通，常闭触点断开，Q0.1 断开，第二个定时器被复位。

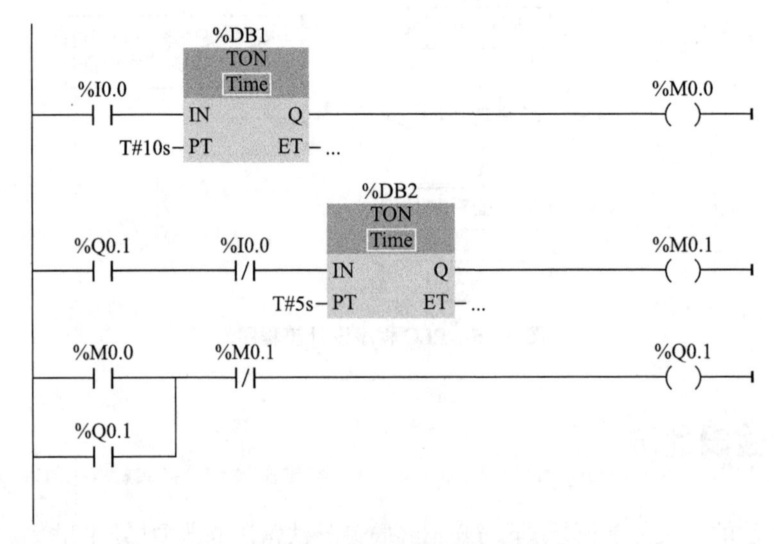

图 5－7 延时接通/断开电路

3. 闪烁电路

图 5－8 所示的闪烁电路与图 4－16 所示的周期振荡电路类似。如果 I0.0 接通，其常开触点接通，第二个定时器（T2）未启动，则其输出 M0.1 对应的常闭触点接通，第一个定时器（T1）开始定时。当 T1 定时器时间未到时，T2 无法启动，Q0.0 为 0，10s 后定时时间到，T1 的输出 M0.0 接通，其常开触点接通，Q0.0 接通，同时 T2 开始定时，5s 后 T2 定时时间到，其输出 M0.1 接通，其常闭触点断开，使 T1 停止定时，M0.0 的常开触点断开，Q0.0 就断开，同时使 T2 断开，M0.1 的常闭触点接通，T1 又开始定时，周而复始，Q0.0 将周期性地“接通”和“断开”，直到 I0.0 断开，Q0.0 线圈“接通”和“断开”的时间分别等于 T2 和 T1 的定时时间。

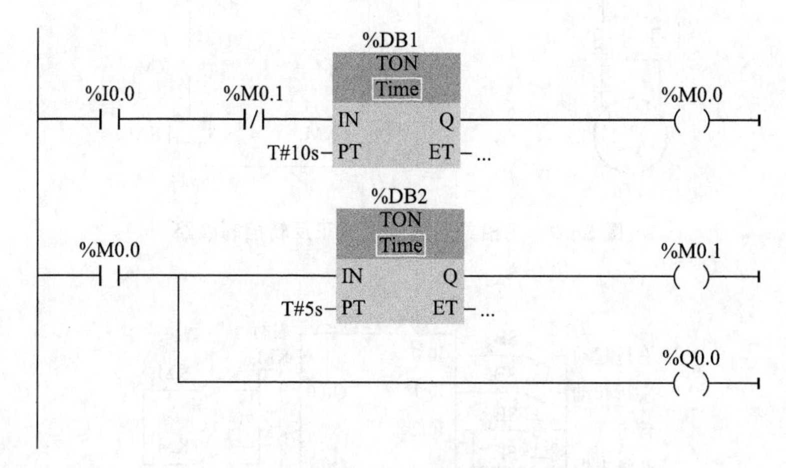

图 5－8　闪烁电路

闪烁电路也可以看作是振荡电路，在实际 PLC 编程中具有广泛的应用。

经验设计法没有固定的方法和步骤可以遵循，具有很大的试探性和随意性，最后的结果也不是唯一的，设计程序的质量与设计者的经验有很密切的关系，通常需要反复调试和修改，增加一些中间环节的编程元件和触点，最后才能得到一个较为满意的结果。

5.5.2　梯形图的经验设计法

1. 三相异步电动机的正反转控制电路

图 5－9 是三相异步电动机的正反转控制线路，其控制原理如前所示。

图 5－10 和图 5－11 是实现相同功能的 PLC 的外部接线图和梯形图。将继电器电路图转换为梯形图时，首先应确定 PLC 的输入信号和输出信号。3 个按钮提供操作人员发出的指令信号，按钮信号必须输入到 PLC 中去，热继电器的常开触点提供了 PLC 的另一个输入信号。显然，两个交流接触器的线圈是 PLC 输出端的负载。

画出 PLC 的外部接线图后，同时也确定了外部输入/输出信号与 PLC 内的过程映像输入/输出位的地址之间的关系。可以将继电器电路图“翻译”为梯形图，即常用与图 5－9 中的继电器电路完全相同的结构来画梯形图。各触点的常开、常闭的性质不变，根据 PLC 外部接线图中给出的关系，来确定梯形图中各触点的地址。图 5－9 中 SB1 和 FR 的常闭触点串联电路对应于图 5－11 中的 I0.2 的常闭触点。

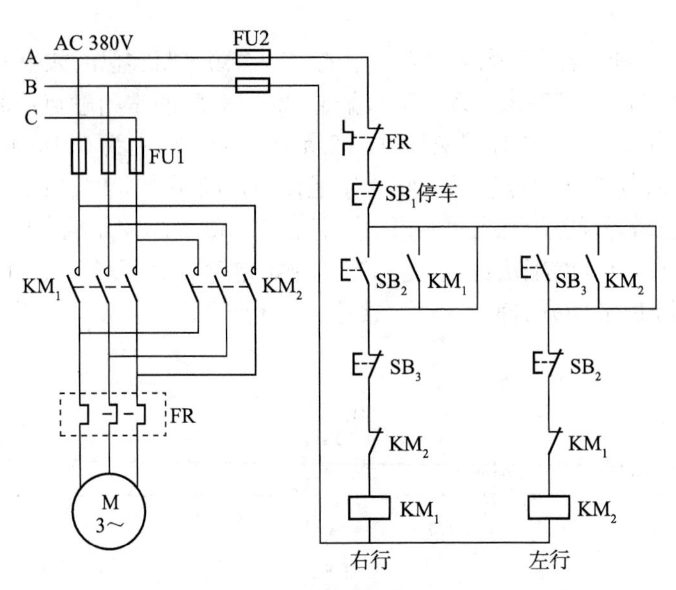

图 5-9 三相异步电动机的正反转控制线路

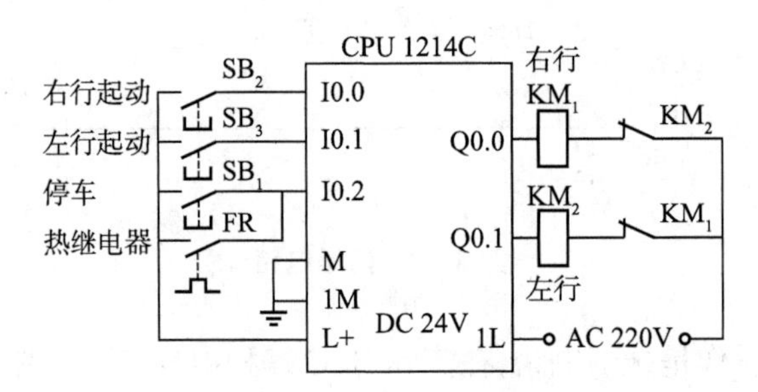

图 5-10 PLC 的外部接线图

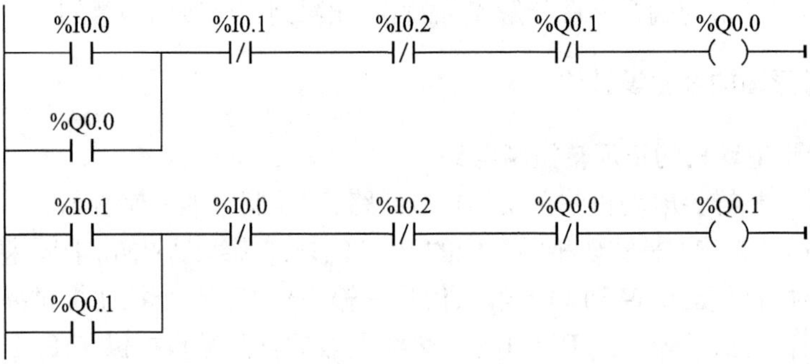

%I0.0 %I0.1 %I0.2 %Q0.1 %Q0.0

%Q0.0

%I0.1 %I0.0 %I0.2 %Q0.0 %Q0.1

%Q0.1

图 5-11 梯形图

图 5-11 使用了 Q0.0 和 Q0.1 的常闭触点组成的软件互锁电路。如果没有图 5-10 的硬件互锁电路，从正转马上切换到反转时，由于切换过程中电感的延时作用，可能会出现原来接通的接触器的主触点还没有断弧，另一个接触器的主触点已经合上的现象，从而造成电源瞬间短路的故障。

此外，如果没有硬件互锁电路，并且主电路电流过大或接触器质量不好，某一接触器的主触点被断电时产生的电弧熔焊而被粘接，其线圈断电后主触点仍然是接通的，这时如果另一个接触器的线圈通电，也会造成三相电源短路故障。为了防止出现这种情况，应在PLC外部设置由KM_1和KM_2的辅助常闭触点组成的硬件互锁电路(见图5-10)。这种互锁与图5-9的继电器电路的互锁原理相同。

2. 小车自动循环往返控制程序的设计

异步电动机的主电路与图5-9中相同。在图5-10的基础上，增加了接在I0.3和I0.4输入端子的左限位开关SQ_1和右限位开关SQ_2的常开触点(见图5-12)。

按下右行启动按钮SB_2或左行启动按钮SB_3后要求小车在两个限位开关之间不停地循环往返，按下停止按钮SB_1后，电动机断电，小车停止运动。可以在三相异步电动机正反转继电器控制电路的基础上，设计出满足要求的梯形图，如图5-13所示。

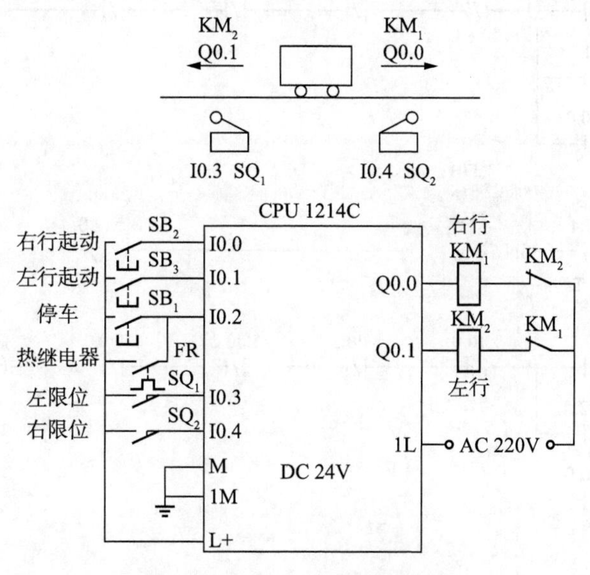

图5-12 PLC的外部接线图

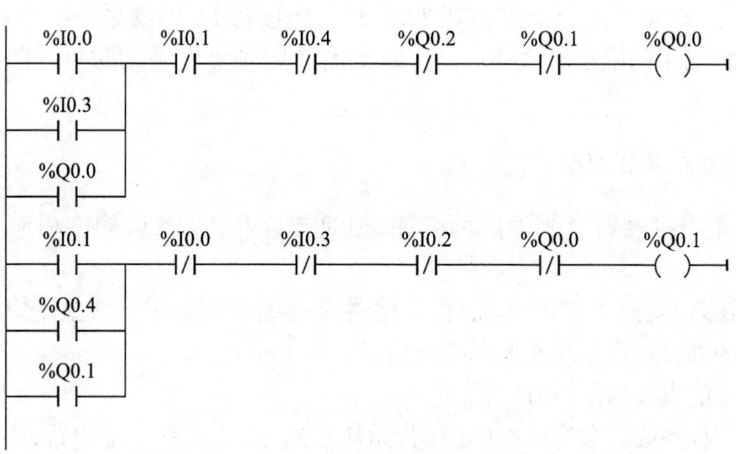

```
%I0.0     %I0.1   %I0.4   %Q0.2   %Q0.1   %Q0.0
--| |--+--|/|-----|/|-----|/|-----|/|-----( )--
%I0.3  |
--| |--+
%Q0.0  |
--| |--+

%I0.1     %I0.0   %I0.3   %I0.2   %Q0.0   %Q0.1
--| |--+--|/|-----|/|-----|/|-----|/|-----( )--
%Q0.4  |
--| |--+
%Q0.1  |
--| |--+
```

图5-13 小车自动循环往返的梯形图

这种控制方法适用于小容量的异步电动机,并且自动循环不能太频繁,否则电动机将会过热。

3. 较复杂的小车自动运行控制程序的设计

PLC 的外部接线图与图 5－12 相同。小车开始时停在左边,左限位开关 SQ1 的常开触点闭合。要求按下列顺序控制小车:

(1) 按下右行启动按钮,小车开始右行。

(2) 运动到右限位开关处,小车停止运动,延时 8s 后开始左行。

(3) 回到左限位开关处,小车停止运动。

在异步电动机正反转控制电路的基础上设计出满足上述要求的梯形图如图 5－14 所示。

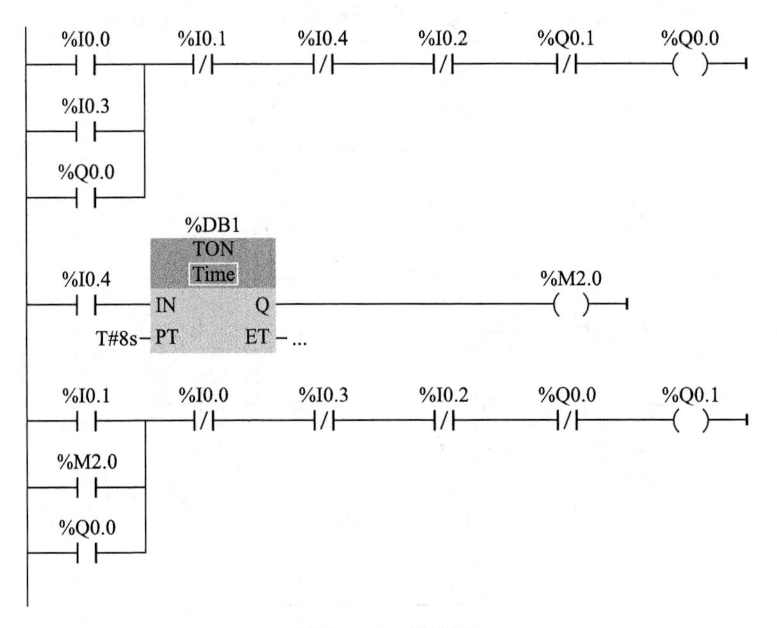

图 5－14 梯形图

在梯形图中,保留了左行启动按钮 I0.1 和停止按钮 I0.2,使系统有手动操作的功能。串联在起保停电路中的限位开关 I0.3 和 I0.4 的常闭触点在手动时可以防止小车的运动超限。

5.5.3 PLC 的编程原则

PLC 是由继电接触器控制发展而来的,但是与之相比,PLC 的编程应遵循以下基本原则。

(1) 外部输入/输出、内部继电器(位存储器)等器件的触点可多次重复使用。

(2) 梯形图的每一行是从左侧母线开始。

(3) 线圈不能直接与左侧母线相连。

(4) 梯形图程序必须顺序执行的原则,即从左到右、从上到下地执行,不按顺序执行的电路不能直接编程。

(5) 应尽量避免双线圈输出。使用线圈输出指令时,同一编号的线圈指令在同一程序中使用两次以上,称为双线圈。双线圈输出容易引起误动作或逻辑混乱,因此一定要慎重。

图 5 - 15 所示,设 I0.0 为 ON,I0.1 为 OFF。由于 PLC 是按扫描方式执行程序的,执行第一行时 Q0.0 对应的输出映像寄存器为 ON,而执行第二行时 Q0.0 对应的输出映像寄存器为 OFF。本次扫描程序的结果是,Q0.0 的输出状态是 OFF。显然 Q0.0 前面的输出状态无效,最后一次输出才是有效的。

%I0.0　%Q0.0
%I0.1　%Q0.0

图 5 - 15　双线圈输出的例子

5.6　顺序控制设计法与顺序功能图

顺序控制就是按照生产工艺预先规定的顺序,在各个输入信号的作用下,根据内部状态和时间的顺序,在生产过程中各个执行机构自动地有秩序地进行操作。

顺序功能图(Sequential Function Chart,SFC)是描述控制系统的控制过程、功能和特性的一种图形,也是设计 PLC 的顺序控制程序的有力工具。

顺序功能图并不涉及所描述的控制功能的具体技术,它是一种通用的技术语言,可以供进一步设计和不同专业人员之间进行技术交流之用。

顺序功能图是 IEC61131 - 3 位居首位的编程语言,有的 PLC 为用户提供了顺序功能图语言,例如 S7 - 300/400 的 S7 Graph 语言,在编程软件中生成顺序功能图后便完成了编程工作。

现在还有相当多的 PLC(包括 S7 - 1200)没有配备顺序功能图语言。但是可以用顺序功能图来描述系统的功能,根据它来设计梯形图。

顺序控制设计法是一种先进的设计方法,很容易被初学者接受,对于有经验的工程师,也会提高设计的效率,程序的调试、修改和阅读也很方便。

5.6.1　顺序功能图的基本结构

1. 步与动作

(1) 步的概念

顺序控制设计法最基本的思想是将系统的一个工作周期划分为若干个顺序相连的阶段,这些阶段称为步(Step),并用编程元件(例如位存储器 M)来表示各步。步是根据输出量状态变化来划分的,在任何一步之内,各输出量的状态不变,但是相邻两步输出量总的状态是不同的,步的这种划分方法使代表各步的编程元件的状态与各输出量的状态之间有着非常简单的逻辑关系。

顺序控制设计法用转换条件控制代表各步的编程元件，让它们的状态按一定的顺序变化，然后用代表各步的编程元件去控制 PLC 的各输出位。

图 5－16 中的小车开始时停在最左边，限位开关 I0.2 为 1 状态。按下启动按钮，Q0.0 变为 1 状态，小车右行。压到右限位开关 I0.1 时，Q0.0 变为 0 状态，Q0.1 变为 1 状态，小车变为左行。返回起始位置时，Q0.1 变为 0 状态，小车停止运行，同时 Q0.2 变为 1 状态，使制动电磁铁线圈通电，接通延时定时器开始定时。定时时间到，制动电磁铁线圈断电，系统返回初始状态。

根据 Q0.0～Q0.2 的状态变化，显然可以将上述工作过程分为 3 步，分别用 M4.1～M4.3 来表示这 3 步，另外还设置了一个等待启动的初始步。图 5－17 是描述该系统的顺序功能图，图中用矩形方框表示步，方框中可以用数字表示该步的编号，也可以用代表该步的编程元件的地址作为步的编号，例如 M4.0 等。

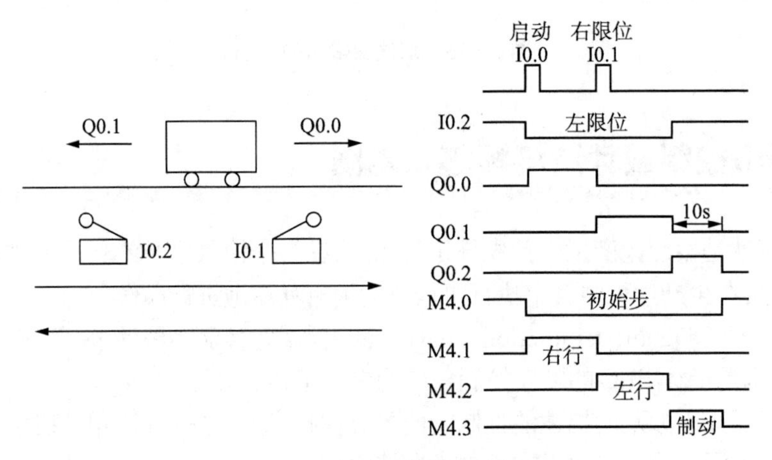

图 5－16　系统示意图与波形图

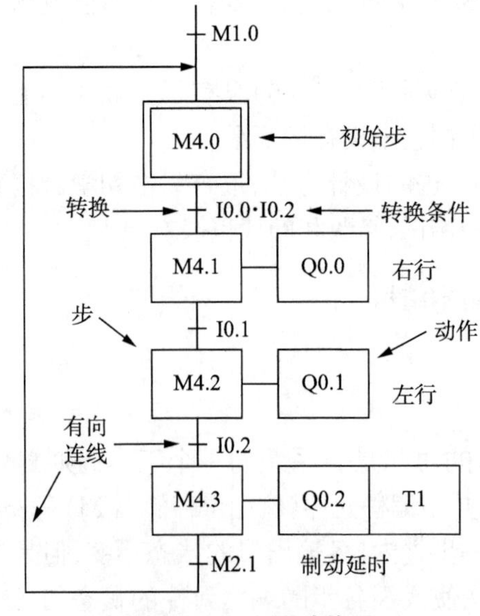

图 5－17　顺序功能图

为了便于将顺序功能图转换为梯形图,用代表各步的编程元件的地址作为步的代号,并用编程元件的地址来标注转换条件和各步的动作或命令。

(2) 初始步

与系统的初始状态相对应的步称为初始步,初始状态一般是系统等待启动命令的相对静止的状态。初始步用双线方框表示,每一个顺序功能图至少应该有一个初始步。

(3) 活动步

当系统正处于某一步所在的阶段时,该步处于活动状态,称该步为“活动步”。步处于活动状态时,执行相应的非存储型动作;处于不活动状态时,则停止执行。

(4) 与步对应的动作或命令

可以将一个控制系统划分为被控系统和施控系统,例如在数控车床系统中,数控装置是施控系统,而车床是被控系统。对于被控系统,在某一步中要完成某些“动作”,对于施控系统,在某一步中则要向被控系统发出某些“命令”。下面将命令或动作统称为动作,并用矩形框中的文字或变量表示动作,该矩形框应与它所在的步对应的方框相连。

如果某一步有几个动作,可以用图5-18中的两种画法来表示,但是并不隐含这些动作之间的任何顺序。应清楚地表明动作是存储型的还是非存储型的。图5-17中的Q0.0～Q0.2均为非存储型动作,例如在步M4.1为活动步时,动作Q0.0为状态,步M4.1为不活动步时,动作Q0.0为0状态。步与它的非存储性动作的波形完全相同。

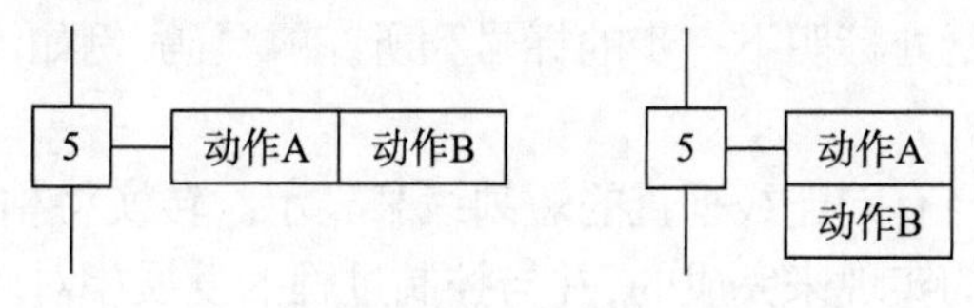

图5-18　动作

某些动作在连续的若干步都应为1状态,可以在顺序功能图中,用动作的修饰词“S”(见表5-1)将它在应为1状态的第一步置位,用动作的修饰词“R”将它在应为1状态的最后一步的下一步复位为0状态。这种动作是存储性动作,在程序中用置位、复位指令来实现。在图5-17中,定时器T1的IN输入在步M4.3为活动步时为1状态,步M4.3为不活动步时为0状态,从这个意义上来说,T1的IN输入相当于M4.3的一个非存储型动作,所以将T1放在步M4.3的动作框内。

使用动作的修饰词(见表5-1),可以在一步中完成不同的动作。修饰词允许在不增加逻辑的情况下控制动作。例如,可以使用修饰词L来限制配料阀打开的时间。

表5-1　使用动作的修饰词

N	非存储型	当步变为不活动步时动作终止
S	置位(存储)	当步变为不活动步时动作继续,直到动作被复位
R	复位	被修饰词S、SD、SL或DS启动的动作被终止
L	时间限制	步变为活动步时动作被启动,直到步变为不活动步或设定时间到

续表

D	时间延时	步变为活动步时延时定时器启动，如果延时之后步仍然是活动的，动作被启动和继续，直到步变为不活动步
P	脉冲	当步变为活动步，动作被启动并且只执行一次
SD	存储与时间延时	在时间延时之后动作被启动，一直到动作被复位
DS	延时与存储	在延时之后如果步仍然是活动的，动作被启动直到被复位
SL	存储与时间限制	步变为活动步时动作被启动，一直到设定的时间到或动作被复位

2. 有向连线与转换条件

(1) 有向连线

在顺序功能图中，随着时间的推移和转换条件的实现，将会发生步的活动状态的进展，这种进展按有向连线规定的路线和方向进行。在画顺序功能图时，将代表各步的方框按它们成为活动步的先后次序排列，并用有向连线将它们连接起来。步的活动状态习惯的进展方向是从上到下或从左到右，在这两个方向有向连线上的箭头可以省略。如果不是上述的方向，则应在有向连线上用箭头注明进展方向。为了更易于理解，在可以省略箭头的有向连线上也可以加箭头。

如果在画图时有向连线必须中断（例如在复杂的图中，或用几个图来表示一个顺序功能图时），应在有向连线中断处标明下一步的标号和所在的页码，例如步 21、20 页等。

(2) 转换

转换用有向连线上与有向连线垂直的短划线来表示。转换将相邻二步分隔开。步的活动状态的进展是由转换的实现来完成的，并与控制过程的发展相对应。

(3) 转换条件

使系统由当前步进入下一步的信号称为转换条件，转换条件可以是外部的输入信号，例如按钮、限位开关的接通或断开等；也可以是 PLC 内部产生的信号，例如定时器、计数器常开触点的接通等，转换条件还可以是若干个信号的与、或、非逻辑组合。

转换条件可以用文字语言、布尔代数表达式或图形符号标注在表示转换的短线旁，使用得最多的是布尔代数表达式（见图 5－19）。

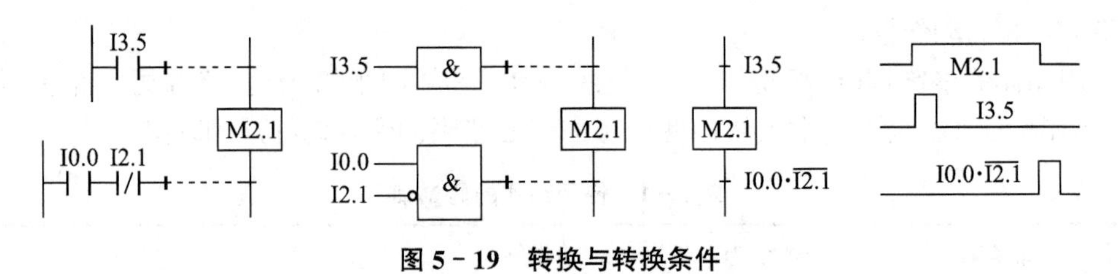

图 5－19　转换与转换条件

转换条件 I0.0 和 $\overline{I0.0}$ 分别表示当输入信号 I0.0 为 1 状态和 0 状态时转换实现。

图 5－19 用高电平表示步 M2.1 为活动步，反之则用低电平表示。转换条件 I0.0·$\overline{I2.1}$ 表示 I0.0 的常开触点和 I2.1 的常闭触点同时闭合，在梯形图中则用两个触点的串联来表示这样一个“与”逻辑关系。

3. 顺序功能图的基本结构

(1) 单序列

图5-17所示的顺序功能图由一系列顺序连接的步组成,每一步的后面仅有一个转换,每一个转换的后面只有一个步,这样的顺序功能图结构称为单序列,图5-20(a)所示即为单序列的结构。

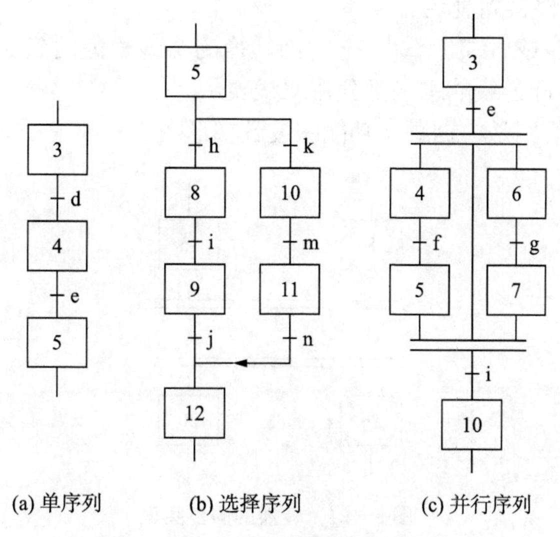

(a) 单序列　(b) 选择序列　(c) 并行序列

图5-20　顺序功能图的三种结构

(2) 选择序列

图5-20(b)所示的结构为选择序列,选择序列的开始称为分支,可以看出步序5后面有一条水平连线,其后两个转换分别对应着转换条件。如果步5是活动步,并且转换条件h=1,则步8变为活动步而步5变为不活动步;如果步5是活动步,并且k=1,则步10变为活动步而步5变为不活动步。若步5为活动步,而h=k=1,则存在一个优先级的问题,一般只允许选择一个序列。

选择序列的结束称为合并,几个选择序列合并到一个公共序列时,都需要有转换和转换条件来连接它们。如果步9是活动步,并且转换条件j=1,则步12变为活动步而步9变为不活动步;如果步11是活动步,并且n=1,则步12变为活动步而步11变为不活动步。

(3) 并行序列

图5-20(c)所示的结构称为并行序列,并行序列用来表示系统的几个同时工作的独立部分的工作情况。并行序列的开始称为分支,当转换的实现导致几个序列同时激活时,这些序列称为并行序列。如果步3是活动的,并且转换条件e=1,则步4和6同时变为活动步而步3变为不活动步。为了强调转换的同步实现,水平连线用双线表示。步4和步6被同时激活后,每个序列中活动步的进展将是独立的。在表示同步的水平双线之上,只允许有一个转换符号。

并行序列的结束称为合并,在表示同步的水平双线之下,只允许有一个转换符号。只有当直接连在双线上的所有前级步,如步5和步7都处于活动步状态,并且转换条件i=1时,才有步10变为活动步而步5和步7同时变为不活动步。

4. 绘制顺序功能图的基本规则

(1) 转换实现的条件

在顺序功能图中,步的活动状态的进展是由转换的实现来完成的。转换的实现必须同时满足以下两个条件:

1) 该转换所有的前级步都是活动步。

2) 相应的转换条件得到满足。

如果转换的前级步或后续步不止一个,则转换的实现称为同步实现,如图 5-21 所示。为了强调同步实现,有向连线的水平部分用双线表示。

转换实现的基本规则是根据顺序功能图设计梯形图的基础。

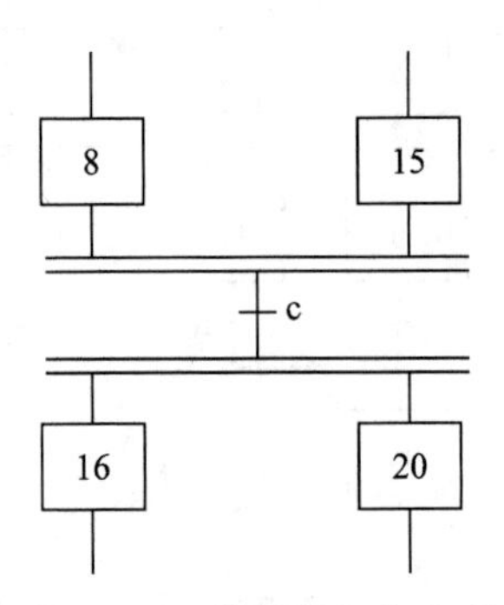

图 5-21　转换的同步实现

(2) 转换实现应完成的操作

转换实现时应完成以下两个操作:

1) 使所有由有向连线与相应转换符号相连的后续步都变为活动步。

2) 使所有由有向连线与相应转换符号相连的前级步都变为不活动步。

绘制顺序功能图的以上两个规则对于不同的功能图结构有一定的区别:

1) 在单序列中,一个转换仅有一个前级步和一个后续步。

2) 在并行序列的分支处,转换有几个后续步,在转换实现时应同时将它们对应的编程元件置位。在并行序列的合并处,转换有几个前级步,它们均为活动步时才有可能实现转换,在转换实现时应将它们对应的编程元件全部复位。

3) 在选择序列的分支与合并处,一个转换实际上只有一个前级步和一个后续步,但是一个步可能有多个前级步或多个后续步。

5. 绘制顺序功能图的注意事项

(1) 顺序功能图中两个步绝对不能直接相连,必须用一个转换将它们隔开。

(2) 顺序功能图中两个转换不能直接相连,必须用一个步将它们隔开。

(3) 顺序功能图中的初始步一般对应于系统等待启动的初始状态,不要遗漏这一步。

(4) 实际控制系统应能多次重复执行同一工艺过程,因此在顺序功能图中一般应有由步和有向连线组成的闭环回路,即在完成一次工艺过程的全部操作之后,应该根据工艺要求返回到初始步或下一工作周期开始运行的第一步。

(5) 在顺序功能图中,只有当某一步的前级步是活动步时,该步才有可能变成活动步。如果用断电保持功能的编程元件代表各步,进入 RUN 工作方式时,它们均处于 OFF 状态,必须用第一个扫描周期置位的 M 存储器(系统存储器位默认为 M1.0,本节下同)的常开触点或在启动组织块中置位作为转换条件,将初始步预置为活动步,否则因顺序功能图中没有活动步,系统将无法工作。

6. 复杂的顺序功能图举例

某专用钻床用来加工圆盘状零件上均匀分布的 6 个孔,如图 5-22 所示,上面是侧视图,下面是工作的俯视图。在进入自动运行之前,两个钻头应在最上面,上限位开关 I0.3 和 I0.5 为 1 状态,系统处于初始步,加计数器 C0 被复位,实际计数值 CV 被清零。用存储器位 M 来代表各步,顺序功能图中包含了选择序列和并行序列。操作人员放好工件后,按下启动按钮 I0.0 转换条件 I0.0·I0.3·I0.5 满足,由初始步转换到 M4.1,Q0.0 变为 1 状态,工件被夹紧。夹紧后压力继电器 I0.1 为 1 状态,由步 M4.1 转换到步 M4.2 和 M4.5,Q0.1 和 Q0.3 使得两个钻头同时开始向下钻孔。大钻头钻到由限位开关 I0.2 设定的深度时,进入步 M4.3,Q0.2 使得大钻头上升,升到由限位开关 I0.3 设定的起始位置时停止上升,进入等待步 M4.4。小钻头钻到由限位开关 I0.4 设定的深度时,进入步 M4.6,Q0.4 使得小钻头上升,设定值为 3 的加计数器 C0 的实际计数值加 1。升到由限位开关 I0.5 设定的起始位置时停止上升,进入等待步 M4.7。

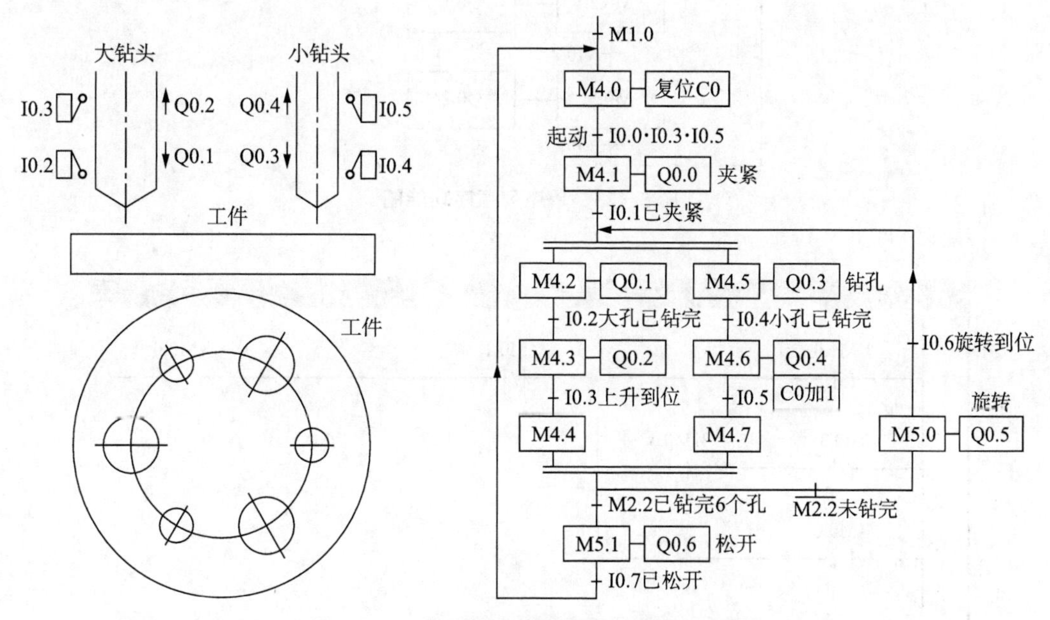

图 5-22　专用钻床控制系统的顺序功能图

C0 加 1 后的实际计数值为 1,C0 的 Q 输出端控制的 M2.2 的常闭触点闭合,转换条件 $\overline{\text{M2.2}}$ 满足。两个钻头都上升到位后,将转换到步 M5.0。使得工件旋转 120°,旋转到位时 I0.6 为 1 状态,又返回步 M4.2 和 M4.5,开始钻第二对孔。3 对孔都钻完后,实际计数值为 3,其 Q 输出端控制的 M2.2 变为 1 状态,转换到步 M5.1,Q0.6 使得工件松开。松开到位时,限位开关 I0.7 为 1 状态,系统返回初始步 M4.0。

因为要求两个钻头向下钻孔和钻头提升的过程同时进行,故采用并行序列来描述上述过程。

5.6.2 使用启保停电路

学习了绘制顺序功能图的方法后,对于提供顺序功能图编程语言的 PLC 在编程软件中生成顺序功能图后便完成了编程工作,而对于没有提供顺序功能图编程语言的 PLC(如 S7-1200),则需要根据顺序功能图编写梯形图程序,编程的基础是顺序功能图的规则。

1. 单序列

对于图 5-23 所示的单序列顺序功能图,采用启保停方法实现的梯形图如图 5-24 所示。

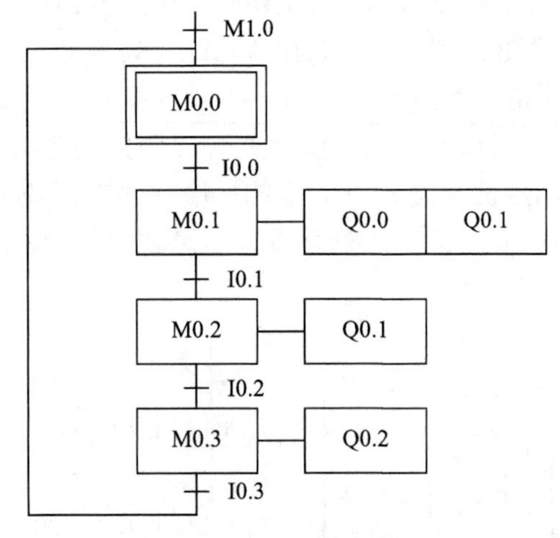

图 5-23 单序列顺序功能图

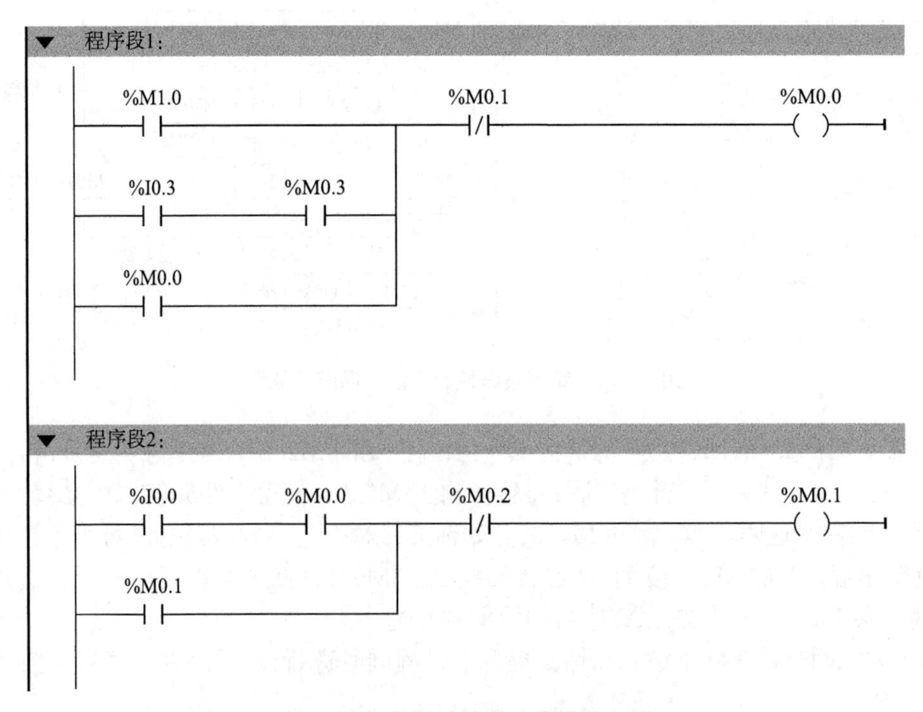

图 5-24 顺序功能图的梯形图实现

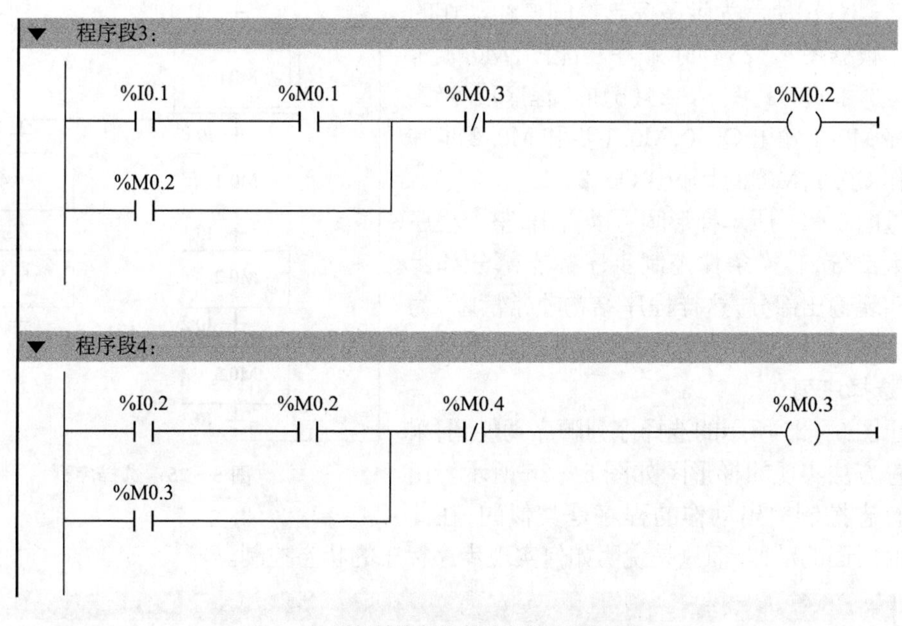

(a) 根据转换条件实现步序标志的转换

程序段5:
%M0.1
%Q0.0
%M0.1
%Q0.1
%M0.2
%M0.3
%Q0.2

(b) 步序标志控制操作动作

续图 5-24　顺序功能图的梯形图实现

图 5-24(a)所示的梯形图是根据转换条件实现的步序标志的转换,由图 5-23 可知,M0.0 变为活动步的条件是上电运行的第一个扫描周期(即 M1.0)或 M0.3 为活动步并且转换条件 I0.3 满足,故 M0.0 的启动条件为两个,即 M1.0 和 M0.3+I0.3。由于这两个信号是瞬时起作用,因此需要 M0.0 来自锁。那么 M0.0 什么时候变为不活动步呢?根据图 5-23 的顺序功能图和顺序功能图的实现规则可以知道,当 M0.0 为活动步而转换条件 I0.0 满足时,M0.1 变为活动步而 M0.0 变为不活动步,故 M0.0 的停止条件为 M0.1=1。所以采用启保停典型电路即可实现顺序功能图中 M0.0 的控制,如图 5-24(a)的“程序段 1”所示。

同理可以写出 M0.1～M0.3 的控制梯形图如图 5-24(a)的“程序段 2”～“程序段 4”所示。

图 5－24(b)所示为步序标志控制操作动作的梯形图。根据图 5－23 所示顺序功能图，M0.1 步输出 Q0.0 和 Q0.1，图 5－24(b)的“程序段 5”实现了步序 M0.1 输出 Q0.0，M0.1 步和 M0.2 步都输出动作 Q0.1，M0.3 步输出 Q0.2。

通过图 5－24 所示梯形图可以看出，整个程序分为两大部分，转换条件控制步序标志部分和步序标志实现输出部分，这样程序结构非常清晰，为以后的调试和维护提供了极大的方便。

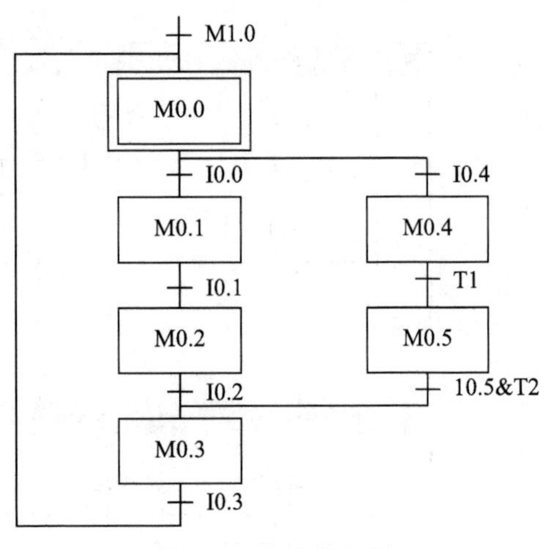

图 5－25　选择序列

2. 选择序列

对于图 5－25 所示的选择序列顺序功能图，采用启保停方法实现的梯形图如图 5－26 所示。由于步序标志控制输出动作的程序是类似的，在此省略步序后面的动作，而只是说明如何实现步序标志的状态控制。

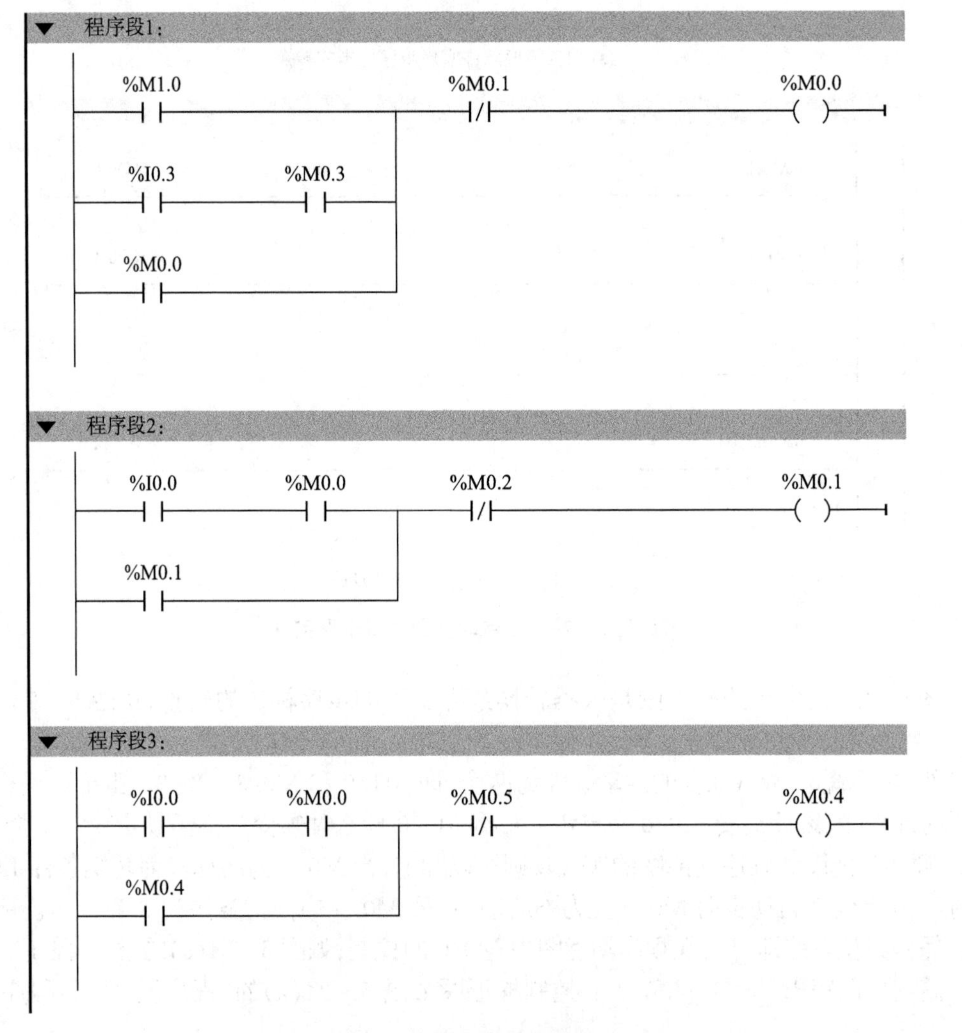

图 5－26　选择序列的梯形图实现

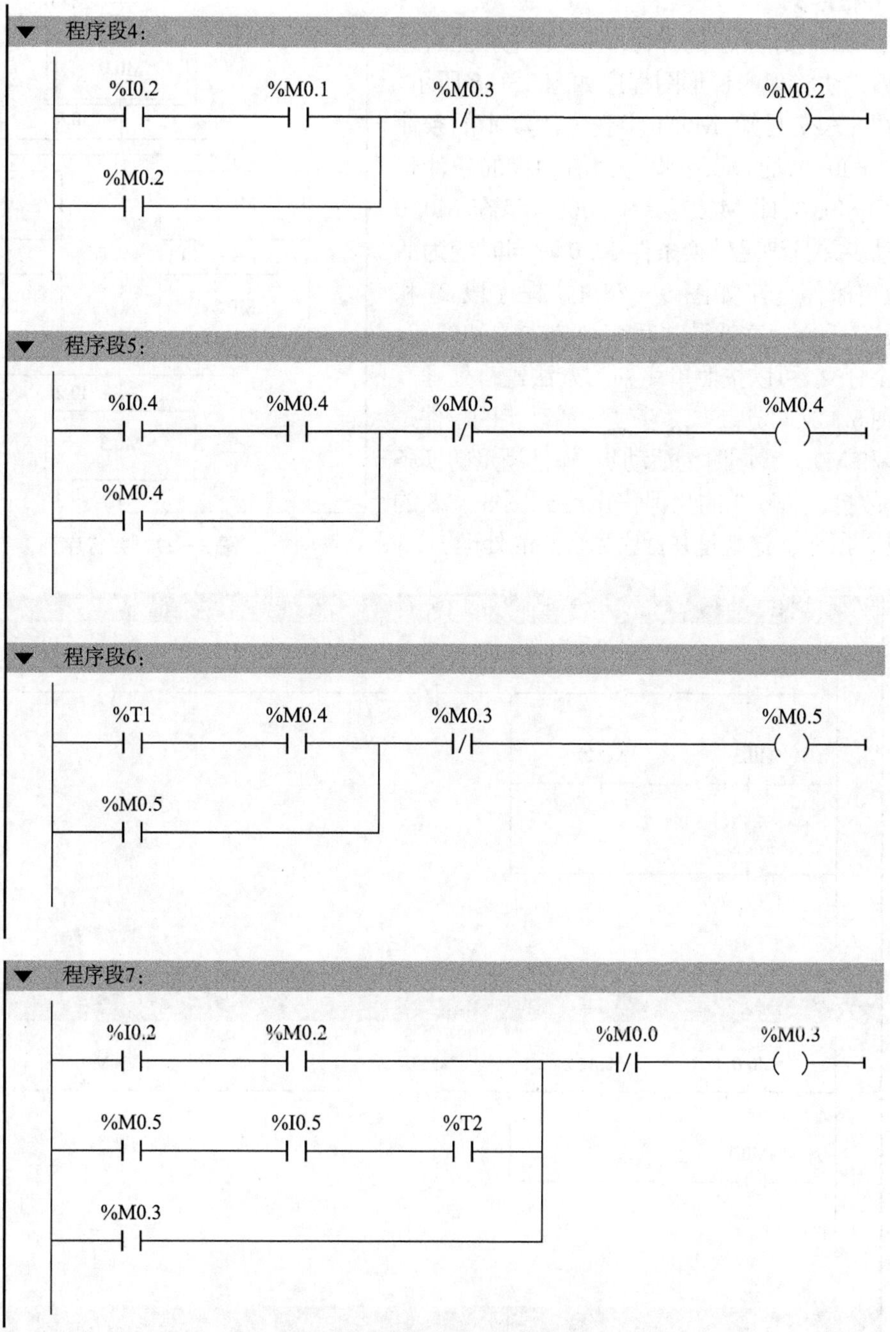

程序段4:

%I0.2　%M0.1　%M0.3　%M0.2

%M0.2

程序段5:

%I0.4　%M0.4　%M0.5　%M0.4

%M0.4

程序段6:

%T1　%M0.4　%M0.3　%M0.5

%M0.5

程序段7:

%I0.2　%M0.2　%M0.0　%M0.3

%M0.5　%I0.5　%T2

%M0.3

续图 5－26　选择序列的梯形图实现

由图 5－25 可知，M0.1 步变为活动步的条件是 M0.0＋I0.0，而 M0.4 步变为活动步的条件是 M0.0＋I0.4，故启保停电路如图 5－26 的“程序段 2”和“程序段 3”所示。这就是选择序列分支的处理，对于每一分支，可以按照单序列的方法进行编程。

由图 5－25 可知，M0.3 步变为活动步的条件是 M0.2＋I0.2 或者 M0.5＋I0.5&T2，故控制 M0.3 的启保停电路如图 5－26 的“程序段 7”所示。这就是选择序列合并的处理。

3. 并行序列

对于图 5－27 所示的并行序列顺序功能图，采用启保停方法实现的梯形图程序如图 5－28 所示。

由图 5－27 可知，M0.1 步变为活动步的条件是 M0.0＋I0.0，而 M0.4 步变为活动步的条件也是 M0.0＋I0.0，即 M0.1 步和 M0.4 步在 M0.0 步为活动步并且满足转换条件 I0.0 时同时变为活动步，故启保停电路如图 5－28 的“程序段 2”和“程序段 3”所示。这就是并行序列分支的处理，对于每一个分支，可以按照单序列的方法进行处理。

由图 5－27 可知，M0.3 步变为活动步的条件是 M0.2 步和 M0.5 步同时为活动步，并且满足转换条件 I0.2，故控制 M0.3 的启保停电路如图 5－28 的“程序段 6”所示。这就是并行序列合并的处理。

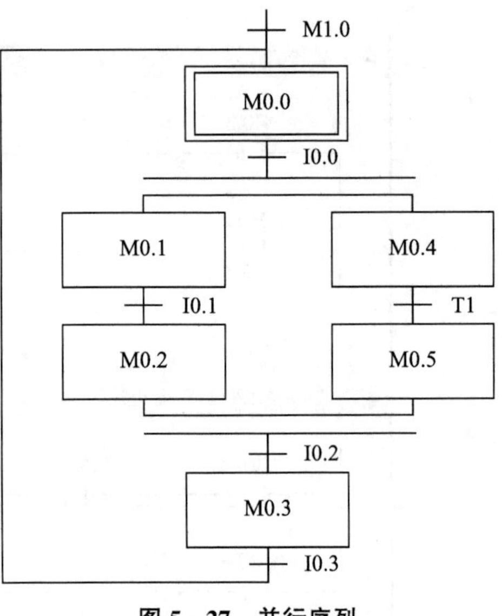

图 5－27　并行序列

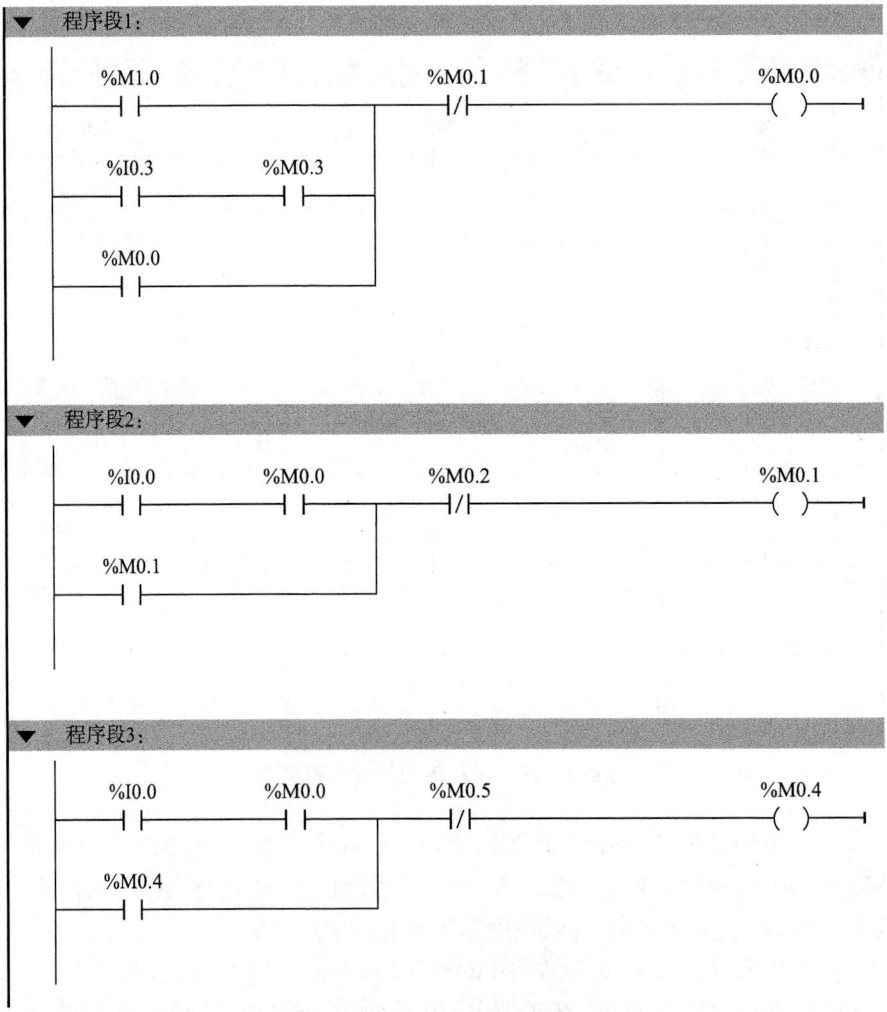

程序段1:

%M1.0　%M0.1　%M0.0

%I0.3　%M0.3

%M0.0

程序段2:

%I0.0　%M0.0　%M0.2　%M0.1

%M0.1

程序段3:

%I0.0　%M0.0　%M0.5　%M0.4

%M0.4

图 5－28　并行序列的梯形图实现

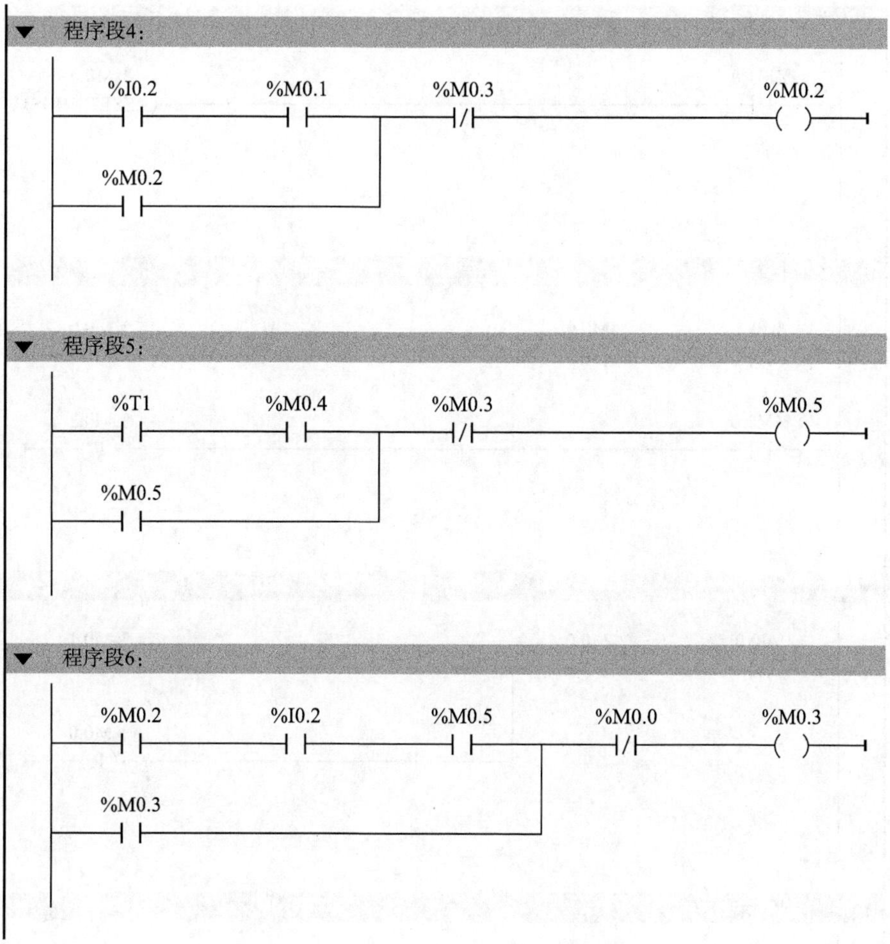

程序段4:

%I0.2　%M0.1　%M0.3　%M0.2
%M0.2

程序段5:

%T1　%M0.4　%M0.3　%M0.5
%M0.5

程序段6:

%M0.2　%I0.2　%M0.5　%M0.0　%M0.3
%M0.3

续图5-28　并行序列的梯形图实现

5.6.3　使用置位复位指令

置位复位指令具有记忆功能,每步正常的维持时间不受转换条件信号持续时间长短的影响,因此不需要自锁。另外,采用置位复位指令在步序的传递过程中能避免二个及以上的标志同时有效,因此也不用考虑步序间的互锁。

1. 单序列

对于图5-23所示的单序列顺序功能图,采用置位复位法实现的梯形图如图5-29所示。“程序段1”的作用是初始化所有将要用到的步序标志。在实际工程中,程序初始化是非常重要的。

由图5-23可知,上电运行或者M0.3步为活动步并且满足转换条件I0.3时都将使M0.0步变为活动步,并且将M0.3步变为不活动步,采用置位复位法编写的梯形图如图5-29的“程序段2”所示。同样,M0.0步为活动步并且转换条件I0.0满足时,M0.1步变为活动步而M0.0步变为不活动步,如图5-29的“程序段3”所示。

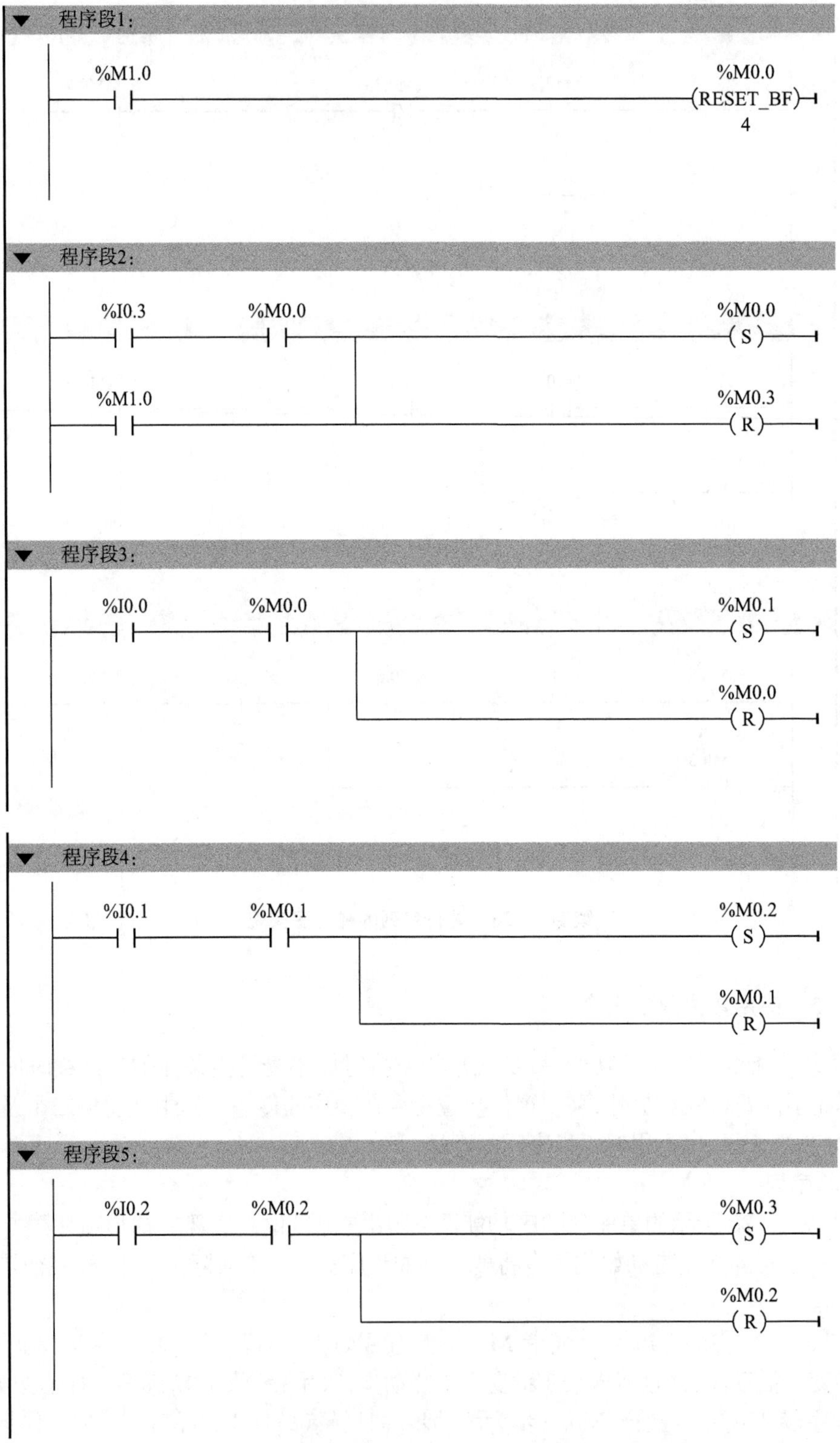

程序段1:

%M1.0 —| |— %M0.0 (RESET_BF) 4

程序段2:

%I0.3 —| |— %M0.0 —| |— %M0.0 (S)

%M1.0 —| |— %M0.3 (R)

程序段3:

%I0.0 —| |— %M0.0 —| |— %M0.1 (S)

%M0.0 (R)

程序段4:

%I0.1 —| |— %M0.1 —| |— %M0.2 (S)

%M0.1 (R)

程序段5:

%I0.2 —| |— %M0.2 —| |— %M0.3 (S)

%M0.2 (R)

图 5－29　单序列顺序功能图的置位复位法实现

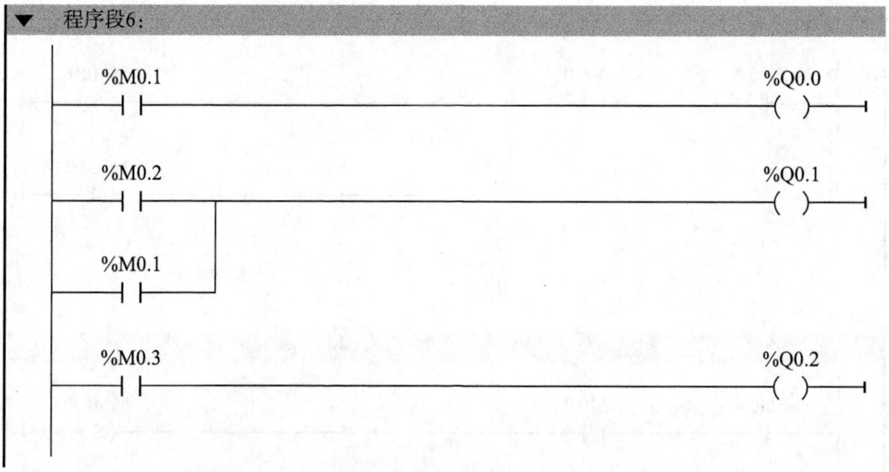

程序段6:

%M0.1 %Q0.0
%M0.2 %Q0.1
%M0.1
%M0.3 %Q0.2

续图 5-29 单序列顺序功能图的置位复位法实现

2. 选择序列

对于图5-25所示的选择序列,采用置位复位法实现的梯形图程序如图5-30所示。选择序列的分支如图"程序段3"和"程序段4"所示,选择序列的合并如图中的"程序段7"所示。

3. 并行序列

对于图5-27所示的并行序列,采用置位复位法实现的梯形图程序如图5-31所示。并行序列的分支如图中的"程序段3"所示,并行序列的合并如图中的"程序段6"所示。

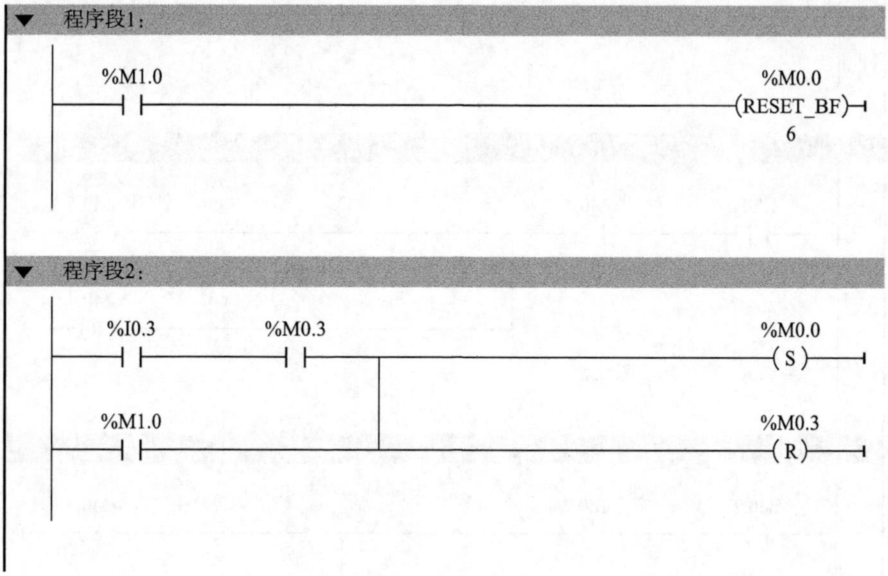

程序段1:

%M1.0 %M0.0
(RESET_BF)
6

程序段2:

%I0.3 %M0.3 %M0.0 (S)
%M1.0 %M0.3 (R)

图 5-30 选择序列的置位复位法实现

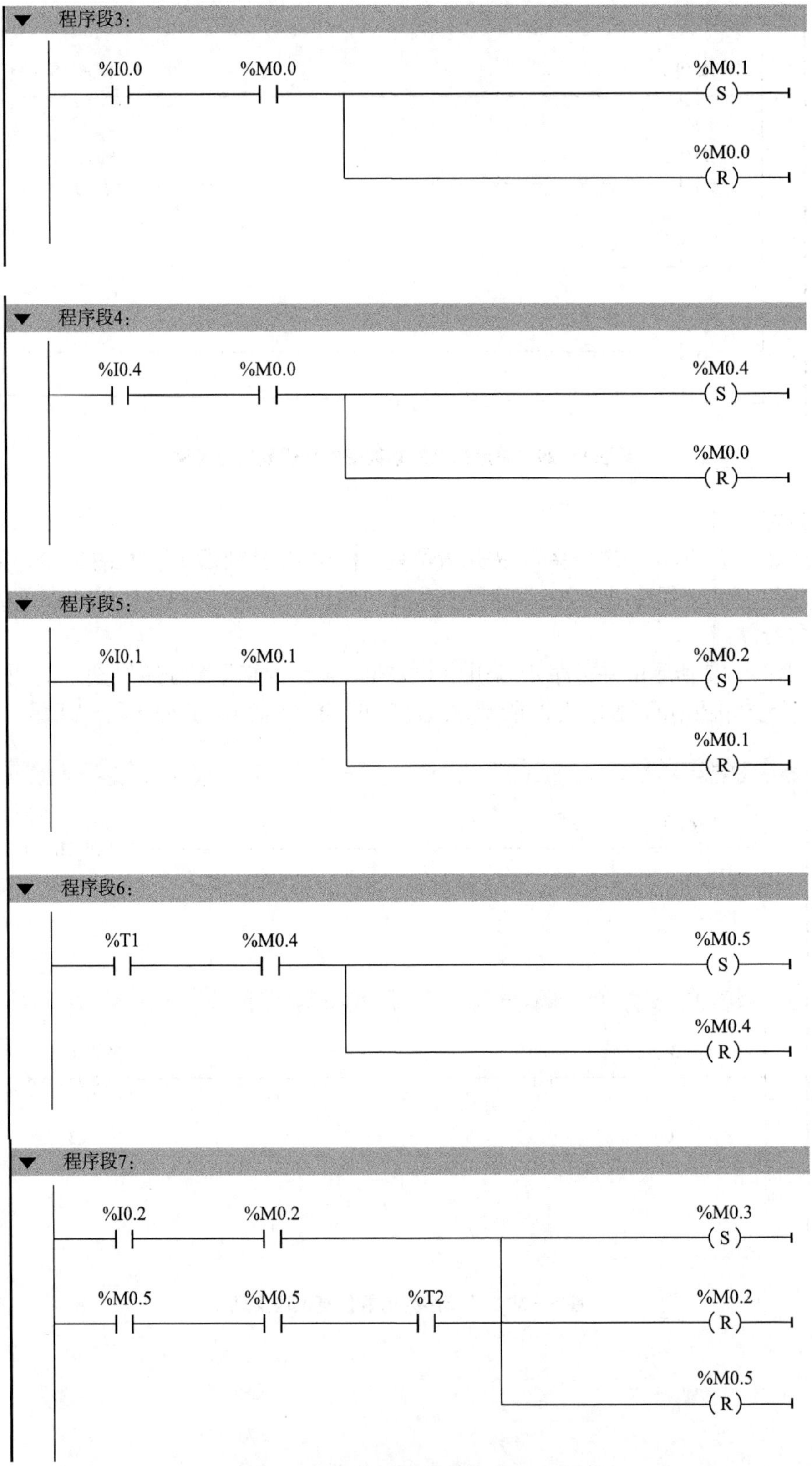

程序段3:

%I0.0 %M0.0 %M0.1 (S)
%M0.0 (R)

程序段4:

%I0.4 %M0.0 %M0.4 (S)
%M0.0 (R)

程序段5:

%I0.1 %M0.1 %M0.2 (S)
%M0.1 (R)

程序段6:

%T1 %M0.4 %M0.5 (S)
%M0.4 (R)

程序段7:

%I0.2 %M0.2 %M0.3 (S)
%M0.5 %M0.5 %T2 %M0.2 (R)
%M0.5 (R)

续图 5-30 选择序列的置位复位法实现

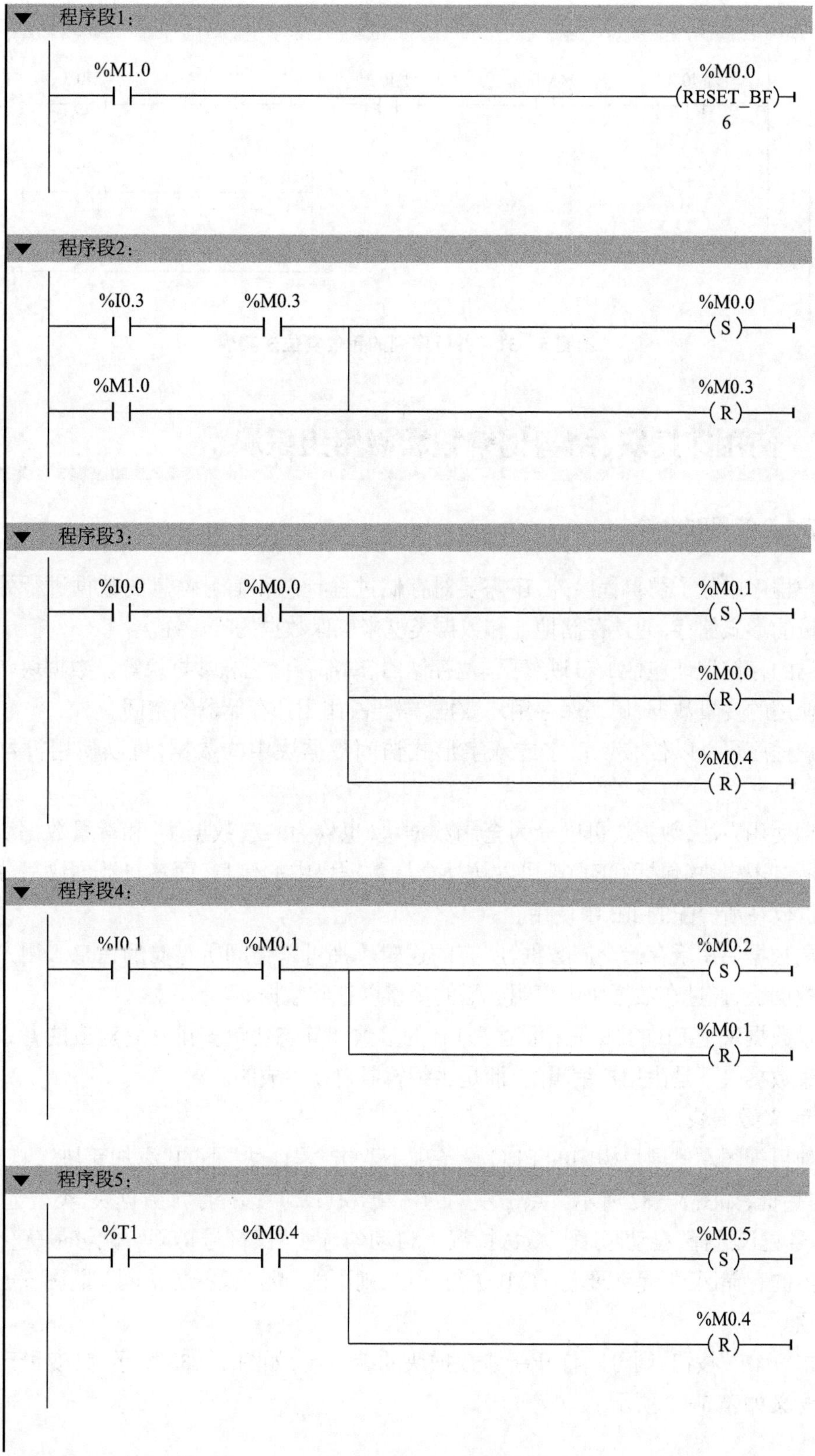

程序段1：

%M1.0　%M0.0 (RESET_BF) 6

程序段2：

%I0.3　%M0.3　%M0.0 (S)

%M1.0　%M0.3 (R)

程序段3：

%I0.0　%M0.0　%M0.1 (S)

%M0.0 (R)

%M0.4 (R)

程序段4：

%I0.1　%M0.1　%M0.2 (S)

%M0.1 (R)

程序段5：

%T1　%M0.4　%M0.5 (S)

%M0.4 (R)

图 5 - 31　并行序列的置位复位法实现

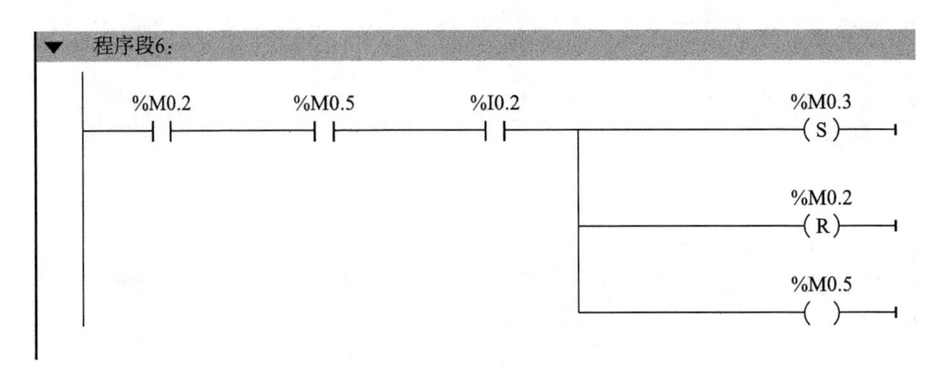

续图 5-31　并行序列的置位复位法实现

5.7　使用数据块、结构化编程和使用组织块

5.7.1　使用数据块

用户程序中除了逻辑程序外,还需要对存储过程状态和信号信息的数据进行处理。数据以变量的形式储存,通过存储地址和数据类型来确保数据的唯一性。

数据的存储地址包括 I/O 映像区、位存储器、局部存储区和数据块等。数据块包括用户程序中使用的变量数据,用来保存用户数据,需要占用用户存储器的空间。

用户程序可以以位、字节、字或双字形式访问数据块中的数据,可以使用符号或绝对地址。

根据使用方法,数据块可以分为全局数据块(也称为共享数据块)和背景数据块。用户程序的所有逻辑块(包括 OB1)都可以访问全局数据块中的信息,而背景数据块只分配给特定的 FB,仅在所分配的 FB 中使用。

全局数据块用于存储全局数据,所有的逻辑块都可以访问所存储的信息。用户需要编辑全局数据块,通过在数据块中声明必需的变量以存储数据。

背景数据块是 FB 的“私有存储区”,FB 的参数和静态变量安排在它对应的背景数据块中。背景数据块不是由用户编辑的,而是由编辑器自动生成的。

1. 定义数据块

在项目视图左侧项目树中的 PLC 设备项下双击“程序块”下的“添加新块”,打开“添加新块”对话框,如图 5-32 所示。点击左侧的“数据块(DB)”选择添加数据块,类型选择“全局 DB”,编号建议选择“自动”分配,默认情况下自动勾选了“仅符号访问”,能够最优化分配数据块所占的存储区,但是若要与 HMI 进行通信,则不能勾选“仅符号访问”项,图 5-32 中勾选了该项。

单击“确定”按钮,则可以打开新建数据块的编辑器,如图 5-33 所示,其变量声明区中各列的含义如表 5-2 所示。

图 5 - 32　"添加新块"对话框

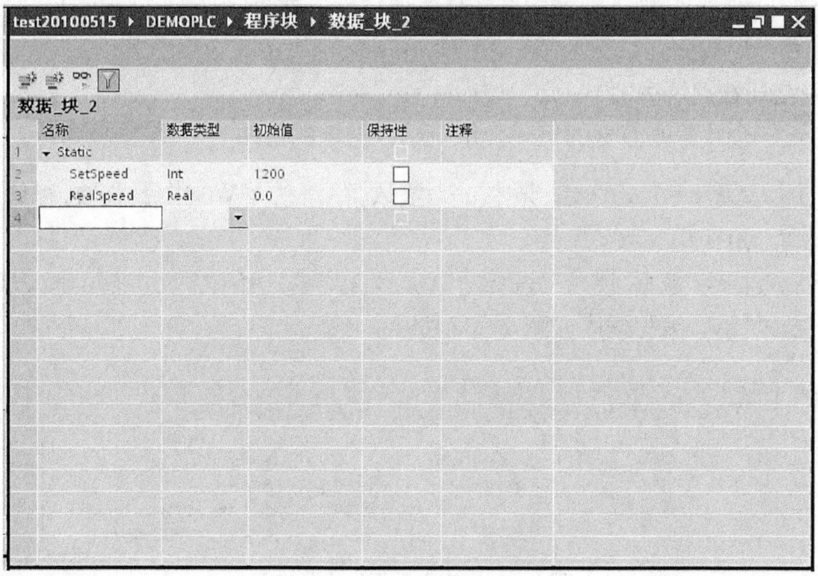

test20100515 ▸ DEMOPLC ▸ 程序块 ▸ 数据_块_2

数据_块_2

	名称	数据类型	初始值	保持性	注释
1	▾ Static				
2	SetSpeed	Int	1200	☐	
3	RealSpeed	Real	0.0	☐	
4					

图 5 - 33　数据块编辑器

表 5-2 数据块中变量声明区的列含义

列名称	说明
名称	变量的符号名
类型	数据类型
初始值	当数据块第一次生成或编辑时为变量设定一个默认值,如果不输入,就自动以 0 为初始值
保持性	将变量标记为具有保持性,则断电后变量的值仍将保留
注释	变量的注释,可以忽略

数据块也需要下载到 CPU 中,单击工具栏中的下载按钮进行下载,也可以通过选中项目树中的 PLC 设备统一下载。

单击数据块工具栏中的“全部监视”按钮,可以在线监视数据块中变量的当前值(CPU 中的变量的值)。

使用全局数据块中的区域进行数据的存取时,一定要先在数据块中正确地给变量命名,特别要注意变量的数据类型应匹配。

有以下两点需要说明:

(1) 通过设置“仅符号访问”,可指定全局数据块的变量声明方式,即仅符号方式或者符号方式和绝对方式混用。如果启用“仅符号访问”,则只能通过输入符号名来声明变量,这种情况下会自动寻址变量,从而以最佳方式利用存储容量。如果未启用“仅符号访问”,变量将获得一个固定的绝对地址,存储区的分配取决于所声明变量的地址。

(2) 如果启用了符号访问,则可指定全局数据块中各变量的保持性。如果将变量定义为具有保持性,则该变量会自动存储在全局数据块的保持性存储区中。如果在全局数据块中禁止用“仅符号访问”,则无法指定各变量的保持性。在这种情况下,保持性设置对全局数据块的所有变量均有效。

2. 使用全局数据块举例

下面通过一个计算平方根的例子介绍全局数据块的使用。

例 5-1 计算 $c=\sqrt{a^2+b^2}$,其中 a 为整数,存储在 MW0 中,b 整数,存储在 MW2,c 为实数,存储在 MD4 中。

建立全局数据块“数据_块_1”,选择自动编号,仅符号访问,定义存储中间计算结果的变量,如图 5-34 所示。编写程序如图 5-35 所示。

数据_块_1

	名称	数据类型	偏移量	初始值	保持性	注释
1	▾ Static				☐	
2	a2	Int	0.0	0	☐	a的平方
3	b2	Int	2.0	0	☐	b的平方
4	a2b2	Int	4.0	0	☐	a的平方加b的平方
5	a2b2r	Real	6.0	0.0	☐	a的平方加b的平方转换为实数

图 5-34 定义数据块中的变量

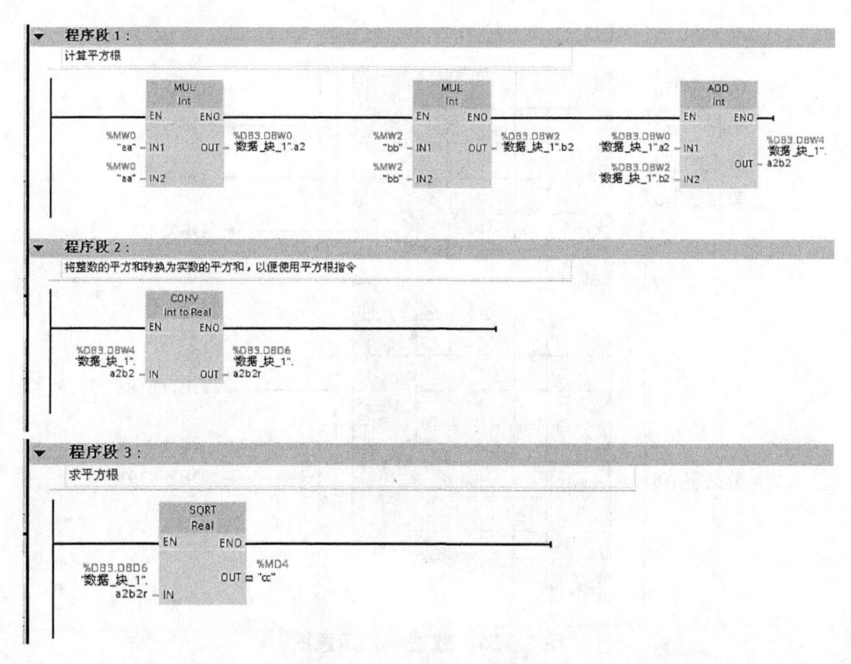

图 5－35　例 5－1 程序

需要说明的是，如果在数据块中定义的数据类型和程序中使用指令要求的数据类型不一致，例如将图 5－34 所示的“a2”的数据类型定义为“REAL”，则使用符号寻址编程时如输入“数据_块_1. a2”，系统将报错并提示数据类型不匹配，建议使用符号寻址，即在定义全局数据块时选择“仅符号访问”，则只能进行符号寻址，这样思路清晰，不易出错，特别是对于复杂数据类型通过符号形式进行寻址非常方便。本例中符号地址“数据_块_1. a2”旁边显示的“DW3. DBW4”是该符号地址的绝对地址。

3. 访问数据块

数据块用来存储过程的数据和相关的信息，用户程序中需要对数据块中的数据进行访问。由前面可以看到，访问数据单元有两种方法：符号寻址和绝对地址寻址。符号寻址通常是最简便的，但是在某些特殊情况下系统不支持符号寻址，则只能使用绝对地址寻址。

下面先介绍数据块的数据单元示意图，这是绝对地址选址的基础。

数据块的数目和最大块长度依赖于 CPU 的型号。S7－300 数据块的是 8KB(字节)，S7－400 的最大块长度是 64KB。

数据块中的数据单元按字节进行寻址，图 5－36 所示为数据块的数据单元示意图。可以看出，数据块就像一个大柜子，每个字节类似于一个抽屉，存放 8 个位的数据。对数据块的直接寻址和前面介绍的存储区寻址是类似的。数据块位数据的绝对地址寻址格式为：DB3. DBX4. 1，其中 DB3 表示数据块的编号，点后面的 DB 表示寻址数据块地址，X 表示寻址位数据，4 表示位寻址的字节地址，1 表示寻址的位数。数据块字节、字和双字数据的绝对地址寻址格式为：DB10. DBB0，DB10. DBW2，DB1. DBD2，其中 DB10、DB1 表示数据块编号，点后面的 DB 表示寻址数据块，最后的数字 0、2、2 表示寻址的起始字节地址，B、W、D 分别表示寻址宽度为一个字节、一个字、一个双字。各字节、字和双字的寻址示意图如图 5－36 所示。

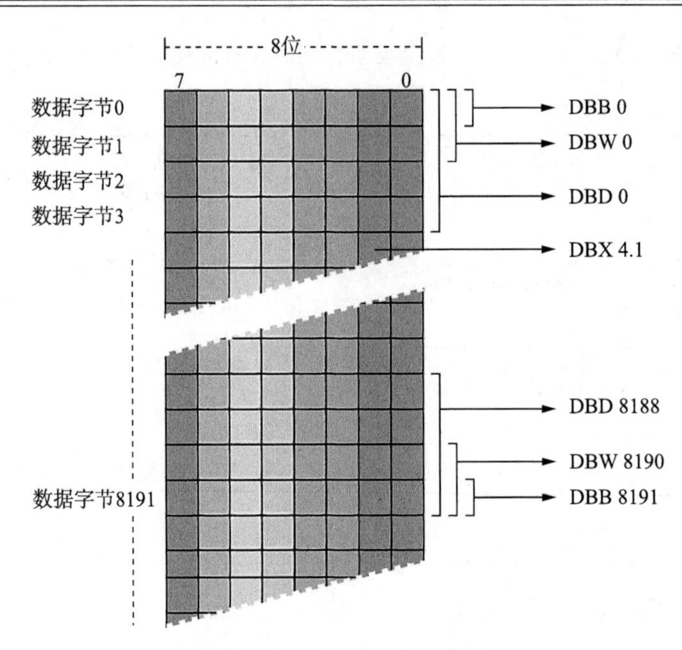

图 5 - 36　数据单元示意图

下面新建一个数据库“数据_块_3”，其编号为 DB5，不勾“仅符号访问”项，打开数据块，如图 5 - 37 所示。可以看出，此时数据块列多了“偏移量”项，“偏移量”指的是定义符号的地址，例如 tag1 的偏移量为 0. 0，表示 Bool 型变量 tag1 的绝对地址为“DB5. DBX0. 0”，tag3 的偏移量为 2. 0，表示该符号变量的起始位为 2. 0，由于 tag3 为 Int 型，16 位数据，1 个字，故 tag3 的绝对地址为“DB5. DBW2”。同样，tag4 的绝对地址为“DB5. DBD4”。

数据_块_3

	名称	数据类型	偏移量	初始值	保持性	注释
1	▾ Static					
2	tag1	Bool	0.0	false	□	
3	tag2	Bool	0.1	0	□	
4	tag3	Int	2.0	0	□	
5	tag4	Real	4.0	0.0	□	
6	tag5	Int	8.0	0	□	

图 5 - 37　数据块

在用户程序中使用绝对地址寻址时，一定要结合指令和数据块的符号列表仔细核对绝对地址和数据类型。

在图 5 - 37 中勾选任何符号的“保持性”，全部符号的“保持性”将自动被选择。

4. 复杂数据类型的使用

复杂数据类型是由其他数据类型组成的数据组，不能将任何常量用作为复杂数据数据类型的实数，也不能将任何绝对地址作为实参传送给复杂数据类型。下面通过几个例子说明复杂数据类型的定义和使用。

(1) 数组(Array)

Array 数据类型表示的是由固定数目的同一数据类型的元素组成的一个域。一维数组声明的形式为如下。

域名:ARRAY[最小索引..最大索引] OF 数据类型;

如一维数组：

MeasurementValue：ARRAY[1..10] OF REAL；

数组声明中的索引数据类型为 INT，其范围为－32768～32767，这也就反映了数组的最大数目。

新建一个全局数据块“blk10”，数据块编号为 DB6，不选择“仅符号访问”，新建变量 MeasurementValue 和 TestValue，数据类型选择 Array，修改类型为 Real，数组上下限分别修改为 1～10 和－5～5，如图 5-38(a)所示。

数组元素可以在声明中进行初始化赋值，初始化值的数据类型必须与数据元素的数据类型相一致。数组元素的初始化赋值要在“扩展模式”中输入，点击数据块工具栏按钮可以打开扩展模式的数据块，如图 5-38(b)所示。例如，在初始化列为 Array 型变量 MeasurementValue 的第一个元素 MeasurementValue[1]赋初始值 20.23。

对数组元素的访问，图 5-38(b)扩展模式显示了 Array 型变量的元素，例如 MeasurementValue 的上下限为 1～10，则其 10 个元素为 MeasurementValue[1]～ MeasurementValue[10]。而 TestValue 的上下限为－5～5，则其 11 个元素为 TestValue[－5]～TestValue[5]。因此访问数据块中数组类型变量元素的方法为 blk10. MeasurementValue[1]，blk10. TestValue[0]等，其中 blk10 为数据块名称，MeasurementValue 和 TestValue 为数组型变量，[1]或[0]表示第 1 个或第 0 个元素。

blk10

	名称	数据类型	偏移量	初始值	保持性	注释
1	▾ Static					
2	▸ MeasurementValue	Array [1 .. 10] of real	0.0		☐	
3	▸ TestValue	Array [-5 .. 5] of real	40.0		☐	

(a)

blk10

	名称	数据类型	偏移量	默认值	初始值	保持性	注释
1	▾ Static						
2	▾ MeasurementValue	Array [1 .. 10] of real	0.0			☐	
3	MeasurementValue[1]	Real			20.23		
4	MeasurementValue[2]	Real			0.0		
5	MeasurementValue[3]	Real			0.0		
6	MeasurementValue[4]	Real			0.0		
7	MeasurementValue[5]	Real			0.0		
8	MeasurementValue[6]	Real			0.0		
9	MeasurementValue[7]	Real			0.0		
10	MeasurementValue[8]	Real			0.0		
11	MeasurementValue[9]	Real			0.0		
12	MeasurementValue[10]	Real			0.0		
13	▾ TestValue	Array [-5 .. 5] of real	40.0			☐	
14	TestValue[-5]	Real			0.0		
15	TestValue[-4]	Real			0.0		
16	TestValue[-3]	Real			0.0		
17	TestValue[-2]	Real			0.0		
18	TestValue[-1]	Real			0.0		
19	TestValue[0]	Real			0.0		
20	TestValue[1]	Real			0.0		
21	TestValue[2]	Real			0.0		
22	TestValue[3]	Real			0.0		
23	TestValue[4]	Real			0.0		
24	TestValue[5]	Real			0.0		

(b)

图 5-38　新建 Array 类型变量

图 5－38 中,变量 MeasurementValue 的偏移量为 0.0,表示该数组变量的起始位为 0.0,则其第 1 个元素的绝对地址为 DB6.DBD0,第 2 个元素的绝对地址为 DB6.dbd4,依此类推,第 10 个元素的绝对地址为 DB6.DBD36。变量 TestValue 的起始地址位为 40.0,则元素 TestValue[－5]绝对地址为 DB6.DBD40,其他类推。

(2) 结构(Struct)

Struct 数据类型表示一组指定数目的数据元素,而且每个元素可以具有不同的数据类型。S7－1200 中结构型变量不支持嵌套。

新建一个全局数据块"blk20",数据块编号为 DB7,不选择"仅符号访问",新建变量 MotorPara,数据类型选择 Struct,在下一行新建变量 Speed 类型为 Real,继续新建 Bool 型变量 Status 和 Real 型变量 Temp,如图 5－39 所示。

结构元素可以在声明中进行初始化赋值,初始化值的数据类型必须与结构元素的数据类型相一致,在扩展模式的数据块中输入结构变量相应元素的初始值,如图 5－39 所示。

blk20

	名称	数据类型	偏移量	初始值	保持性	注释
1	▾ Static					
2	▾ MotorPara	Struct	0.0		☐	
3	Speed	Real	0.0	0.0		
4	Status	Bool	4.0	false		
5	Temp	Real	6.0	0.0		

图 5－39 新建 Struct 类型变量

可以使用下列方式来访问结构元素:

StructureName(结构名称).ComponentName(结构元素名称)

例如访问数据块 blk20 中 MotorPara 变量的 Status 元素的方法为:

blk20.MotorPara.Status

blk20 为数据块名称,MotorPara 为结构型变量,Status 为结构型变量中的元素。

图 5－39 中,变量 MotorPara 的偏移量为 0.0,表示该结构变量的起始位为 0.0,则其第 1 个元素 Speed 的偏移量为 0.0,因为 Speed 为 Real 型变量,所以其绝对地址为 DB7.DBD0,第 2 个元素的偏移量为 4.0,因为 Status 为 Bool 型,所以其绝对地址为 DB7.DBX4.0,第 3 个元素的偏移量为 4.0,Real 型变量,其绝对地址为 DB7.DBD6。

(3) 字符串(String)

String 数据类型变量是可以存储字符串如消息文本的。通过字符串数据类型变量,在 S7CPU 里就可以执行一个简单的"(消息)字处理系统"。String 数据类型的变量将多个字符保存在一个字符串中,该字符串最多由 254 个字符组成。每个变量的字符串最大长度可由方括号中的关键字 STRING 指定(如 STRING[4])。如果省略了最大长度信息,则为相应的变量设置 254 个字符的标准长度。在存储器中,String 数据类型的变量比指定最大长度多占用两个字节,在存储区中前两个字节分别为总字符数和当前字符数。

新建一个全局数据块"blk30",数据块编号为 DB8,不选择"仅符号访问",新建变量 ErrMsg,数据类型选择 String,在下一行新建变量 tag1,类型选择并输入为 String[10],表示该变量包含 10 个字符,如图 5－40 所示。

blk30						
	名称	数据类型	偏移量	初始值	保持性	注释
1	▼ Static					
2	ErrMsg	String	0.0	'This is a test'	☐	
3	tag1	String[10]	256.0	''	☐	
4	tag2	String[12]	268.0	''	☐	

图 5-40 新建 String 类型变量

字符串变量可以在声明的时候用初始文本对 String 数据类型变量进行初始化。字符串变量的声明方法为:

字符串名称. STRING[最大数目]

图 5-40 中,声明了字符串变量 ErrMsg,没有指明最大数目,则程序编辑器认为该变量的长度为 254 个字符,输入其初始值为“This is a test”。而 tag1 变量的最大数目为 10,其长度为 10 个字符,默认初始值为空。

如果用 ASCII 编码的字符进行初始化,则该 ASCII 编码的字符必须要用单引号括起来,而如果包含那些用于控制术语的特殊字符,那么必须在这些字符前面加字符($)。

可以使用的特殊字符有:$$(简单的美元字符)、$L(换行符)、$P(换页符)、$R(回车符)、$T(空格符)。

对字符串变量的访问,可以访问字符串 String 变量的各个字符,还可以使用扩展指令中的字符串项下的字符指令来实现对字符串变量的访问和处理。例如,符号寻址图 5-40 字符串的方法为 blk30. ErrMsg 或者 blk30. tag1,blk30 为数据块名称,ErrMsg 和 tag1 为字符串型变量。寻址单个元素的方法为 blk30. ErrMsg[23],表示寻址数据块 blk30 中的字符串型变量 ErrMsg 的第 23 个字符。

String 数据类型的变量具有最大 256 个字节的长度,因此可以接收的字符数达 254 个,称为“净数”。

图 5-40 中,变量 ErrMsg 的长度为默认的 254 个字符,每个字符占用存储区的 1 个字节,又因为在存储器中,String 数据类型的变量比指定最大长度多占用 2 个字节,故变量 ErrMsg 在存储区中共占用 256 个字节。变量的 ErrMsg 的偏移量为 0.0,表示它的存储起始地址位是 0.0,共占用 256 个字节,故变量 tag1 的偏移量为 256.0,变量 tag2 的偏移量为 268.0,因为变量 tag1 最大数目为 10,所以共占用了 12 个字节的存储区。对变量 ErrMsg,由于其前面两个字节分别为总字符数和当前字符数,故在存储区的第 3 个字节开始存储字符,即图 5-40 所示变量 ErrMsg 的第 1 个字符“T”的绝对地址为 DB8. DBB3,“a”的绝对地址为 DB8. DBB1。

(4) 长格式日期和时间(DTL)

DTL 数据类型表示了一个日期时间值,共 12 个字节。

新建一个全局数据块“blk40”,数据块编号为 DB9,不选择“仅符号访问”,新建变量 tag5,数据类型选择 DTL,如图 5-41(a)所示,图 5-41(b)为扩展模式的 DTL 变量。

可以在声明部分为变量预设一个初始值。初始值必须具有如下形式:

DTL#年－月－日－周－小时－分钟－秒－毫秒

具体结构如图 5-41(b)所示。

blk40

	名称	数据类型	偏移量	初始值	保持性	注释
1	▼ Static					
2	▶ tag5	DTL	0.0	DTL#1970-1-1-0:0:0.0	☐	
3	tag3	Bool	12.0	false	☐	

(a)

blk40

	名称	数据类型	偏移量	默认值	初始值	保持性
1	▼ Static					
2	▼ tag5	DTL	0.0	DTL#1970-1-1-0:0:0.0	DTL#1970-1-1-0:0:0.0	☐
3	YEAR	UInt	0.0	1970	1970	
4	MONTH	USInt	2.0	1	1	
5	DAY	USInt	3.0	1	1	
6	WEEKDAY	USInt	4.0	5	5	
7	HOUR	USInt	5.0	0	0	
8	MINUTE	USInt	6.0	0	0	
9	SECOND	USInt	7.0	0	0	
10	NANOSECOND	UDInt	8.0	0	0	
11	tag3	Bool	12.0	false	false	☐

(b)

图 5-41　新建 DTL 类型变量

对于 DTL 数据类型的变量,可以通过分符号寻址来访问其中的元素,例如符号寻址月元素的格式为 blk40. MONTH,其中 blk40 为数据块名称,tag5 为 DTL 类型变量,MONTH 为 DTL 变量的元素,由图 5-41(b)可以看出该元素的数据类型为 USInt 型。

还可以通过绝对地址寻址访问 DTL 类型变量的各个内部元素。图 5-41 中,变量 tag5 的偏移量为 0.0,表示其存储起始地址位是 0.0,共占用 12 个字节,第 1 个元素为年,是无符号整型数据,偏移量为 0.0,则该元素的绝对地址寻址格式为 DB9. DBW0。第 2 个元素月的偏移量为 0.0,为无符号短整型数据,则其绝对地址寻址格式为 DB9. DBB2。

5.7.2　使用组织块

组织块 OB 是操作系统与用户程序的接口,由操作系统调用。组织块中除可以用来实现 PLC 扫描控制以外,还可以完成 PLC 的启动、中断程序的执行和错误处理等功能。熟悉各类组织块的使用对于提高编程效率有很大的帮助。

1. 事件和组织块

事件是 S7-1200PLC 操作系统的基础,有能够启动 OB 和无法启动 OB 两种类型的事件。能够启动 OB 的事件会调用已分配给该事件的 OB 或者按照事件的优先级将其输入队列,如果没有为该事件分配 OB,则会触发默认系统响应。无法启动 OB 的事件会触发相关事件类别的默认系统响应。因此,用户程序循环取决于事件和给这些事件分配的 OB,以及包含在 OB 中的程序代码或者在 OB 中调用的程序代码。

表 5-3 所示为能够启动 OB 的事件,其中包括相关的事件类别。无法启动 OB 的事件如表 5-4 所示,其中包括操作系统的相应响应。

表5-3　能够启动OB的事件

<table>
<tr><th>事件类别</th><th>OB号</th><th>OB数目</th><th>启动事件</th><th>OB优先级</th><th>优先级组</th></tr>
<tr><td>循环程序</td><td>1,≥200</td><td>≥1</td><td>启动或结束上一个循环OB</td><td>1</td><td rowspan="2">1</td></tr>
<tr><td>启动</td><td>100,≥200</td><td>≥0</td><td>STOP到RUN的转换</td><td>1</td></tr>
<tr><td>延时中断</td><td>≥200</td><td rowspan="2">最多4个</td><td>延时时间结束</td><td>3</td><td rowspan="5">2</td></tr>
<tr><td>循环中断</td><td>≥200</td><td>等长总线循环时间结束</td><td>4</td></tr>
<tr><td rowspan="2">硬件中断</td><td rowspan="2">≥200</td><td rowspan="2">最多50个(通过DETACH和ATTACH指令可使用更多)</td><td>上升沿(最多16个)
下降沿(最多16个)</td><td>5</td></tr>
<tr><td>HSC:计数值=参考值(最多6次)
HSC:计数方向变化(最多6次)
HSC:外部复位(最多6次)</td><td>6</td></tr>
<tr><td>诊断错误中断</td><td>82</td><td>0或1</td><td>模块检测到错误</td><td>9</td></tr>
<tr><td rowspan="2">时间错误</td><td rowspan="2">80</td><td rowspan="2">0或1</td><td>超出最大循环时间</td><td rowspan="2">26</td><td rowspan="2">3</td></tr>
<tr><td>仍在执行所调用的OB
队列溢出
因中断负载过高导致中断丢失</td></tr>
</table>

表5-4　无法启动OB的事件

事件类别	事件	事件优先级	系统响应
插入/卸下	插入/卸下模块	21	STOP
访问错误	过程映像更新时间的I/O访问错误	22	忽略
编程错误	块中的编程错误(如果激活了本地错误处理,则会执行程序中的错误处理程序)	23	STOP
I/O访问错误	块中I/O访问错误(如果激活了本地错误处理,则会执行程序中的错误处理程序)	24	STOP
超出最大循环时间两倍	超出最大循环时间两倍	27	STOP

2. 启动组织块

接通CPU后,S7-1200PLC在开始执行循环用户程序之前首先执行启动程序。通过适当编写启动OB,可以在启动程序中为循环程序指定一些初始化变量。对启动OB的数量没有要求,即可以在用户程序中创建一个或多个启动OB,或者一个也不创建。启动程序由一个或多个启动OB(OB编号为100或大于等于200)组成。

S7-1200PLC支持三种启动模式:不重新启动模式、暖启动-RUN模式和暖启动-断电前的工作模式。不管选择哪种启动模式,已编写的所有启动OB均会执行。

S7－1200暖启动期间,所有非保持性位存储器内部都将删除并且非保持性数据块内部将复位为来自转载存储器的初始值。保持性位存储器和数据块内容将保留。

启动程序在从“STOP”模式切换到“RUN”模式期间执行一次。输入过程映像中的当前值对于启动程序不能使用,也不能设置。启动OB执行完毕后,将读入输入过程映像并启动循环程序。启动程序的执行没有时间限制。

当启动OB被操作系统调用时,用户可以在局部数据堆栈中获得规范化的启动信息。启动组织块的局部变量如图5－43所示,其含义如表5－5所示。可以利用声明中的符号名来访问启动信息,用户还可以补充OB的局部变量表。

表5－5　启动OB声明表中变量的含义

变量	类型	描述
LostRetentive	BOOL	=1,如果保持性数据存储区已丢失
LostRTC	BOOL	=1,如果实时时钟已丢失

例5－2　S7－1200PLC中要利用实时时钟,如交通灯不同时间段切换不同的控制策略等,则启动运行时,需要检测实时时钟是否丢失,若丢失,则警示灯Q0.7亮。

在项目视图项目树中,双击PLC设备程序块下的“添加新块”项,选择添加OB块,如图5－42所示,选择添加“Startup”类型的组织块,则自动新建编号为100的组织块。如果再新建一个启动组织块,则其编号要大于等于200。

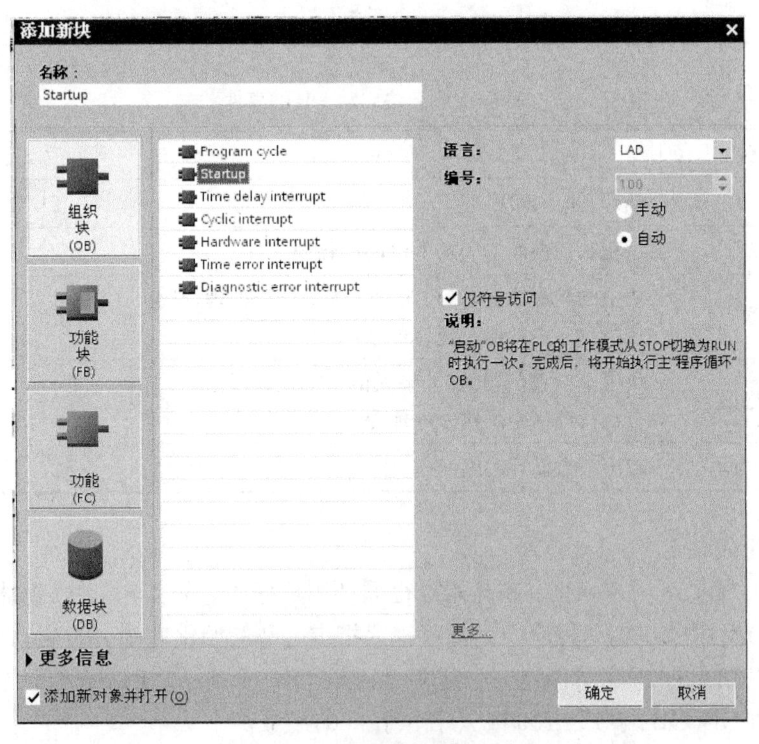

图5－42　新建启动组织块

在 OB100 中编写程序如图 5－43 所示，则当 S7－1200PLC 从 STOP 转到 RUN 时，若实时时钟丢失则输出 Q0.7 指示灯亮。

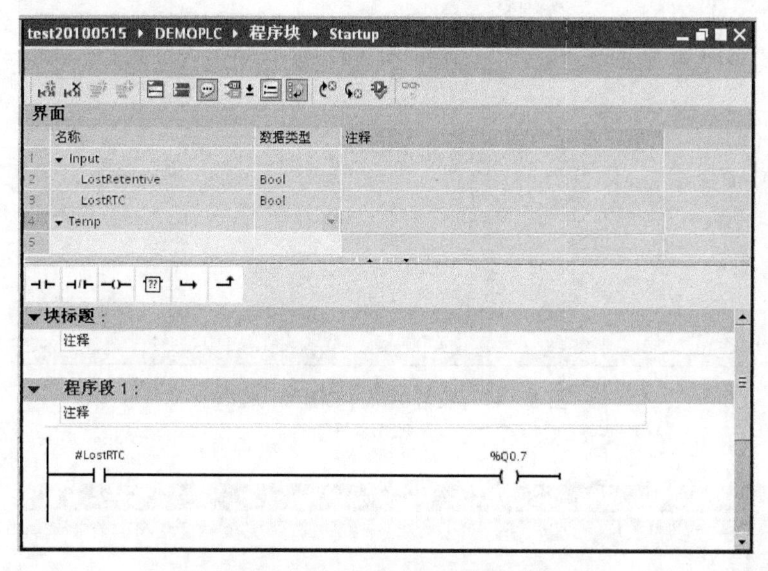

图 5－43　启动 OB 的局部变量和应用举例

3. 循环中断组织块

循环中断组织块用于按一定时间间隔循环执行中断程序，例如周期性地定时执行闭环控制系统的 PID 运算程序等。循环中断 OB 与循环程序执行无关。循环中断 OB 的启动时间通过循环时间基数和相应偏移量来指定。循环时间基数定义循环中断 OB 启动的时间间隔，是基本时钟周期 1ms 的整数倍，循环时间的设置范围为 1～60000ms。相应偏移量是与基本时钟周期相比启动时间所偏移的时间。如果使用多个循环中断 OB，当这些循环中断 OB 的时间基数有公倍数时，可以使用该偏移量防止同时启动。

下面给出使用相位偏移的实例。假设已在用户程序中插入两个循环中断 OB：循环中断 OB201 和循环中断 OB202。对于循环中断 OB201，已设置时间基数为 20ms，对于循环中断 OB202，已设置时间基数为 100ms。时间基数 100ms 到期后，循环中断 OB1 第 5 次到达启动时间，而循环中断 OB2 是第一次到达启动时间，此时需要执行循环中断 OB 偏移，为其中一个循环中断 OB 输入相位偏移量。

用户定义时间间隔时，必须确保在两次循环中断之间的时间间隔中有足够的时间处理循环中断程序。各循环中断 OB 的执行时间必须明显小于其时间基数。如果尚未执行完循环中断 OB，但由于周期时钟已到而导致执行再次暂停，则将启动时间错误 OB。

例 5－3　使用循环中断组织块，每隔 1s MW20 的值加 1。

在项目视图项目树中，双击 PLC 设备程序块下的“添加新块”项，选择添加“Cyclicinterrupt”类型的 OB 块，则新建编号为 200 的循环中断组织块。在项目树中右键点击该循环中断组织块，选择“属性”，打开其属性对话框，在“循环中断”项中设置循环时间为 100ms，相移为 0ms，如图 5－44 所示。

在 OB200 中编写 PLC 程序，如图 5－45 所示。

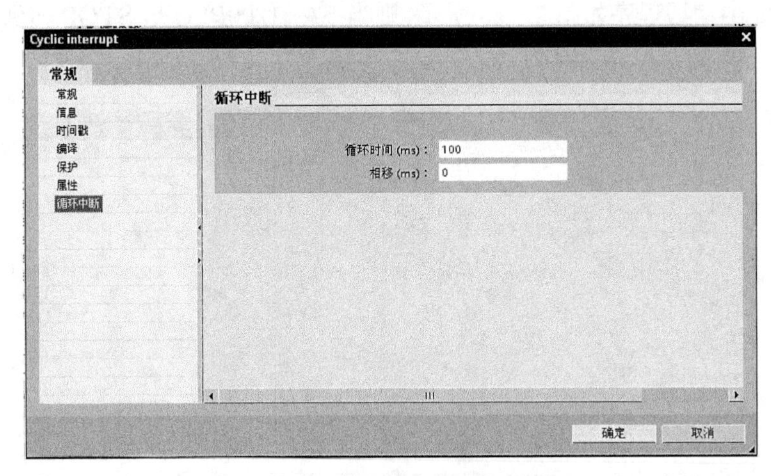

图 5-44　设置循环中断组织块属性

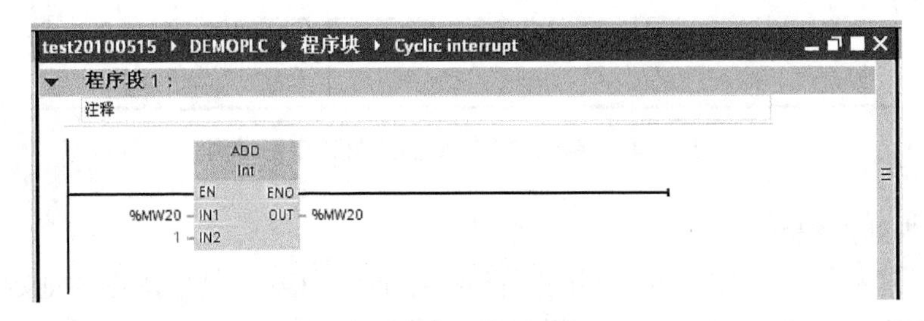

图 5-45　编写程序

4. 硬件中断组织块

可以使用硬件中断 OB 来响应特定事件。只能将触发报警的事件分配给一个硬件中断 OB,而一个硬件中断 OB 可以分配给多个事件。最多可使用 50 个硬件中断 OB,它们在用户程序中互相独立。

高速计数器和输入通道可以触发硬件中断。对于将触发硬件中断的各高速计数器和输入通道,需要组态以下属性:将触发硬件中断的过程事件(例如高速计数器的计数方向改变)和分配给该过程事件的硬件中断 OB 的编号。

触发硬件中断后,操作系统将识别输入通道或高速计数器并确定所分配的硬件中断 OB。如果没有其他中断 OB 激活,则调用所确定的硬件中断 OB。如果已经在执行其他中断 OB,硬件中断将被置于与其同优先等级的队列中。所分配的硬件中断 OB 完成执行后,即确认了该硬件中断。如果在对硬件中断进行标识和确认的这段时间内,在同一模块中发生了触发硬件中断的另一事件,则若该事件发生在先前触发硬件中断的通道中,将不会触发另一个硬件中断。只有确认当前硬件中断后,才能触发其他硬件中断,否则若该事件发生在另一个通道中,将触发硬件中断。

只有在 CPU 处于“RUN”模式时才会调用硬件中断 OB。

下面通过一个简单的例子演示硬件中断 OB 的使用。S7-1200PLC 1214C 集成输入点可以逐点设置中断特性。新建一个硬件中断组织块 OB200,通过硬件中断在 I0.0 上升沿时将 Q1.0 置位,在 I0.1 下降沿时将 Q1.0 复位。

创建项目，插入CPU1214C，在设备配置CPU的属性对话框的“数字输入”项中，勾选通道0的“启用上升沿检测”，选择硬件中断为新建的硬件中断组织块OB200，如图5-46所示。再勾选通道1的“启用下降沿检测”，选择硬件中断为新建的硬件中断组织块OB201。

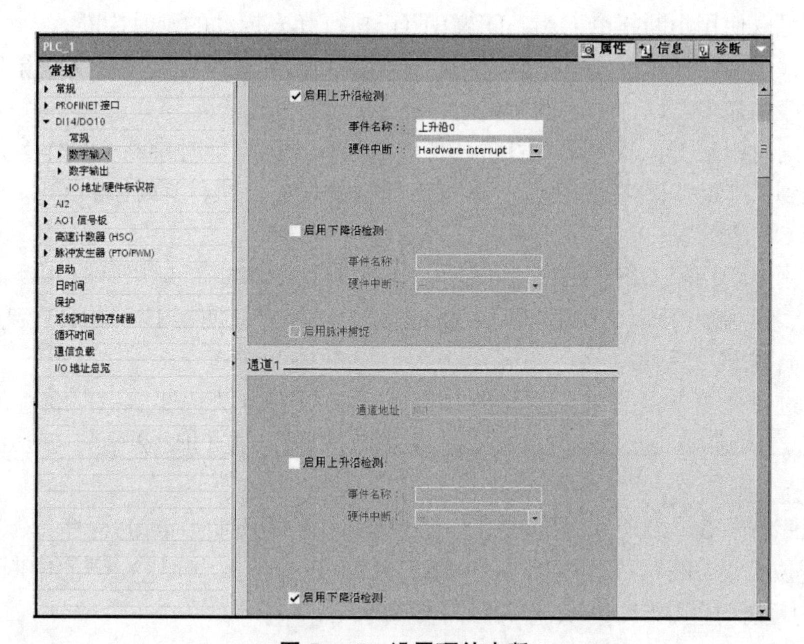

图5-46　设置硬件中断

在OB200中编写程序，如图5-47(a)所示，在OB201中编写程序，如图5-47(b)所示。

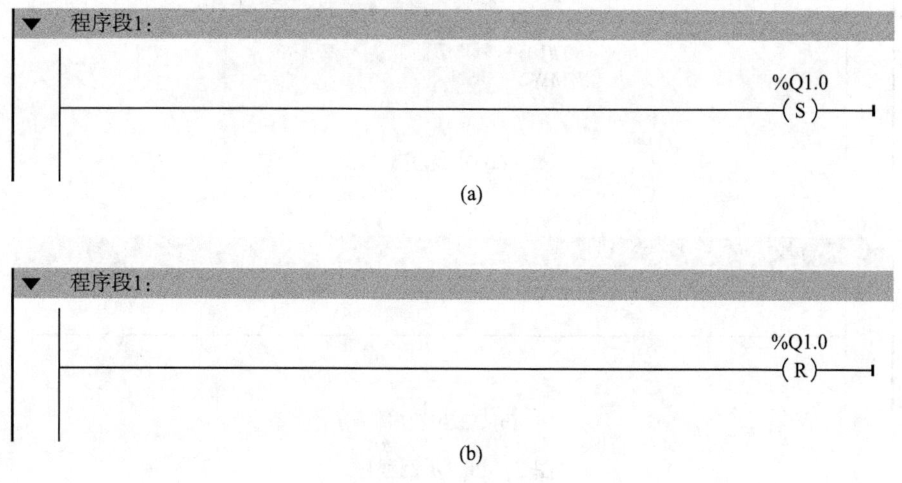

图5-47　编写程序

5. 延时中断组织块

可以采用延时中断在过程事件出现后延时一定的时间再执行中断程序；硬件中断则用于需要快速响应的过程事件，事件出现时马上中止循环程序，执行对应的中断程序。

PLC中的普通定时器的工作与扫描工作方式有关，其定时精度受到不断变化的循环扫描周期的影响。使用延时中断可以获得精度较高的延时，延时中断以毫秒(ms)为单位定时。

延时中断 OB 在经过操作系统中一段可组态的延迟时间后启动。在调用中断指令 SRT_DINT 后开始计算延迟时间。延迟时间的测量精度为 1ms。延迟时间到达后可立即再次开始计时。可以使用中断指令 CAN_DINT 阻止执行尚未启动的延时中断。

在用户程序中最多可使用 4 个延时中断或循环 OB，即如果已经使用两个循环中断 OB，则在用户程序中最多可以再插入两个延时中断 OB。

要使用延时中断 OB，需要调用指令 SRT_DINT 并且将延时中断 OB 作为用户程序的一部分下载到 CPU。只有在 CPU 处于"RUN"模式时，才会执行延时中断 OB。暖启动将清除延时中断 OB 启动事件。

可以使用中断指令 DIS_AIRT 和 EN_AIRT 来禁用和重新启用延时中断。如果执行 SRT_DINT 之后使用 DIS_AIRT 禁用中断，则该中断只有在使用 EN_AIRT 启用后才会执行，延时时间将相应地延长。

下面通过一个简单例子来说明延时中断 OB 的组态方法。要求：在 I0.0 的上升沿用 SRT_DINT 启动延时中断 OB2020，10s 后 OB202 被调用，在 OB202 中将 Q1.0 置位，并立即输出。

示例程序如图 5-48 所示，图 5-48(a)为 OB1 中启动延时中断的程序，图 5-48(b)为 OB202 中置位 Q1.0 的程序。中断指令 SRT_DINT 的参数"OB_NR"为中断组织块号，"DTIME"为延时时间，"SIGN"无意义但需要赋地址。

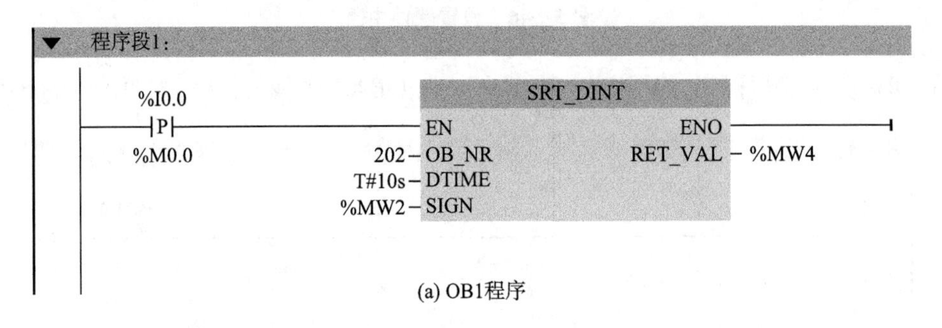

(a) OB1程序

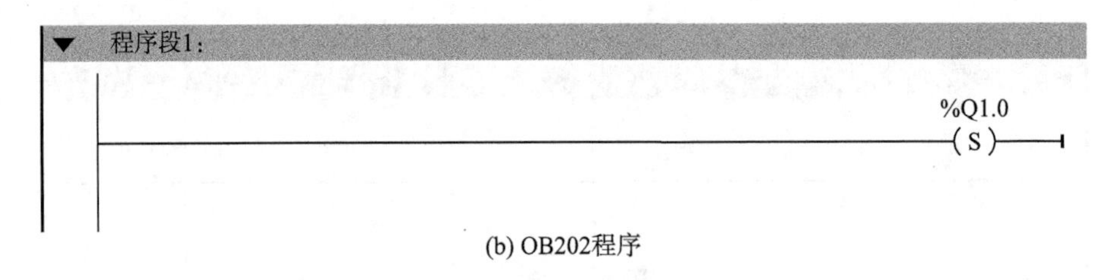

(b) OB202程序

图 5-48　示例程序

6. 时间错误组织块

如果发生以下事件之一，操作系统将调用时间错误中断 OB：

(1) 循环程序超出最大循环时间。

(2) 被调用 OB(如延时中断 OB 和循环中断 OB)当前正在执行。

(3) 中断 OB 队列发生溢出。

(4) 由于中断负载过大导致中断丢失。

在用户程序中只能使用一个时间错误中断 OB。

时间错误中断 OB 的启动信息含义如表 5－6 所示。

表 5－6　时间错误中断 OB 的启动信息

变量	数据类型	描述
fault_id	BYTE	0x01:超出最大循环时间 0x02:仍在执行被调用的 OB 0x07:队列溢出 0x09:中断负载过大导致中断丢失
csg_OBnr	OB_ANY	出错时要执行的 OB 编号
csg_prio	UINT	出错时要执行的 OB 的优先级

7. 诊断组织块

可以为具有诊断功能的模块启用诊断错误中断功能,使模块能检测到 I/O 状态变化,因此模块会在出现故障(进入事件)或者故障不再存在(离开事件)时触发诊断错误中断。如果没有其他中断 OB 激活,则调用用诊断错误中断 OB。若已经在执行其他中断 OB,诊断错误中断将置于同优先级的队列中。

在用户程序和只能使用一个诊断错误中断 OB。

诊断错误中断 OB 的启动信息如表 5－7 所示。表 5－8 列出了局部变量 IO_state 所能包含的可能 I/O 状态。

表 5－7　诊断错误中断 OB 的启动信息

变量	数据类型	描述
IO_state	WORD	包含具有诊断功能的模块的 I/O 状态
laddr	HW_ANY	HW－ID
Channel	UINT	通道编号
Multi_error	BOOL	为 1 表示有多个错误

表 5－8　IO_state 状态

IO_state	含义
位 0	组态是否正确,为 1 表示组态正确
位 4	为 1 表示存在错误,如断路等
位 5	为 1 表示组态不正确
位 6	为 1 表示发生了 I/O 访问错误,此时 laddr 包含存在访问错误的 I/O 的硬件标识符

习题与思考题五

1. 简述可编程控制器系统设计的一般原则和步骤。
2. 可编程控制器的选型需要考虑哪些问题?
3. 设计一段程序,要求对五相步进电机 5 个绕组依次自动实现如下方式的循环通电控制:
   (1) 第 1 步,A-B-C-D-E;
   (2) 第 2 步,A-AB-BC-CD-DE-EA;
   (3) 第 3 步,AB-ABC-BC-BCD-CD-CDE-DE-DEA;
   (4) 第 4 步,EA-ABC-BCD-CDE-DEA;
   (5) A、B、C、D、E 分别接主机的输出点 Q0.1、Q0.2、Q0.3、Q0.4、Q0.5,启动按钮接主机的输入点 I0.0,停止按钮接主机的输入点 I0.1。
4. 已知彩灯共有 8 盏,设计一段彩灯控制程序,实现下述控制要求;
   (1) 程序开始时,灯 1(Q0.0)亮;
   (2) 一次循环扫描且定时时间到后,灯 1(Q0.0)灭,灯 2(Q0.1))亮;
   (3) 再次循环扫描且定时时间到后,灯 2(Q0.1)灭,灯 3(Q0.2)亮……直到灯 8 亮。灯 8 灭后循环重新开始。

第6章 S7－1200PLC的通信

6.1 S7－1200PLC以太网通信概述

S7－1200PLC本体上集成了一个PROFINET通信接口，支持以太网和基于TCP/IP的通信标准。使用这个通信接口可以实现S7－1200PLC与编程设备的通信、与HMI触摸屏的通信以及与其他CPU之间的通信。这个PROFINET物理接口支持10Mbit/s～100Mbit/s的RJ－45口，支持电缆交叉自适应。因此一个标准的或是交叉的以太网线都适用于该接口。

6.1.1 支持的协议

S7－1200PLC的PROFINET通信口支持以下通信协议及服务：TCP、ISO on TCP、S7通信(服务器端)。目前S7－1200PLC只支持S7通信的服务器端，还不能支持客户端的通信。下面简单介绍几个协议。

1. TCP

TCP是由RFC793描述的标准协议，可以在通信对象之间建立稳定、安全的服务连接。如果数据用TCP来传输，传输的形式是数据流，没有传输长度及信息帧的起始、结束信息。在以数据流的方式传输时接收方不知道一条信息的结束和下一条信息的开始。因此，发送方必须确定信息的结构让接收方能够识别。

2. ISO on TCP

ISO传输协议最大的优势是通过数据包来进行数据传递。然而，由于网络的增加，它不支持路由功能的缺点会逐渐显现。TCP/IP兼容了路由功能后，对以太网产生了重要的影响。为了集合两个协议的优点，在扩展的RFC006“ISO on top of TCP”做了注释，也称为“ISO on TCP”，即在TCP/IP中定义了ISO传输的属性。

3. S7通信

所有SIMATIC S7控制器都集成了用户程序可以读写数据的S7通信服务。不管使用哪种总线系统都可以支持S7通信服务，即以太网、PROFIBUS和MPI网络中都可使用S7通信。此外，使用适当的硬件和软件的PC系统也可支持S7协议的通信。

S7－1200PLC的PROFINET通信口所支持的最大通信连接数如下：

(1) 3个连接用于HMI触摸屏与CPU的通信。

(2) 1个连接用于编程设备与CPU的通信。

(3) 3个连接用于S7通信的服务器端连接，可以实现与S7－200、S7－300以及S7－400PLC的以太网S7通信。

(4) 8个连接用于Open IE即TCP、ISO on TCP的编程通信，使用T-block指令来实现。

S7－1200PLC可以同时支持以上15个通信连接，这些连接数是固定不变的，不能自定义。

S7－1200PLC的PROFINET接口有两种网络连接方法：直接连接和网络连接。

① 直接连接

当一个S7－1200PLC与一个编程设备，或一个HMI或一个PLC通信时，也就是说只有两个通信设备时，实现的是直接通信。直接连接不需要交换机，用网线直接连接两个设备即可，如图6－1所示。

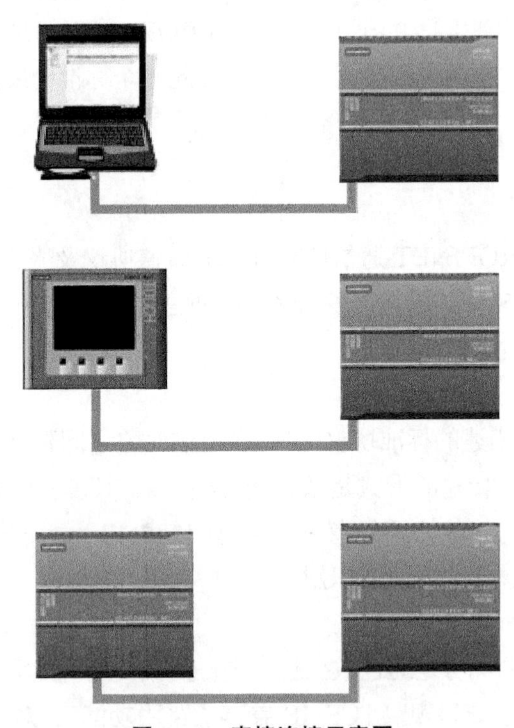

图6－1　直接连接示意图

② 网络连接

当多个通信设备进行通信时，也就是通信设备数量为两个以上时，实现的是网络连接，如图6－2所示。多个通信设备的网络连接需要使用以太网交换机来实现。可以使用导轨安装的西门子CSM1277的4口交换机连接其他CPU及HMI设备。CSM1277交换机是即插即用的。

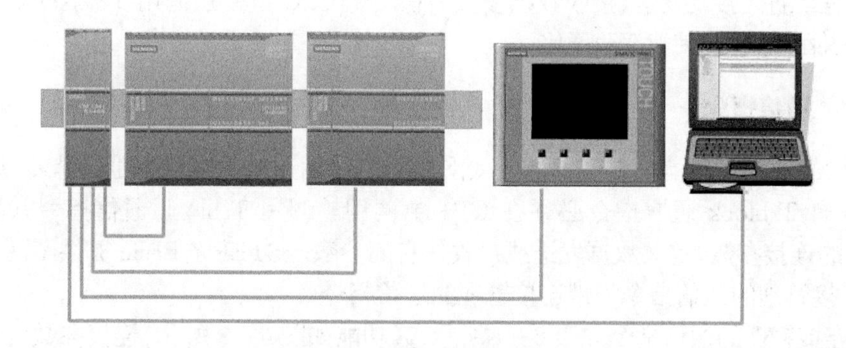

图 6 - 2　多个通信设备的网络连接

与 S7 - 1200 有关的 PLC 之间的通信方法有以下 3 种。

① S7 - 1200CPU 与 S7 - 1200CPU 之间的以太网通信

S7 - 1200PLC 与 S7 - 1200PLC 之间的以太网通信可以通过 TCP 或 ISO on TCP 来实现。使用的指令是在双方 CPU 调用 T-block 指令来实现。

② S7 - 1200CPU 与 S7 - 200CPU 之间的以太网通信

S7 - 1200CPU 与 S7 - 200CPU 之间的以太网通信只能通过 S7 通信来实现,因为 S7 - 1200PLC 的以太网模块只支持 S7 通信。由于 S7 - 1200PLC 的 PROFINET 通信口只支持 S7 通信的服务器端,所以在编程方面,S7 - 1200PLC 不用做任何工作,只要在 S7 - 200PLC 一侧将以太网设置成客户端,并用 ETHx_XFR 指令编程。

③ S7 - 1200CPU 与 S7 - 300/400CPU 之间的以太网通信

S7 - 1200CPU 与 S7 - 300/400CPU 之间的以太网通信方式相对来说要多一些,可以采用下列方式:TCP、ISO on TCP 和 S7 通信。

采用 TCP 和 ISO on TCP 这两种协议进行通信所使用的指令是相同的,在 S7 - 1200PLC 中使用 T-block 指令编辑通信。如果是以太网模块,在 S7 - 300/400PLC 中使用 AG_SEND、AG_RECV 编程通信。如果是支持 Open Ie 的 PN 口,则使用 Open Ie 的通信指令实现。

对于 S7 通信,S7 - 1200PLC 的 PROFINET 通信口只支持 S7 的服务器端,所以在编程和建立连接方面,S7 - 1200PLC 不用做任何工作,只需要在 S7 - 300/400CPU 一侧建立单边连接,并使用 PUT、GET 指令进行通信。

6.1.2　通信过程

实现两个 CPU 之间通信的具体操作步骤如下。

1. 建立硬件通信物理连接:由于 S7 - 1200CPU 的 PROFIENT 物理接口支持交叉自适应功能,因此连接两个 CPU 既可以使用标准的以太网电缆也可以使用交叉的以太网线。两个 CPU 的连接可以直接连接,不需要使用交换机。

2. 配置硬件设备:在“Device View”中配置硬件组态。

3. 分配永久 IP 地址:为两个 CPU 分配不同的永久 IP 地址。

4. 在网络连接中建立两个 CPU 的逻辑网络连接。

5. 编程配置连接及发送、接收数据参数。在两个 CPU 里分别调用 TSEND_C、TRCV_C 通信指令,并配置参数,使能双边通信。

6.1.3 通信指令

S7-1200PLC 中所有需要编程的以太网通信都使用开放式以太网通信指令块 T-block 来实现,所有 T-block 通信指令必须在 OB1 中调用。调用 T-block 通信指令并配置两个 CPU 之间的连接参数,定义数据发送或接收信息的参数。STEP 7 Basic 提供了两套通信指令:不带连接管理的通信指令和带连接管理的通信指令。

不带连接管理的通信指令如表 6-1 所示,其功能如图 6-3 所示,连接参数的关系如图 6-4 所示。

表 6-1 不带连接管理的通信指令

指令	功能
TCON	建立以太网连接
TDISCON	断开以太网连接
TSEND	发送数据
TRCV	接收数据

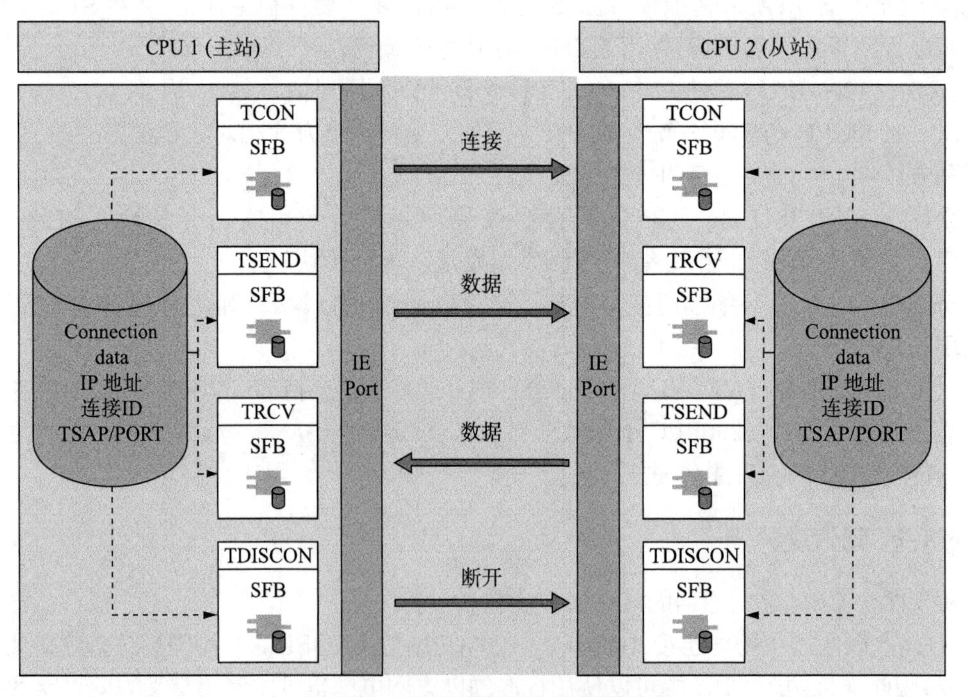

图 6-3 不带连接的通信指令的功能

带连接管理的通信指令,如表 6-2 所示,其功能如图 6-5 所示。实际上 TSEND_C 指令实现的是 TCON、TDISCON 和 TSEND 三个指令综合的功能,而 TRCV_C 指令是 TCON、TDISCON 和 TRCV 指令的集合。

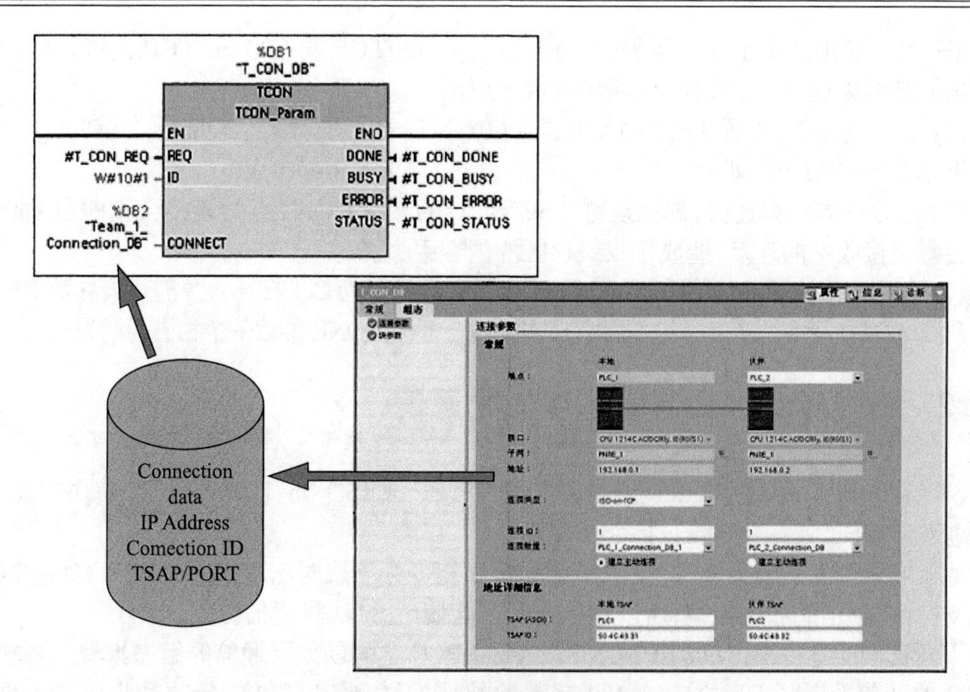

图 6－4　连接参数的对应关系

表 6－2　带连接管理的通信指令

指令	功能
TSEND_C	建立以太网连接并发送数据
TRCV_C	建立以太网连接并接收数据

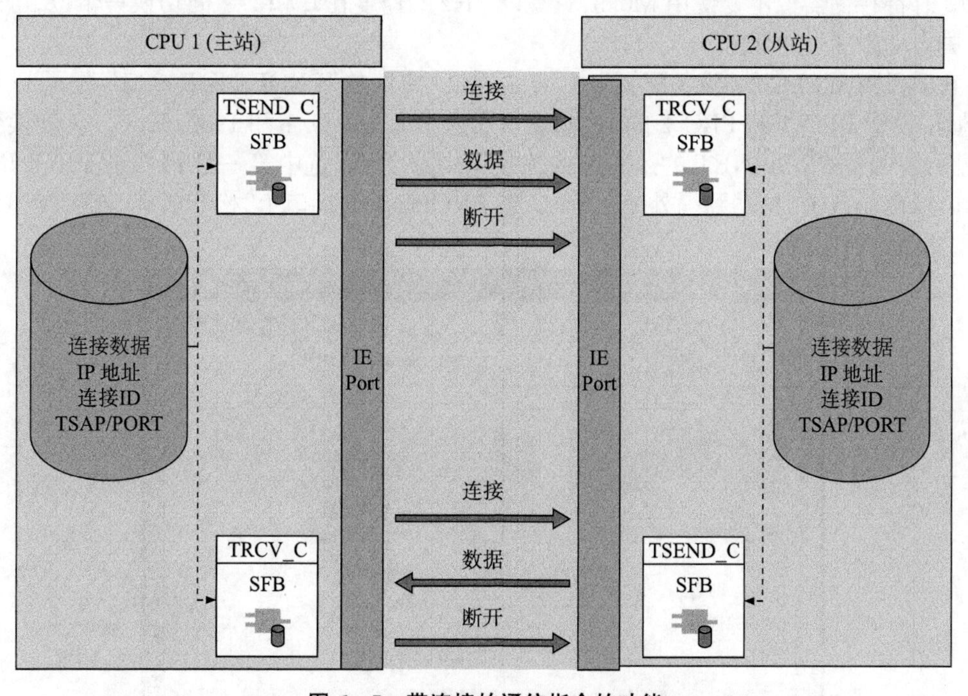

图 6－5　带连接的通信指令的功能

TSEND_C 指令用于建立与另一个通信伙伴站的 TCP 或 ISO on TCP 连接,发送数据并可以控制结束连接。TSEND_C 指令的功能为:

(1) 要建立连接,设置 TSEND_C 的参数 CONT=1。成功建立连接后,TSEND_C 置位 DONE 参数一个扫描周期为 1。

(2) 如果需要结束连接,那么设置 TSEND_C 的参数 CONT=0,连接会立即自动断开,这也会影响接收站的连接,造成接收缓存区的内容丢失。

(3) 要建立连接并发送数据,将 TSEND_C 的参数设置为 CONT=1,并需要给参数 REQ 一个上升沿,成功执行完一个发送操作后,TSEND_C 会置位 DONE 参数一个扫描周期为 1。

6.2 S7－1200PLC 之间的以太网通信

S7－1200PLC 之间的以太网通信可以通过 TCP 或 ISO on TCP 来实现,使用的通信指令是在双方 CPU 调用 T-block 指令来实现。

通信方式为双边通信,因此发送指令和接收指令必须成对出现。因此 S7－1200PLC 目前只支持 S7 通信的服务器端,所以它们之间不能使用 S7 这种通信方式。

下面我们通过一个简单例子演示 S7－1200 PLC 之间以太网通信的组态步骤。要求:将 PLC_1 的通信数据区 DB 块中的 100 字节的数据发送到 PLC_2 的接收数据区 DB 块中,PLC_1 的 QB0 接收 PLC_2 发送的数据 IB0 的数据。

6.2.1 组态网络

创建一个新项目,添加两个 PLC,分别命名为 PLC_1 和 PLC_2。为了编程方便,使用 CPU 属性中定义的时钟位,设置 PLC_1 和 PLC_2 的系统存储器为 MB1 和时钟存储器位 MB0。时钟存储器位主要使用 M0.3,它是以 2Hz 的速度在 0 和 1 之间切换一个位,可以使用它去自动激活发送任务。

在项目视图 PLC 的"设备配置"中,点击 CPU 属性的"PROFINET 接口"项,可以设置 IP 地址,设置 PLC_1 和 PLC_2 的 IP 地址分别为 192.168.0.1 和 192.168.0.2。切换到网络视图,要创建 PROFINET 的逻辑连接,按照附录的方法,选中第一台 PLC 的 PROFINET 接口的绿色小方框,拖动到另外一台 PLC 的 PROFINET 接口上,松开鼠标,连接就建立起来了,如图 6－6 所示。

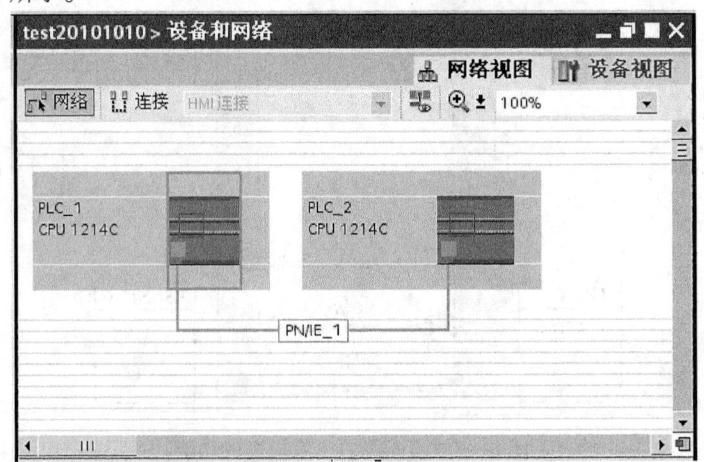

图 6－6 建立连接

6.2.2　PLC_1 编程通信

要实现前述的通信要求，需要在 PLC_1 中调用并配置 TSEND_C、TRCV 通信指令。

1. 在 PLC_1 的 OB1 中调用 TSEND_C 通信指令

要设置 PLC_1 的 TSEND_C 指令的连接参数先选中指令，点击其属性对话框的“连接参数”项，如图 6－7 所示。在“端点”中选择通信伙伴为“PLC_2”，则接口、子网及地址等随之自动更新。“连接类型”选择为“TCP”。先“连接 ID”中输入连接的地址 ID 号 1，这个 ID 号在后面的编程将会用到。在“连接数据”项中，创建连接时，系统会自动生成本地的连接 DB 块，所有的连接数据都会存于该 DB 块中。通信伙伴的连接 DB 块只有在对方(PLC_2)建立连接后才能生成，新建通信伙伴的连接 DB 并选择。选择本地 PLC_1 的“建立主动连接”选项。在“地址详细信息”项中定义通信伙伴方的端口号为 2000。

如果“连接类型”选用的是 ISO on TCP，则需要设定 TSAP 地址，此时本地 PLC_1 可以设置成“PLC1”，伙伴方 PLC_2 可以设置成“PLC2”。使用 ISO on TCP 通信，除了连接参数的定义不同，其他组态编程与 TCP 通信完全相同。

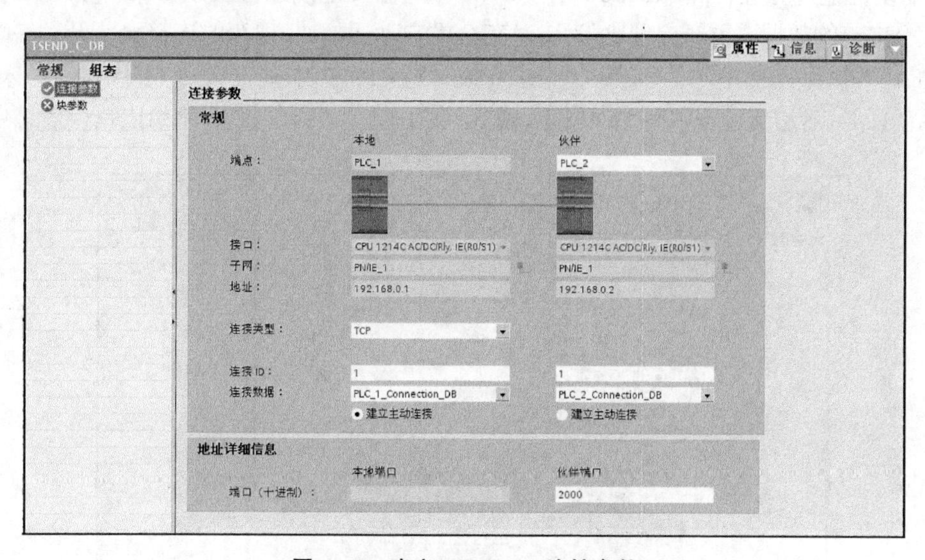

图 6－7　定义 TSEND_C 连接参数

2. 定义 PLC_1 的 TSEND_C 发送通信块接口参数

根据所使用的接口参数定义变量符号表，如图 6－8 所示。

创建并定义 PLC_1 的发送数据区 DB 块。要注意的是，新建数据块时，应取消勾选“仅符号访问”选项。在数据块中定义发送数据区为 100 字节的数组，勾选“保持性”选项。

对于双边编程通信的 CPU，如果通信数据区使用数据块，既可以将 DB 块定义成符号寻址，也可以定义成绝对寻址。使用指针选址方式时，必须创建绝对寻址的数据块。

要设置 TESND_C 指令的发送参数，先选中指令，点击其属性对话框的“块参数”项，如图 6－9 所示。在输入参数中，“启动请求(REQ)”使用 2Hz 的时钟脉冲，上升沿激活发送任务，“连接状态”设置为常数 1，表示建立连接并一直保持连接，“发送长度”设置为 100。在“输入/输出”参数中，“相关的连接指针”为前面建立的连接 DB 块，“发送区”使用指针寻址，

PLC 变量

		名称	数据类型	地址
1		2Hz时钟	Bool	%M0.3
2		输入数据	Byte	%IB0
3		T_C_COMR	Bool	%M10.0
4		TSENDC_DONE	Bool	%M10.1
5		TSEND_BUSY	Bool	%M10.2
6		TSENDC_ERROR	Bool	%M10.3
7		TSENDC_STATUS	Word	%MW12
8		输出数据	Byte	%QB0
9		TRCV_NDR	Bool	%M10.4
10		TRCV_BUSY	Bool	%M10.5
11		TRCV_ERROR	Bool	%M10.6
12		TRCV_RCVD_LEN	UInt	%MW16
13		TRCV_STATUS	Word	%MW14

图 6－8　定义变量表

DB 块要设置绝对寻址,“p＃db2. dbx0. 0 byte 100”含义是发送数据块 DB2 中第 0. 0 位开始的 100 个字节的数据,“重新启动块”为 1 时完全重启动通信块,现存的连接会断开。在“输出”参数中,任务执行完成并且没有错误,“请求完成”位置 1,“请求处理”位为 1 代表任务未完成,不激活新任务,若通信过程中有错误发生,则“错误”位置 1,“错误信息”字给出错误信息号。

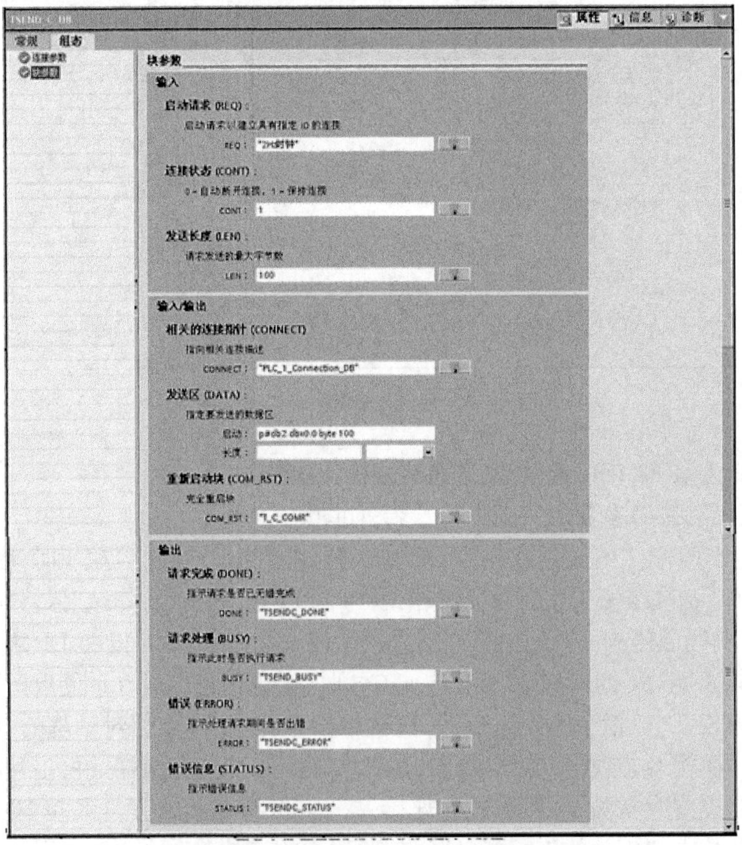

属性　信息　诊断
常规　组态
块参数
输入
启动请求 (REQ)：
启动请求以建立具有指定 ID 的连接
REQ： "2Hz时钟"
连接状态 (CONT)：
0 = 自动断开连接，1 = 保持连接
CONT： 1
发送长度 (LEN)：
请求发送的最大字节数
LEN： 100
输入/输出
相关的连接指针 (CONNECT)
指向相关连接描述
CONNECT： "PLC_1_Connection_DB"
发送区 (DATA)：
指定要发送的数据区
启动： p#db2 dbx0.0 byte 100
长度：
重新启动块 (COM_RST)：
完全重启块
COM_RST： "T_C_COMR"
输出
请求完成 (DONE)：
指示请求是否已无错完成
DONE： "TSENDC_DONE"
请求处理 (BUSY)：
指示此时是否执行请求
BUSY： "TSEND_BUSY"
错误 (ERROR)：
指示处理请求期间是否出错
ERROR： "TSENDC_ERROR"
错误信息 (STATUS)：
指示错误信息
STATUS： "TSENDC_STATUS"

图 6－9　定义 TSEND_C 接口参数

设置 TSEND_C 指令块的“块参数”,程序编辑器中的指令参数将随之更新,也可以直接编辑指令块,如图 6－10 所示。

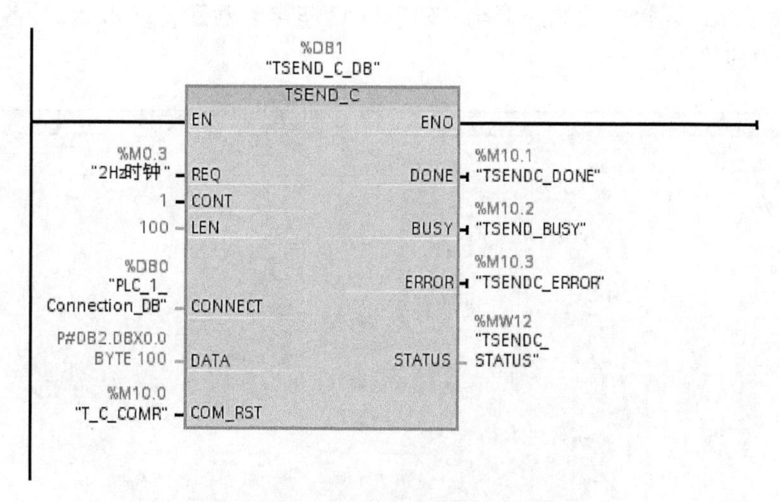

图 6－10　定义 TSEND_C 接口参数

3. 在 PLC_1 的 OB1 中调用接收指令 T_RCV 并配置基本参数

为了使 PLC_1 能够接收来自 PLC_2 的数据,在 PLC_1 中调用接收指令 T_RCV 并配置基本参数。

接收数据与发送数据使用同一连接,所以使用不带连接管理的 T_RCV 指令。根据所使用的接口参数定义符号表,如图 6－8 所示,配置接口参数,如图 6－11 所示。其中,“EN_R”参数为 1,表示准备好接收数据;ID 号为 1,使用的是 TSEND_C 的连接参数中的“连接 ID”的参数地址;“DATA”表示接收数据区;“RCVD_LEN”表示实际接收数据的字节数。

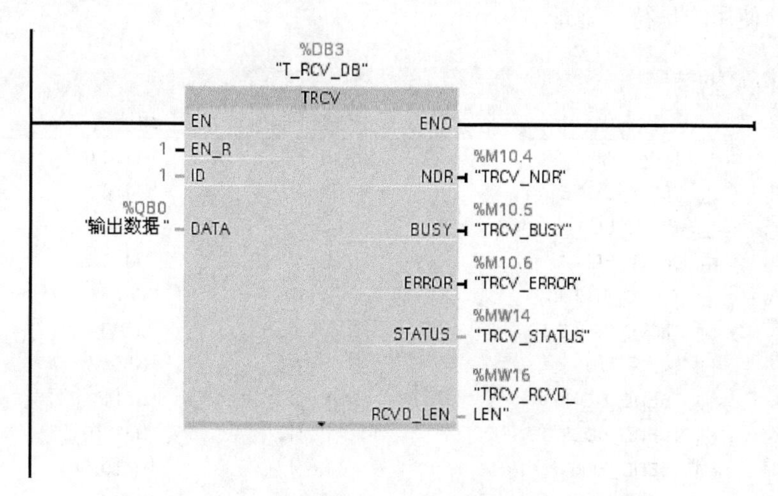

图 6－11　调用 TRCV 指令并配置接口参数

6.2.3　PLC_2 编程通信

要实现前述通信要求,还需要在 PLC_2 中调用并配置 TRCV_C、T_SEND 通信指令。

1. 在 PLC_2 中调用并配置 TRCV_C 通信指令

拖动指令树中的 TRCV_C 指令到 OB1 的程序段 1,自动生成背景数据块。定义连接参数如图 6－12 所示。连接参数的配置与 TSEND_C 连接参数配置基本相似,各参数要与通信伙伴 CPU 对应设置。

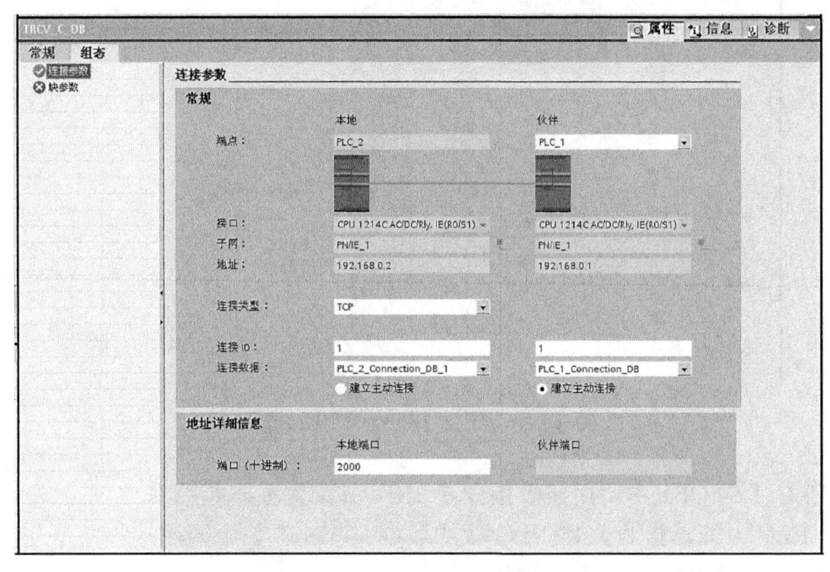

图 6－12　定义 TRCV_C 的连接参数

定义接收通信块参数。首先创建并定义数据区“数据_块_1”,勾选“仅符号访问”项,在数据块中定义接收数据区为 100 字节的数组 tag2,勾选“保持性”。然后定义所使用参数的符号地址,如图 6－13 所示。最后定义接收通信块接口参数,如图 6－14 所示。此处接收数据区“DATA”使用的是符号地址。

PLC 变量

	名称	数据类型	地址
1	T_C_COMR	Bool	%M10.0
2	TRCVC_DONE	Bool	%M10.1
3	TRCVC_BUSY	Bool	%M10.2
4	TRCVC_ERROR	Bool	%M10.3
5	TRCVC_STATUS	Word	%MW12
6	TRCVC_RCVLEN	UInt	%MW14
7	输入字节0	Byte	%IB0
8	TSEND_DONE	Bool	%M10.4
9	TSEND_BUSY	Bool	%M10.5
10	TSEND_ERROR	Bool	%M10.6
11	TSEND_STATUS	Word	%MW16
12	2Hz时钟	Bool	%M0.3

图 6－13　变量表

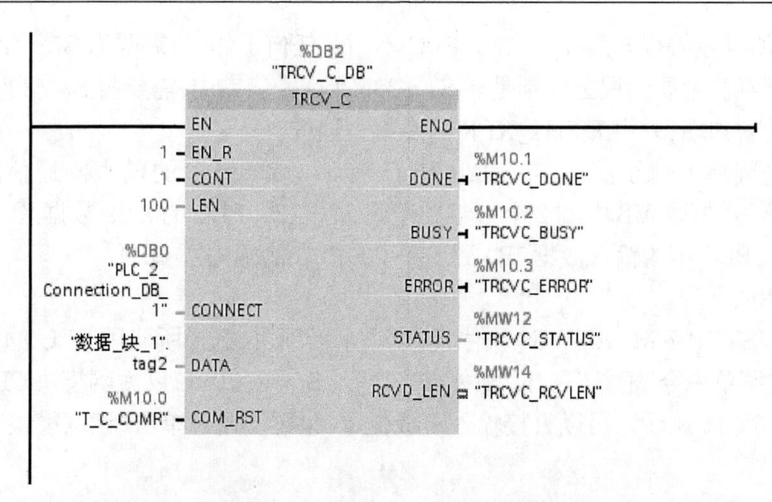

图 6－14　TRCV_C 块参数配置

2. 在 PLC_2 中调用并配置 T_SEND 通信指令

PLC_2 将 IO 输入数据 IB0 发送到 PLC_1 的输出 OB0 中，则在 PLC_2 中调用发送指令并配置块参数，发送指令与接收使用同一个连接，所以使用不带连接的发送指令 T_SEND，如图 6－15 所示。

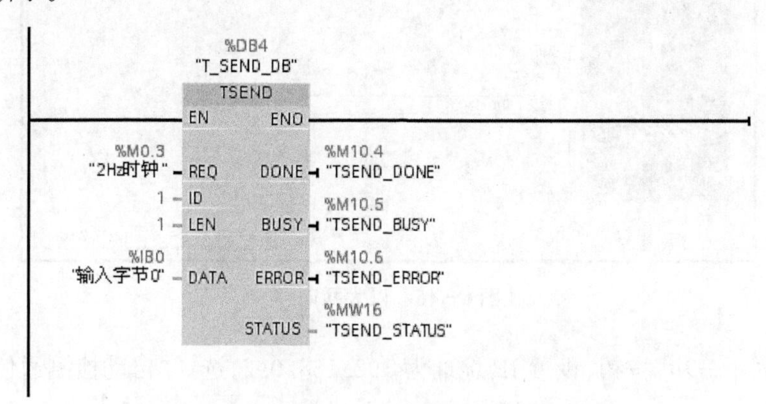

图 6－15　调用 T_SEND 指令并配置接口参数

6.2.4　下载并监控

下载两个 CPU 中的所有硬件组件及程序，从监控表中看到，PLC_1 的 TSEND_C 指令发送数据“11”“22”“33”，PLC_1 接收到数据“11”“22”“33”。而 PLC_2 发送数据 IB0 为“0001_0001”，PLC_1 接收到 QB0 的数据也是“0001_0001”。

6.3　S7－1200PLC 与 S7－200PLC 和 S7－300/400PLC 的通信

6.3.1　S7－1200PLC 与 S7－200PLC 之间的通信

S7－1200PLC 与 S7－200PLC 之间的通信只能通过 S7 通信来实现，因为 S7－200PLC 的以太网模块只支持 S7 通信。由于 S7－1200PLC 的 PROFINET 通信接口只支持 S7 通信的服务器端,所以在编程方面,S7－1200PLC 不用做任何工作,只需要为 S7－1200 配置好以太网地址并下载。主要编程工作都是在 S7－200PLC 一侧完成,需要将 S7－200PLC 的以太网模块设置成客户端,并用 ETHx_XFR 指令编程通信。

下面通过简单的例子演示 S7－1200PLC 与 S7－200PLC 的以太网通信。要求:S7－200PLC 将通信数据区 VB 中的 2 个字节发送到 S7－1200PLC 的 DB2 数据区,S7－200PLC 读取 S7－1200PLC 中的输入数据 IB0 到 S7－200PLC 的输出区 QB0。

组态步骤如下。

(1) 打开 STEP 7 Micro/WIN 软件,创建一个新项目,选择所使用 CPU 的型号。

(2) 通过菜单命令"工具"→"以太网向导"进入 S7－200PLC 以太网模块 CP243－1 的向导配置,如图 6－16 所示。可以直接输入模板位置,也可以通过单击"读取模块"按钮读出模板位置。

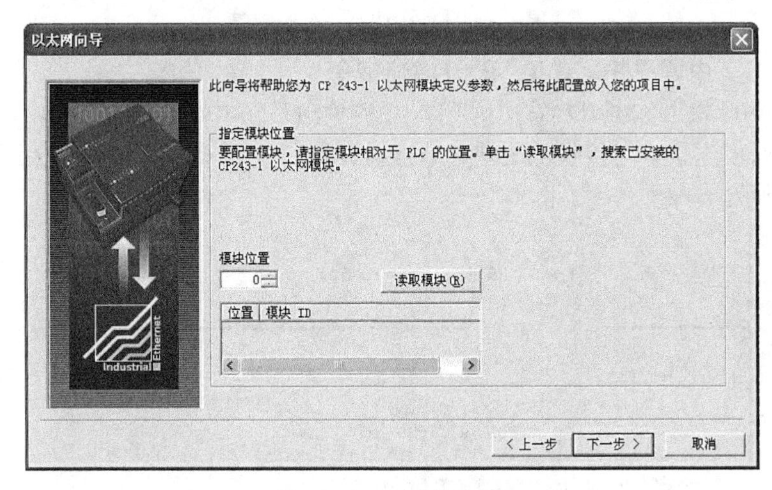

图 6－16　以太网向导

(3) 单击"下一步"按钮,设置 IP 地址为 192.168.0.2,选择"自动检测通信"连接类型,如图 6－17 所示。

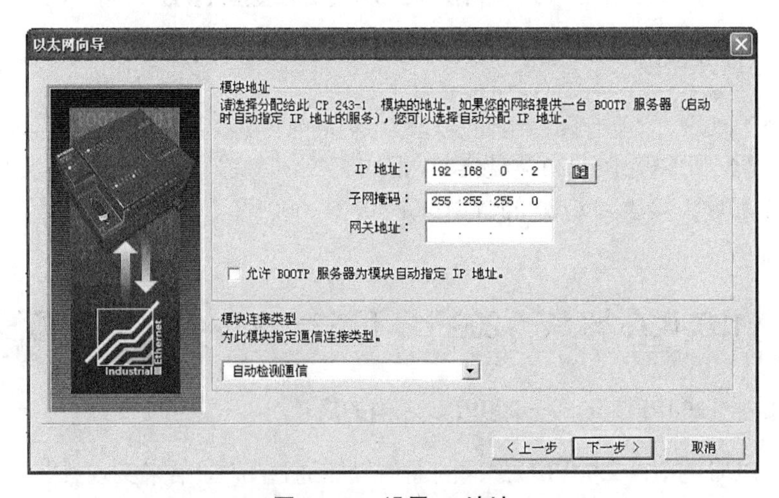

图 6－17　设置 IP 地址

(4) 单击“下一步”按钮,进入连接数设置界面,如图 6 - 18 所示,根据 CP243 - 1 模块位置确定所占用的 Q 地址字节,并设置连接数为 1。

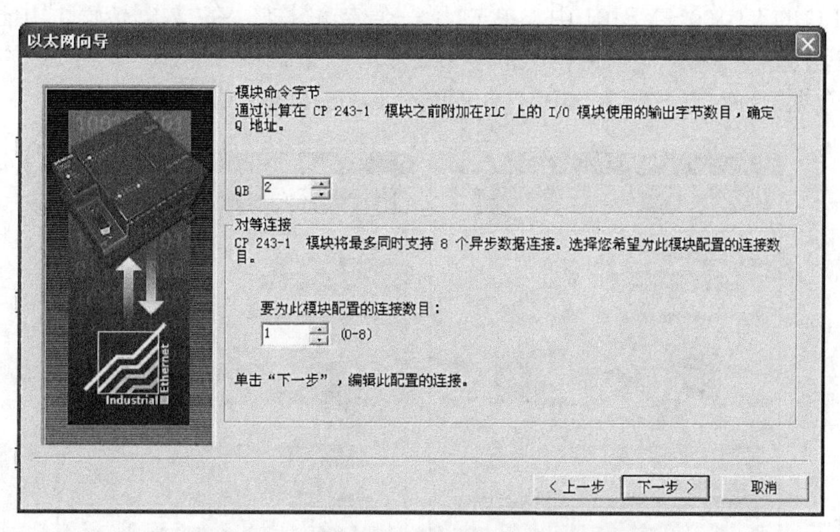

图 6 - 18　设置占用输出地址及网络连接数

(5) 单击“下一步”按钮,进入客户端定义界面,如图 6 - 19 所示。设置“连接 0”为“客户机连接”,表示将 CP243 - 1 定义为客户端。设置远程 TSAP 地址为 03. 01 或 3. 00。输入通信伙伴 S7 - 1200PLC 的 IP 地址为“192. 168. 0. 2”。单击“数据传输”按钮可以定义数据传输。

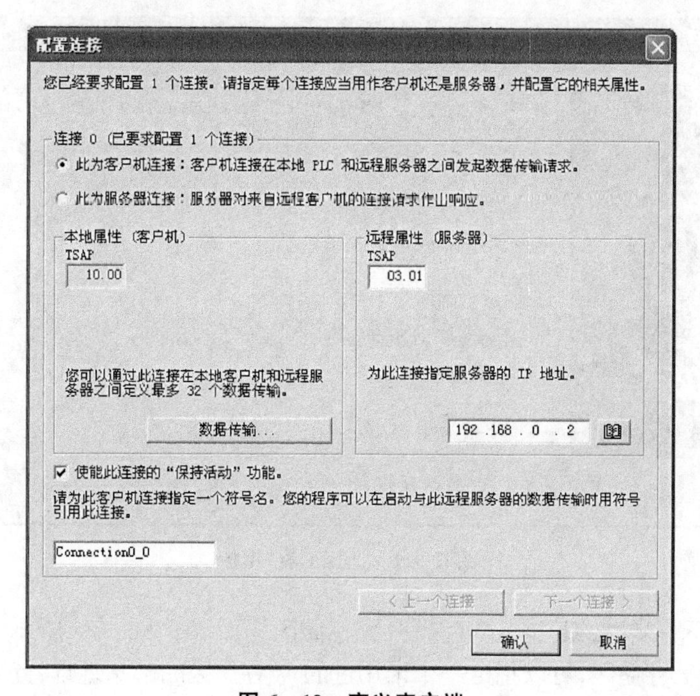

图 6 - 19　定义客户端

(6) 在图 6－20(a)中，在“数据传输 0”中选择“从远程服务器连接读取数据”，定义要读取的字节长度为 2，设置将 S7－1200PLC 的 DB2. DBB0～DB2. DBB1 的数据读取到本地 S7－200PLC 的 VB100～VB101 中。单击“下一个传输”按钮，在“数据传输 1”中选择“将数据写入远程服务器连接”，定义要写入的字节长度为 2，设置将本地 S7－200PLC 的 VB200～VB201 的数据写到对方 S7－1200PLC 的 DB3. DBB0～DB3. DBB1 中。

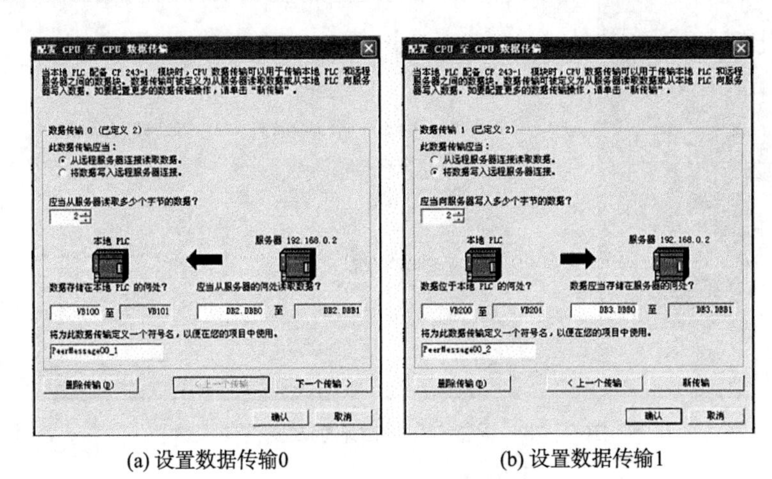

(a) 设置数据传输0　　(b) 设置数据传输1

图 6－20　定义数据传输

(7) 单击“下一步”按钮进入选择 CRC 保护界面，如图 6－21 所示，选中是为数据块中的此配置生成 CRC 保护。

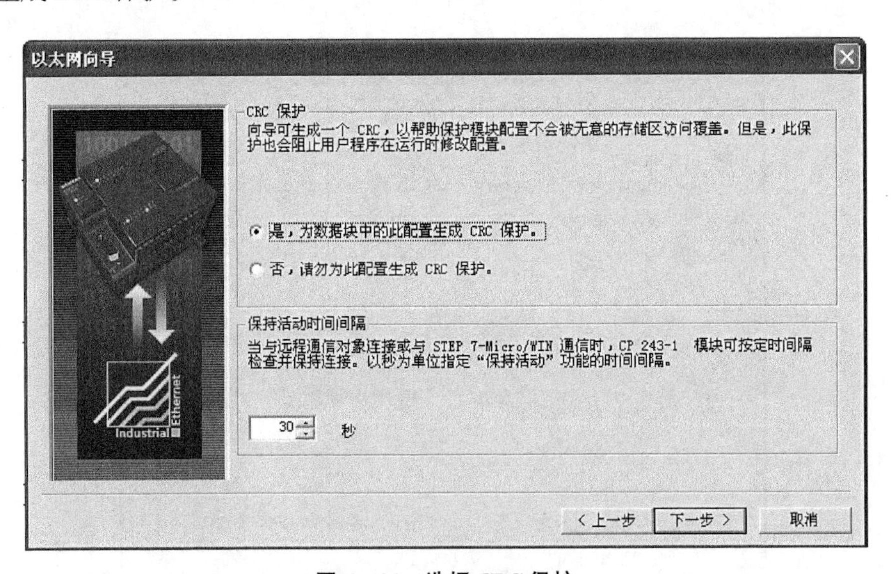

图 6－21　选择 CRC 保护

(8) 单击“下一步”按钮，进入为配置分配存储区界面，如图 6－22 所示。根据以太网的配置，需要一个 V 存储区，可以指定一个未用过的 V 存储区的起始地址，此处可以使用建议地址。单击“下一步”按钮，生成以太网用户子程序。

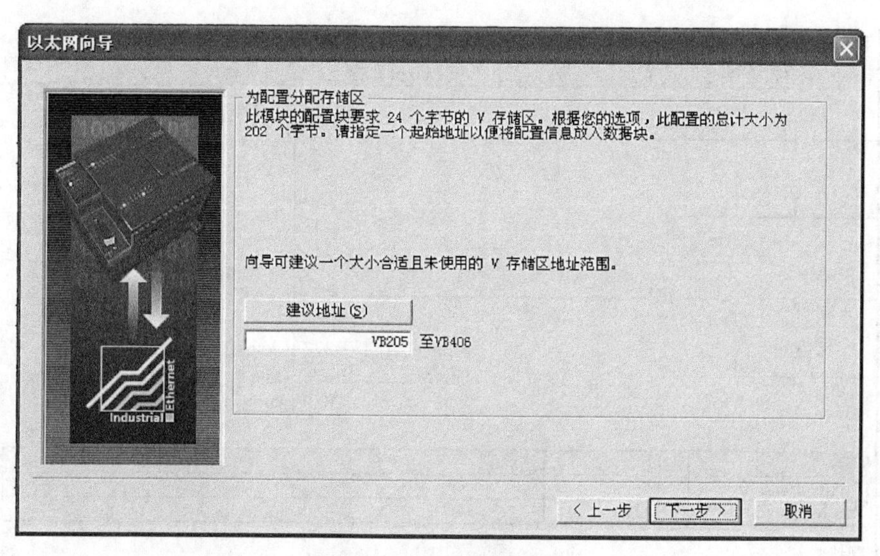

图 6－22　分配存储区

(9) 调用向导生成的子程序,实现数据传输。对于 S7－200PLC 的同一个连接的多个数据传输,不能同时激活,必须分时调用。图 6－23 所示程序就是用前一个数据传输的完成位去激活下一个数据传输,其含义见注释。

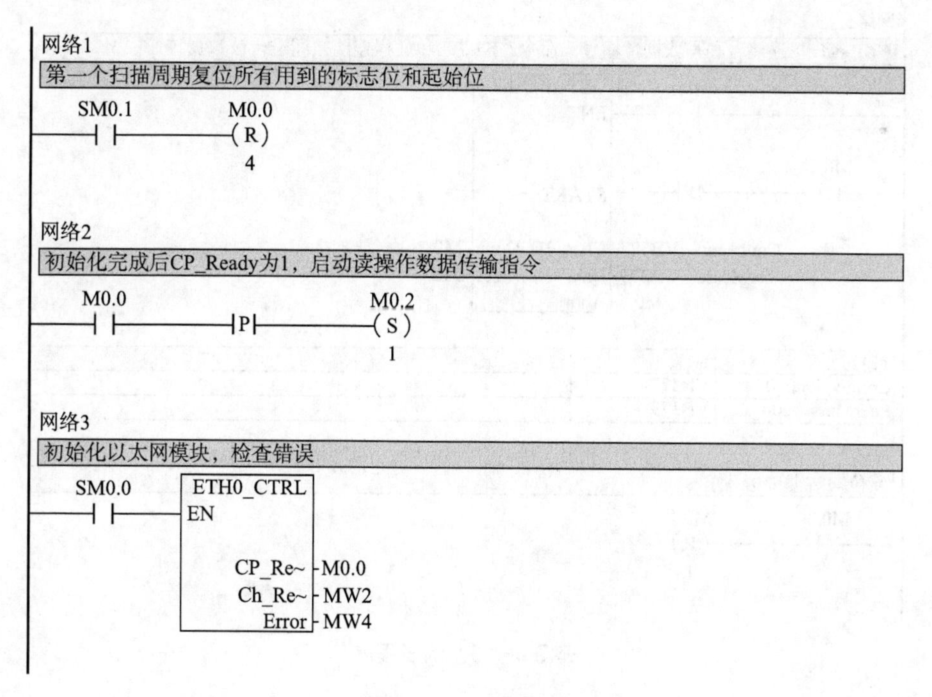

图 6－23　例子程序

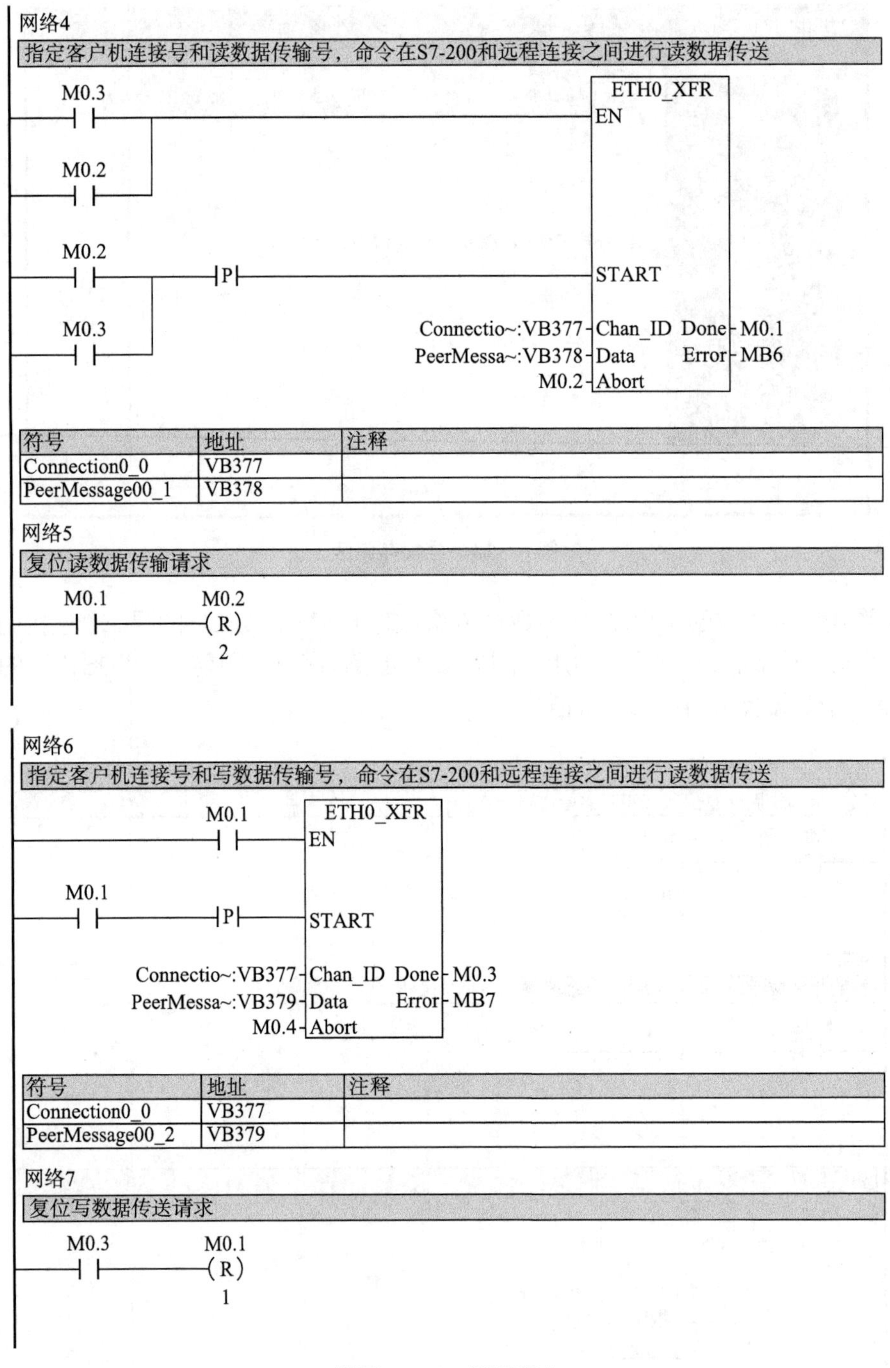

续图 6-23　例子程序

(10) 监控通信数据结果。配置 S7-1200 的硬件组态，创建通信数据区 DB2、DB3（必须选择绝对地址，即取消“仅符号访问”）。下载 S7-200PLC 及 S7-1200PLC 的所有组态及程序，并监控通信结果。可以看到，在 S7-1200PLC 中向 DB2 写入数据“3”“4”，则在 S7-200 的 VB100、VB101 中读取到的数据也为“3”“4”。在 S7-200PLC 中，将“5”“6”写入 VB200、

VB201,则在 S7－1200PLC 的 DB3 中收到的数据也为“5”“6”。

注意:使用单边的 S7 通信,S7－1200PLC 不需要做任何组态编程,但在创建通信数据区 DB 块时,一定要选择绝对寻址,才能保证通信成功。

6.3.2　S7－1200PLC 与 S7－300/400PLC 的通信

S7－1200PLC 与 S7－300/400PLC 之间的以太网通信方式相对来说要多一些,可以采用下列方式:TCP、ISO on TCP 和 S7 通信。

采用 TCP 和 ISO on TCP 这两种协议进行通信所使用的指令是相同的,在 S7－1200PLC 中使用 T_block 指令编程通信。如果是以太网模块,在 S7－300/400PLC 中使用 AG_SEND、AG_RECV 编程通信。如果是支持 Open IE 的 PN 口,则使用 Open IE 的通信指令实现。

对于 S7 通信,S7－1200PLC 的 PROFINET 通信口只支持 S7 通信的服务器端,所以在编程组态和建立连接方面,S7－1200PLC 不用做任何工作,只须在 S7－300PLC 一侧建立单边连接,并使用单边编程方式 PUT、GET 指令进行通信。

S7－1200PLC 中所有需要编程的以太网通信都使用开放式以太网通信指令 T_block 来实现。调用 T_block 通信指令并配置两个 CPU 之间的连接参数,定义数据发送或接收信息的参数。

STEP 7 Basic 提供了两套通信指令:不带连接管理的功能块,带有连接管理的功能块。带连接管理的功能块执行时自动激活以太网连接,发送/接收完数据后,自动断开以太网连接。

1. S7－1200PLC 与 S7－300PLC 之间的 ISO on TCP 通信

S7－1200PLC 与 S7－300PLC 之间通过 ISO on TCP 通信,需要在双方都建立连接,连接对象选择“Unspecified”。下面通过简单例子演示这种组态方法。要求:S7－1200PLC 将 DB2 的 100 个字节发送到 S7－300PLC 的 DB2 中,S7－300PLC 将输入数据 IB0 发送给 S7－1200PLC 的输出数据区 QB0。

(1) S7－1200PLC 的组态编程

组态编程过程与 S7－1200PLC 之间的通信相似,主要步骤包括:

① 使用 STEP 7 Basic V10.5 软件新建一个项目,添加新设备,命名为 PLC_3。

② 为 PROFINET 通信接口分配以太网地址 192.168.0.1,子网掩码为 255.255.255.0。

③ 调用“TSEND_C”通信指令并配置连接参数和块参数。连接参数如图 6－24 所示,块参数如图 6－25 所示。图 6－24 中,选择通信伙伴为“未定义”,通信协议为“ISO-on-TCP”,选择 PLC_C3 为主动连接方,要设置通信双方的 TSAP 地址。

④ 调用“TRCV”通信指令并配置块参数。因为与发送使用的是同一个连接,所以使用的是不带连接的发送指令“TRCV”,连接“ID”使用的也是“TSEND_C”中的“Connection ID”号,如图 6－26 所示。

(2) S7－300PLC 的组态编程

组态步骤如下:

① 使用 STEP 7 编程软件新建一个项目,插入一个 S7－300PLC 站进行硬件组态。为

编程方便，我们使用时钟脉冲激活通信任务，在硬件组态编辑器中 CPU 的属性对话框的“周期/时钟存储器”选项卡中设置，如图 6－27 所示，将时钟信号存储在 MB0 中。

② 配置以太网模块。在硬件组态编辑器中，设置 S7－300PLC 的以太网模块“CP343－1”的 IP 地址为 192.168.0.2，子网掩码为 255.255.255.0，并将其连接到新建的以太网 Ethernet(1)上，如图 6－28 所示。

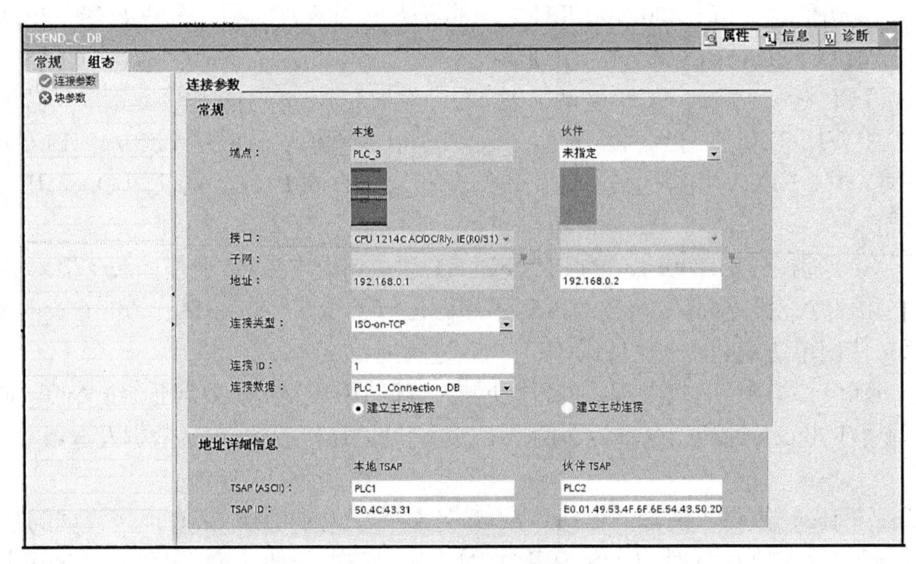

图 6－24　连接参数

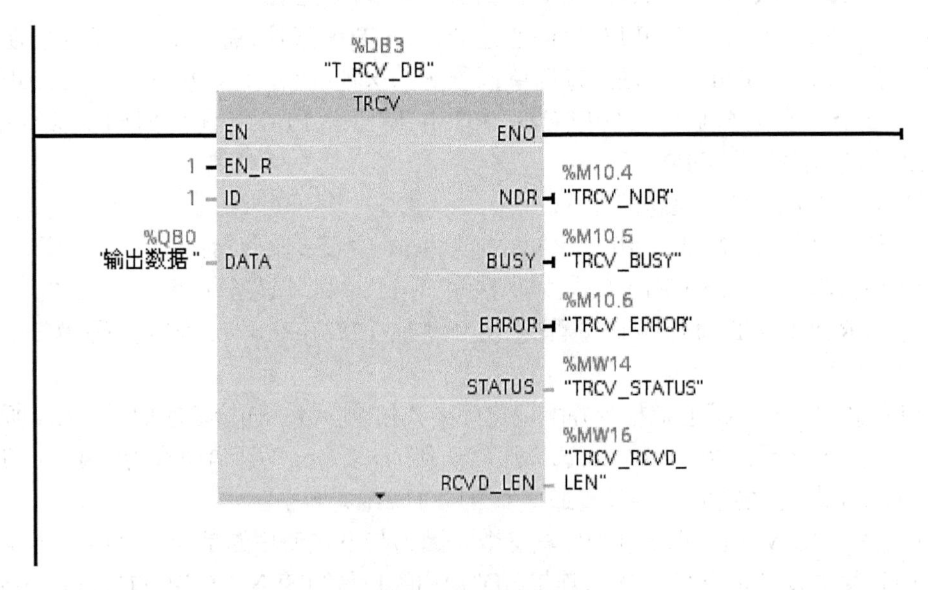

图 6－25　块参数

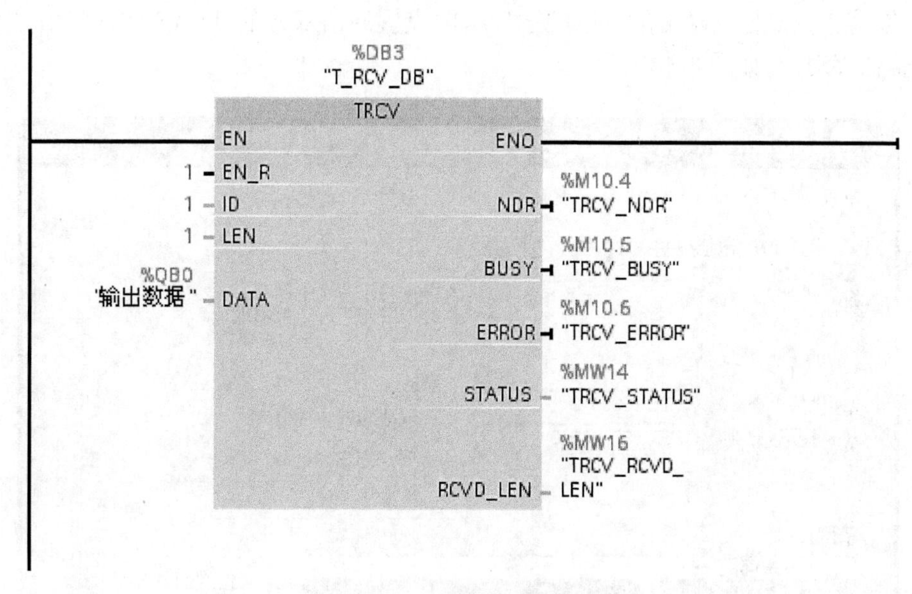

图 6－26　配置 TRCV 块参数

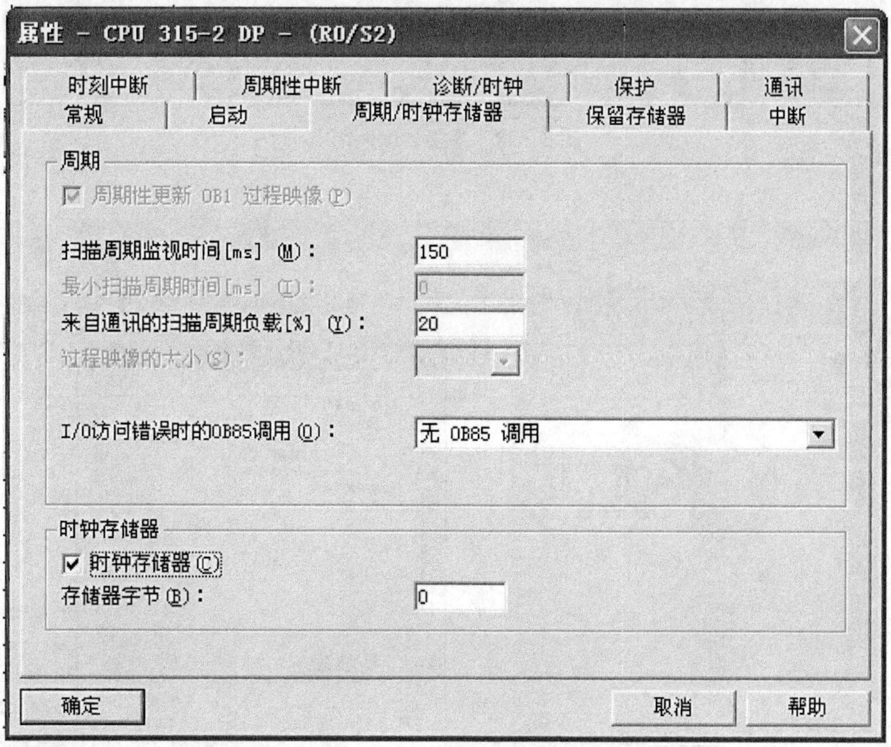

属性 - CPU 315-2 DP - (R0/S2)

时刻中断 | 周期性中断 | 诊断/时钟 | 保护 | 通讯
常规 | 启动 | 周期/时钟存储器 | 保留存储器 | 中断

周期
☑ 周期性更新 OB1 过程映像(P)
扫描周期监视时间[ms] (M)：150
最小扫描周期时间[ms] (I)：0
来自通讯的扫描周期负载[%] (Y)：20
过程映像的大小(S)：
I/O访问错误时的OB85调用(O)：无 OB85 调用

时钟存储器
☑ 时钟存储器(C)
存储器字节(B)：0

确定　取消　帮助

图 6－27　设置时钟存储器

③ 网络组态。打开网络组态编辑器，选中 S7－300PLC，双击连接列表，打开“插入新连接”对话框，如图 6－29 所示，选择通信伙伴为“未定义”，通信协议为“ISO-on-TCP 连接”。

确定后,在连接的属性对话框的“地址”选项卡中设置通信双方的 TSAP 地址和 IP 地址,需要与通信伙伴对应,如图 6-30 所示。

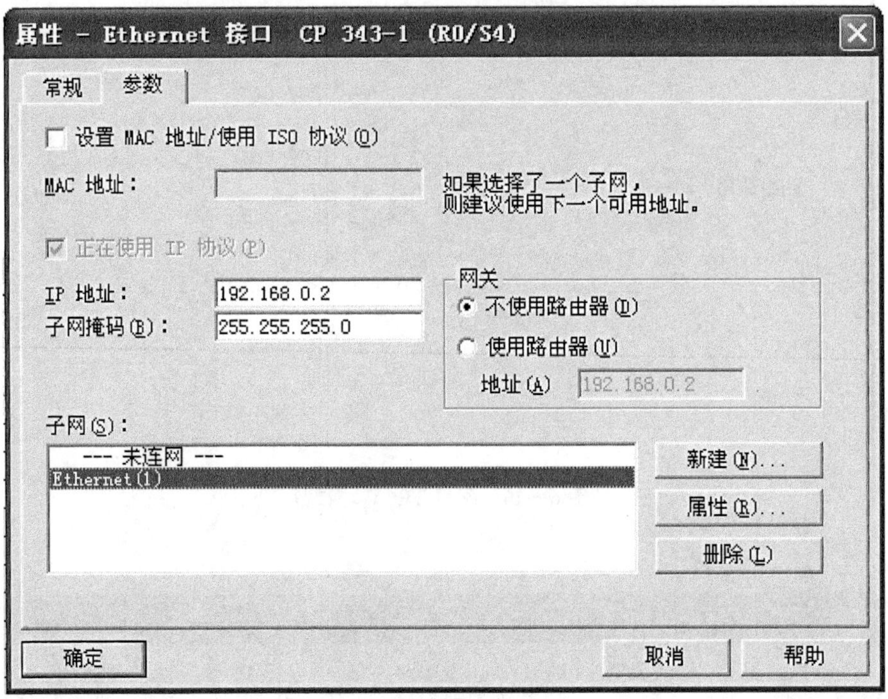

属性 - Ethernet 接口 CP 343-1 (R0/S4)
常规
参数
设置 MAC 地址/使用 ISO 协议(O)
MAC 地址:
如果选择了一个子网,
则建议使用下一个可用地址。
正在使用 IP 协议(P)
IP 地址:
192.168.0.2
子网掩码(B):
255.255.255.0
网关
不使用路由器(D)
使用路由器(U)
地址(A)
192.168.0.2
子网(S):
--- 未连网 ---
Ethernet(1)
新建(N)...
属性(R)...
删除(L)
确定
取消
帮助

图 6-28　连接到以太网上

NetPro - [test20101207 (网络) -- D:\Program Files\...\s7proj\test20_1]
查找(F)
网络对象的选择
PROFIBUS DP
PROFIBUS-PA
PROFINET IO
Stations
Subnets
Ethernet(1)
工业 Ethernet
MPI(1)
MPI
SIMATIC 300(1)
插入新连接
连接伙伴(C)
在当前项目中
test20101207
(未指定)
所有广播站点
所有多点传送站点
在未知项目中
站点(S):
(未指定)
连接
类型(T):
ISO-on-TCP 连接
显示插入之前的属性(D)
确定
应用(A)
取消
帮助
本地ID
伙伴ID
伙伴
准备就绪
PC Adapter(MPI)

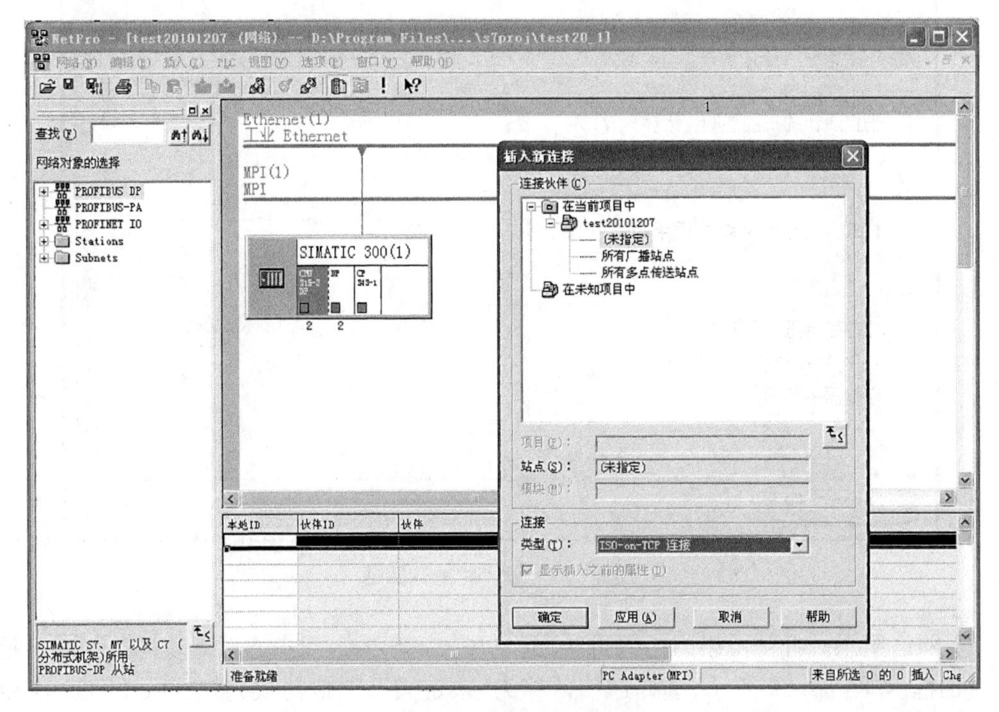

图 6-29　网络组态

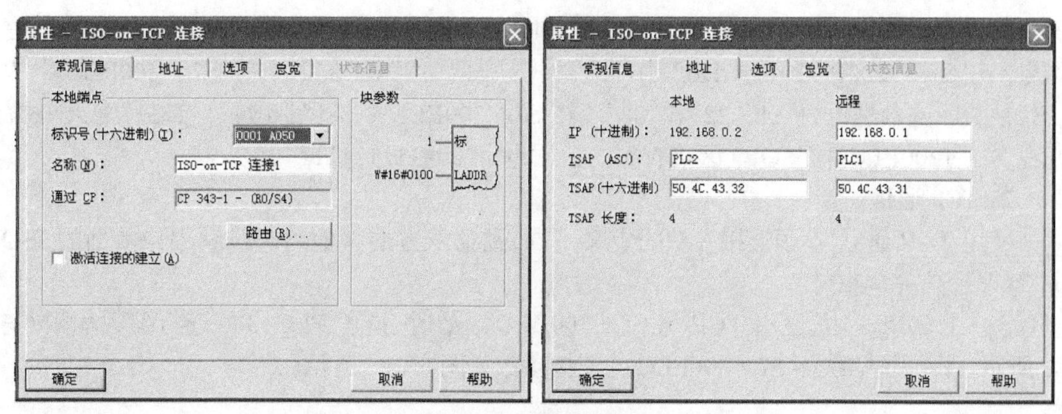

图 6-30　连接属性

④ 编程程序。在 S7-300PLC 中，新建接收数据区为 DB2，定义成 100 字节的数组。在 OB1 中，调用库中通信块 FC5(AG_SEND)、FC6(AG_RECV)通信指令，如图 6-31 所示，其含义见注释。

程序段1：调用FC6

ID为连接号，要与连接配置一致；CP的地址如图8-29所示；RECV=P#DB2.DBX 0.0 BYTE 100 为接收数据区，表示接收数据存在DB2第0.0位开始的100个字节

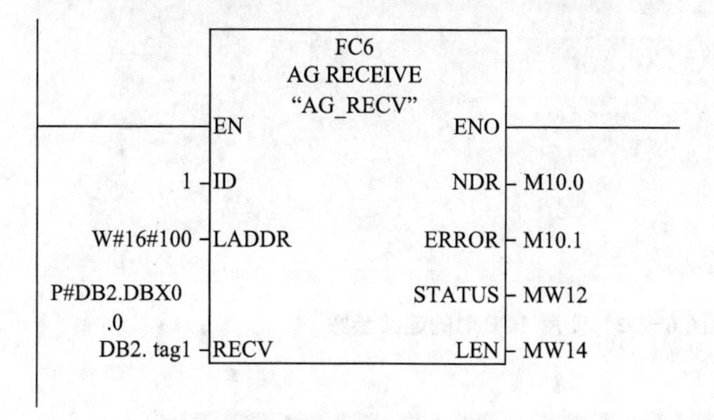

程序段2：调用FC5

M0.2为1时激活发送任务；连接号ID要与配置一致，CP地址如图8-29所示；SEND为发送数据区，LEN为发送数据长度

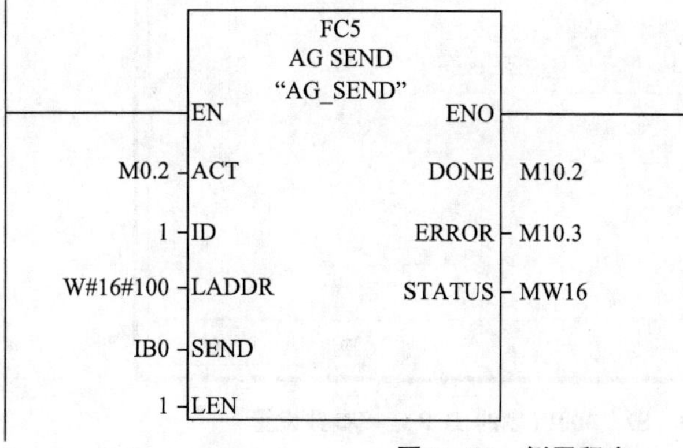

图 6-31　例子程序

⑤ 监控通信结果。下载 S7 - 1200PLC 和 S7 - 300PLC 中的所有组态及程序,监控通信结果。在 S7 - 1200PLC 中向 DB2 中写入数据:“11”“22”和“33”,则在 S7 - 300PLC 中的 DB2 块接收到数据也为“11”“22”和“33”。在 S7 - 300PLC 中,将“2#1111_1111”写入 IB0,则在 S7 - 1200PLC 中的 QB0 区接收到的数据也为“2#1111_1111”。

2. TCP 通信

使用 TCP 通信,除了连接参数的定义不同,通信双方的其他组态及编程与前面的 ISO on TCP 通信完全相同。

S7 - 1200PLC 中,使用 TCP 与 S7 - 300PLC 通信时,设置 PLC_3 的连接参数如图 6 - 32 所示。设置通信伙伴 S7 - 300PLC 的连接参数如图 6 - 33 所示。

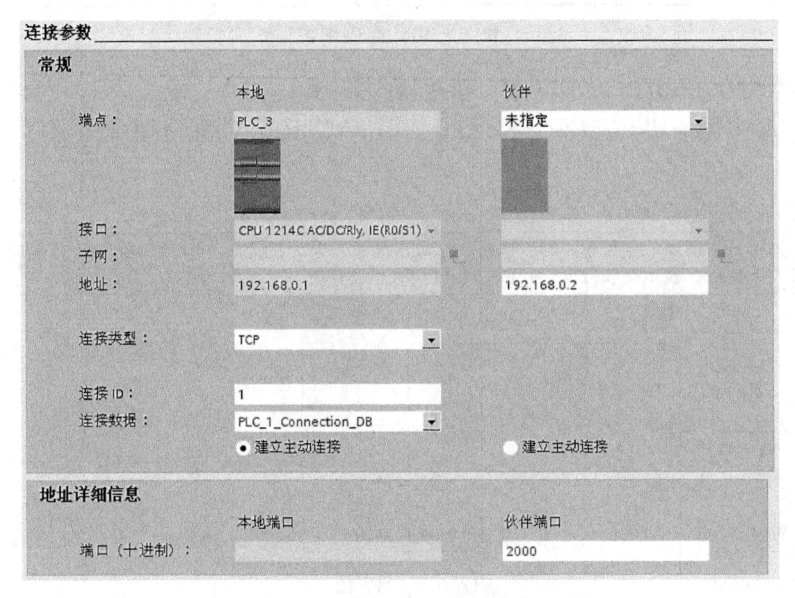

图 6 - 32 使用 TCP 时的连接参数

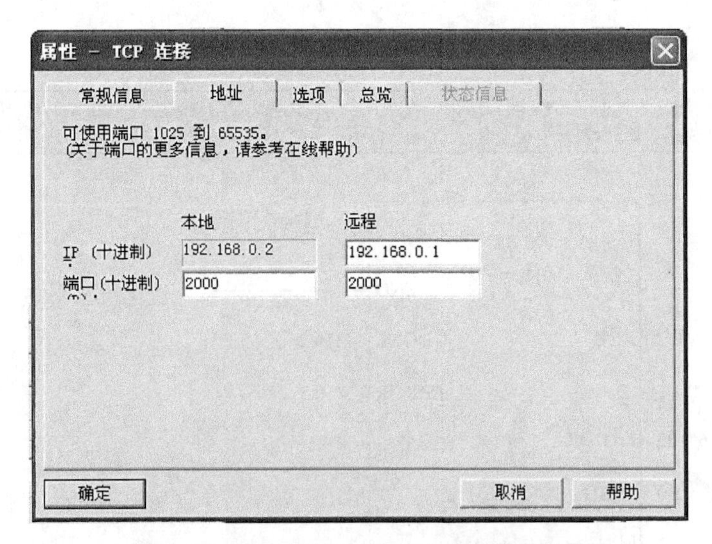

图 6 - 33 S7 - 300PLC 的 TCP 连接参数设置

3. S7 通信

对于 S7 通信,S7－1200PLC 的 PROFINET 通信口只支持 S7 通信的服务器端,所以在编程组态和建立连接方面,S7－1200PLC 不用做任何工作,只须在 S7－300PLC 一侧建立单边连接,并使用单边编程方式 PUT、GET 指令进行通信。

注意:如果在 S7－1200PLC 一侧 DB 块作为通信数据区,必须将 DB 块定义成绝对寻址,否则会造成通信失败。

下面通过简单的例子演示这种方法的组态。要求:S7－300PLC 读取 S7－1200PLC 中 DB2 的数据到 S7－300PLC 的 DB11 中,S7－300PLC 将本地 DB12 中的数据写到 S7－1200PLC 的 DB3 中。

只需要在 S7－300PLC 一侧配置编程,步骤如下。

(1) 使用 STEP 7 软件新建一个项目,插入 S7－300PLC 站。在硬件组态编辑器中,设置 S7－300PLC 的以太网模块"CP343－1"的 IP 地址为 192.168.0.2,子网掩码为 255.255.255.0,并将其连接到新建的以太网 Ethernet(1)上。

(2) 组态连接。打开组态网络编辑器,选中 S7－300PLC,双击连接列表打开"插入连接"对话框,选择通信伙伴为"未定义",通信协议为"S7 连接"。确定后,其连接属性如图 6－34 所示。单击"地址详细信息"按钮,打开"地址详细信息"对话框,如图 6－35 所示,要设置 S7－1200PLC 的 TSAP 地址为 03.01 或 03.00。S7－1200PLC 预留给 S7 连接的两个 TSAP 地址分别为 03.01 和 03.00。

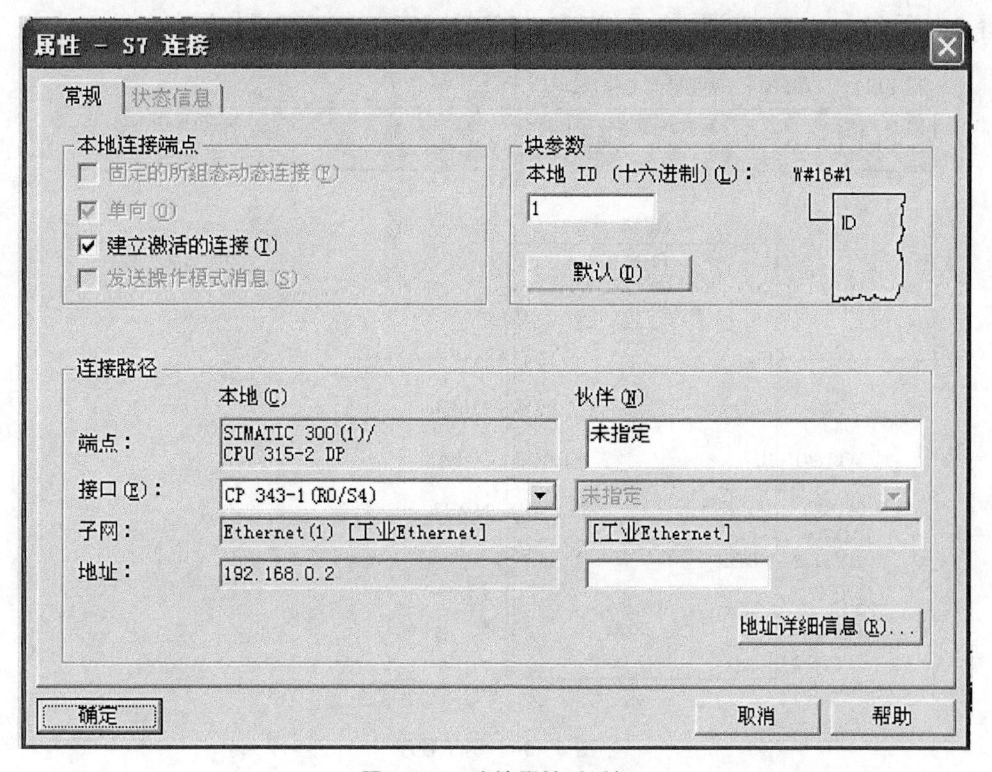

图 6－34　连接属性对话框

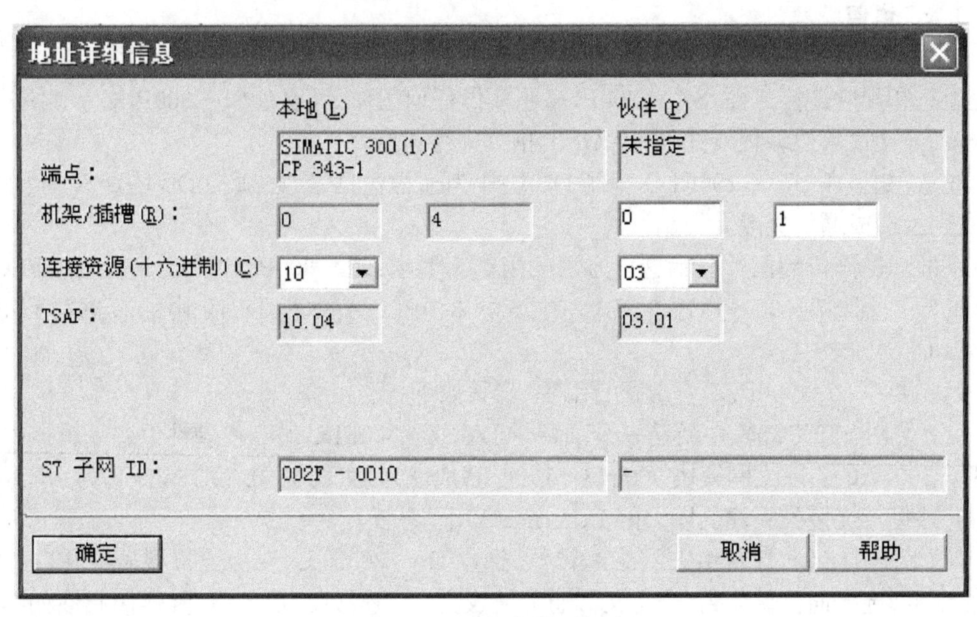

图 6-35　地址详细信息

(3) 编程程序。在 S7-300PLC 中，新建接收数据区为 DB2，定义成 100 个字节的数组。在 OB1 中，调用库中通信块 FB14(GET)、FB15(PUT)通信指令，如图 6-36 所示，其含义见注释。对于 S7-400PLC，调用的是 SFB14(GET)、SFB15(PUT)通信指令。

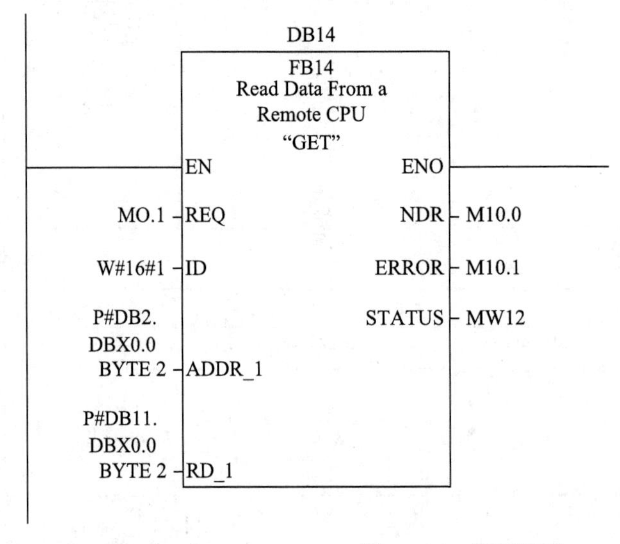

图 6-36　例子程序

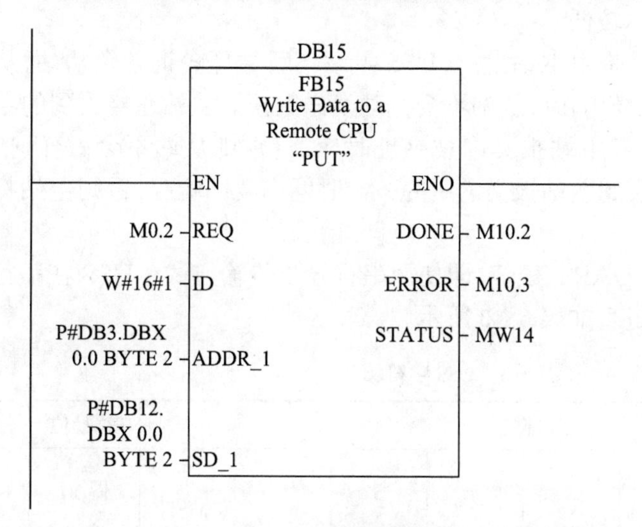

续图 6 - 36　例子程序

(4) 监控通信结果。配置 S7 - 1200PLC 的硬件组态并设置 IP 地址为 192.168.0.1,创建通信数据区 DB2、DB3。然后下载 S7 - 1200PLC 及 S7 - 300PLC 的所有组态及程序,并监控通信结果。可以看出,在 S7 - 1200PLC 中的 DB2 写入数据:"1""2",则在 S7 - 300PLC 中的 DB11 中收到数据也为"1""2"。在 S7 - 300PLC 中,将"11""22"写入 DB12,则在 S7 - 1200PLC 的 DB3 中收到的数据也为"11""22"。

6.4　S7 - 1200PLC 的串口通信

在 S7 - 1200PLC 的串口通信模块有两种型号,分别为 CM1241 RS232 接口模块和 CM1241 RS485 接口模块。CM1241 RS232 接口模块支持基于字符的自由口协议和 MODBUS RTU 主从协议。CM1241 RS485 接口模块支持基于字符的自由口协议、MODBUS RTU 主从协议及 USS 协议。两种串口通信模块有如下共同特点:

(1) 通信模块安装于 CPU 模块的左侧,并且数量之和不能超过 3 块。

(2) 串行接口与内部电路隔离。

(3) 由 CPU 模块供电,无须外部供电。

(4) 模块上有一个 DIAG(诊断)LED 灯,可根据此 LED 灯的状态判断模块状态。模块上部盖板下有 Tx(发送)和 Rx(接收)两个 LED 灯指示数据的接收。

(5) 可使用扩展指令或库函数对串口进行配置和编程。

CM1241 RS232 和 CM1241 RS485 接口模块都支持基于字符的自由口协议,使用时要进行串口通信模块的端口设置、发送参数设置、接收参数设置以及硬件标识符等。由于篇幅的限制,这里不详细介绍了。

下面将介绍 USS 协议通信。

S7－1200PLC串口通信模块可使用USS协议库来控制支持USS通信协议的西门子变频器。USS是西门子专门针对装置开发的通信协议。USS协议的基本特点是:支持多点通信,采用单主站的主从访问机制,每个网络上最多可以有32个节点,报文格式简单可靠,数据传输灵活高效,容易实现,成本较低。

USS的工作机制是:通信总是由主站发起,USS主站不断循环轮询各个从站,从站根据收到的指令,决定是否以及如何响应,从站不会主动发送数据。从站在接收到的主站报文没有错误并且本从站在接收到主站报文中被寻址时应答,否则从站不会做任何响应。对于主站来说,从站必须在接收到主站报文之后的一定时间内发回响应,否则主站将视为出错。

USS的字符传输格式符合UART规范,即使用串行异步传输方式。USS在串行数据总线上的字符传输帧为11位长度,如表6－3所示。

表6－3　USS字符帧

起始位	数据位								效验位	停止位
1	0 LSB	1	2	3	4	5	6	7 MSB	偶 x1	1

USS协议的报文简洁可靠,高效灵活。报文由一连串的字符组成,协议中定义了它们的特定功能,如表6－4所示。其中,每小格代表一个字符(字节),STX表示起始字符,总是02h,LGE表示报文长度,ADR表示从站地址及报文类型,BCC表示效验符。

表6－4　USS报文结构

STX	LGE	ADR	净数据区					BCC
			1	2	3	……	n	

净数据区由PKW区和PZD区组成,如表6－5所示。PKW区域用于读取参数值,参数定义或参数描述文本,并可修改和报告参数的改变。其中,PKE为参数ID,包括代表主站指令和从站响应的信息以及参数号等,IND为参数索引,主要用于与PKE配合定位参数,PWEm为参数值数据。PZD区域用于在主站和从站之间传递控制和过程数据,控制参数按设定好的固定格式在主、从站之间对应往返。如PZD1为主站发给从站的控制字/从站返回给主站的状态字,而PZD2为主站发给从站的给定值/从站返回给主站的实际反馈值。

表6－5　USS净数据区

PKW区						PZD区			
PKE	IND	PWE1	PWE2	……	PWEm	PZD1	PZD2	……	PZDn

根据参数的数据类型和驱动装置的不同,PKW和PZD区的数据长度都不是固定的,它们可以灵活改变来适应具体的需要。但是,在用于控制器通信的自动控制任务时,网络上的

所有节点都要按相同的设定来工作,并且在整个工作过程中不能随意改变。PKW 可以访问所有对 USS 通信开放的参数,而 PZD 仅能访问特定的控制和过程参数。PKW 在许多驱动装置中是作为后台任务处理的,因此 PZD 的实时性要比 PKW 好。

1. USS 指令

S7 - 1200PLC 提供的 USS 协议库包含用于变频器通信的指令 USS_DRV、USS_PORT、USS_RPM 和 USS_WPM,可以通过这些指令来控制变频器、读写变频器的参数。USS 协议只能用于 CM1241 RS485 通信模块,不能用于 CM1241 RS232 通信模块。每个 CM1241 RS485 通信模块最多只能与 16 个变频器通信。

(1) USS_DRV 指令

通过创建消息请求和解释从变频器的响应信息来与变频器交换数据。每个变频器要使用一个单独的功能块,但在同一 USS 网络中必须使用同一个背景数据块。背景数据块中包含一个 USS 网络中所有变频器的临时存储区和缓冲区。USS_DRV 功能块的输入对应变频器的状态,输出对应对变频器的控制。USS_DRV 指令块如图 6 - 37 所示,其参数含义如表 6 - 6 所示。

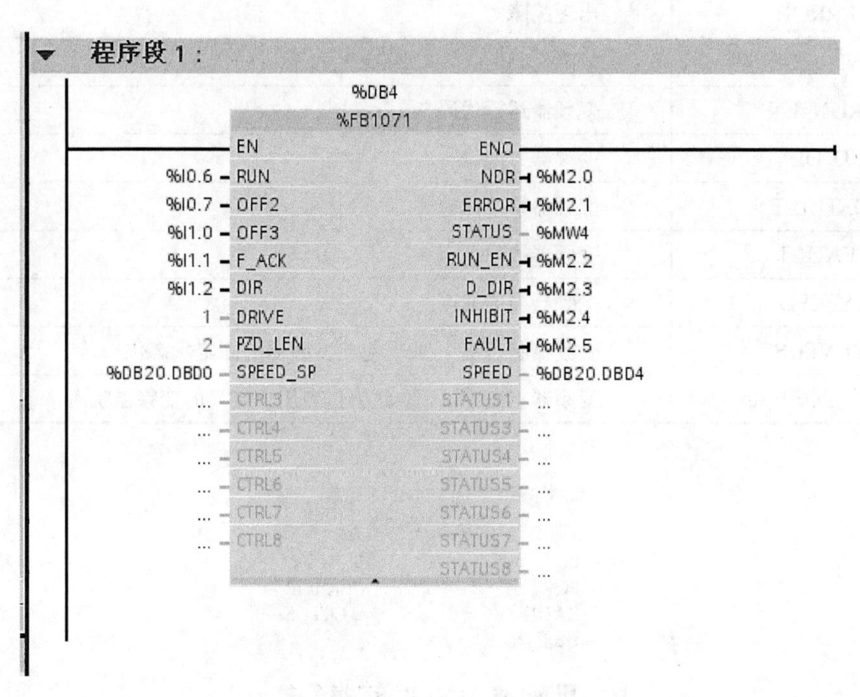

图 6 - 37　USS_DRV 指令块

(2) USS_PORT 指令

USS_PORT 指令用于处理 USS 网络上的通信。在程序中每个 USS 网络仅使用 USS_PORT 指令。每次执行 USS_PORT 指令仅处理与一个变频器的数据交换,所以必须频繁执行 USS_PORT 指令以防止变频器通信超时。USS_PORT 通常在一个延时中断 OB 中调用以防止变频器通信超时,并给 USS_DRV 提供新的 USS 数据。USS_PORT 指令如图 6 - 38 所示,其参数含义如表 6 - 7 所示。

表 6-6　USS_DRV 参数含义

参数	含义
RUN	变频器启动位,为 1 时变频器启动以预设速度运行
OFF2	停车信号 2,为 1 时电动机自由停车
OFF3	停车信号 3,为 1 时电动机快速停车
F_ACK	故障确认,可以清除驱动装置的报警状态
DIR	电动机运转方向控制
DRIVE	驱动装置在 USS 网络上的站地址
PZD_LEN	字长度,PZD 数据有多少个字的长度
SPEED_SP	速度设定值,变频器频率范围的百分比
CTRL3～8	控制字 3～8
NDR	新数据到达
ERROR	出现故障
STATUS	故障代码
RUN_EN	变频器运行代码
D_DIR	变频器方向位
INHIBIT	变频器禁止标志位
FAULT	变频器故障
SPEED	变频器当前速度
STATUS1	变频器状态字 1,此值包含变频器的固定状态位
STATUS3～8	变频器状态字 3～8,此值包含用户定义的变频器状态字

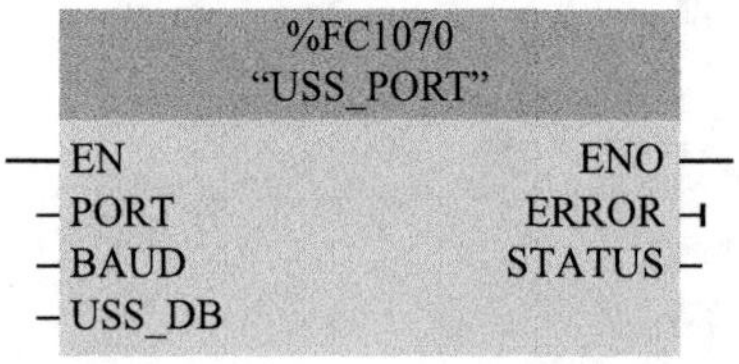

图 6-38　USS_PORT 指令块

表 6-7　USS_PORT 参数含义

参数	含义
PORT	RS485 通信模块的硬件标识符
BAUD	USS 通信的波特率
USS_DB	USS_DRV 指令块对应的背景数据块
ERROR	故障标志位
STATUS	请求状态值

(3) USS_RPM 指令

USS_RPM 指令从变频器读取一个参数的值,必须在 OB1 中调用。USS_RPM 指令如图 6-39 所示,其参数含义如表 6-8 所示。

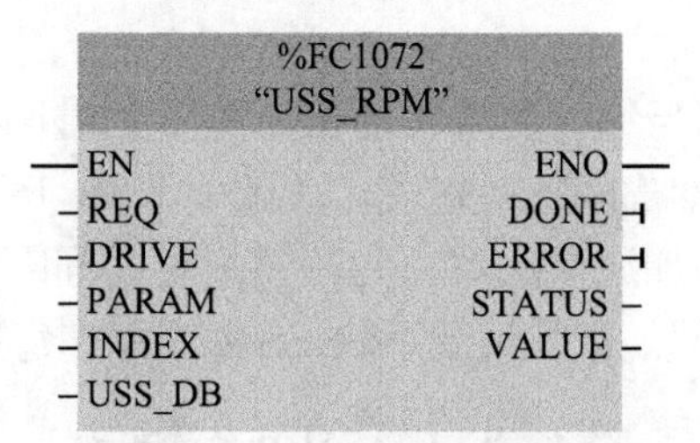

图 6-39　USS_RPM 指令块

表 6-8　USS_RPM 参数含义

参数	含义
REQ	发送请求,为1时表示要发送一个新的读请求
DRIVE	驱动状态在 USS 网络中的站地址
PARAM	要读取的参数号
INDEX	参数下标,有些参数由多个带下标的参数组成一个参数组,下标用来指出具体的某个参数,对于没有下标的参数可设为0
USS_DB	USS_DRV 指令对应的背景数据块
VALUE	读取参数的值
DONE	为1表示 USS_DRV 接收到变频器对读请求的响应
ERROR	出现故障
STATUS	读请求的状态值

(4) USS_WPM 指令

USS_WPM 指令用于更改变频器某一个参数的值,必须在 OB1 中调用。USS_WPM 指令如图 6-40 所示,其参数含义如表 6-9 所示。

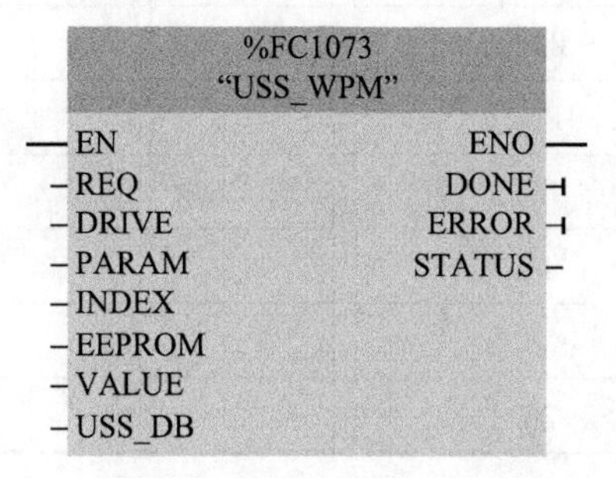

图 6-40　USS_WPM 指令块

USS_RPM 指令和 USS_WPM 指令在程序中可多次调用,但是同一时间只能激活一个与同一变频器的读取请求。另外要注意与变频器通信所需时间的计算:USS 库与变频器的通信异步于 S7－1200PLC 的扫描。在一次与变频器的通信时间内,S7－1200PLC 通常可完成几次扫描。对于主站来说,从站必须在接收到主站报文之后的一定时间内发回响应,否则主站将视为出错。

USS_PORT 时间间隔为与每台变频器通信所需要的时间。表 6－10 给出了通信波特率与最小 USS_PORT 时间间隔的对应关系。以最小 USS_PORT 时间间隔的周期来调用 USS_PORT 功能块并不会增加通信次数。变频器超时间间隔是指当通信错误导致 3 次重试来完成通信时所需要的时间。默认情况下,USS 协议库在每次通信中自动重试最多 2 次。

表 6－9　USS_WPM 参数含义

参数	含义
REQ	发送请求,为 1 时表示要发送一个新的读请求
DRIVE	驱动状态在 USS 网络中的站地址
PARAM	要读取的参数号
INDEX	参数下标,有些参数由多个带下标的参数组成一个参数组,下标用来指出具体的某个参数,对于没有下标的参数可设为 0
EEPROM	保存到变频器的 EEPROM 中,为 0 则将参数值保存在 RAM 中,掉电不保持
VALUE	要写的参数的值
USS_DB	USS_DRV 指令对应的背景数据块
DONE	为 1 表示 VALUE 的值已写入对应参数
ERROR	出现故障
STATUS	写请求的状态值

表 6－10　通信波特率与最小 USS_PORT 时间间隔的对应关系

波特率	计算的最小 USS_PORT 调用间隔/ms	每台变频器的消息超时间间隔/ms
1200	790	2370
2400	405	1215
4800	212.5	638
9600	116.3	349
19200	68.2	205
38400	44.1	133
57600	36.1	109
115200	28.1	85

2. 应用举例

本例子中通过 USS 电缆连接 MM440 变频器和 S7－1200PLC,实现 S7－1200PLC 与

MM440 变频器的 USS 通信。

(1) MM440 参数设置

假定已完成了变频器的基本参数设置和调试(如电动机参数辨识等),下面只涉及与 USS 通信相关的参数。与 S7－1200PLC 实现 USS 通信时,需要设置的主要有“控制源”和“设定源”两组参数。要设置此类参数,需要“专家”级参数访问级别,即要将 P0003 参数设置为 3。

将控制源参数 P0007 设置为 5,表示变频器从端子(COM Link)的 USS 接口接受控制信号。此参数有分组,此处仅设置第一组,即 P0700.0＝5。

设定源参数 P1000.0＝5,表示变频器从端子(COM Link)的 USS 接口接收设定值。

P2009 参数决定是否对 COM Link 上的 USS 通信设定值规格化,即设定值是以运转频率的百分比形式表示还是绝对频率值。若设定 P2009＝0,则对 USS 通信设定值进行不规格化,即设定为 MM440 中的频率设定范围的百分比形式;若设定 P2009＝1,则对 USS 通信设定值进行规格化,即设定值为绝对的频率数值。

P2010 参数设置 COM Link 上的 USS 通信速率。P2010＝6 表示波特率为 9600bit/s。

P2011 参数设置变频器 COM Link 上的 USS 通信口在网络上从站地址。

P2012 设置为 2,即 USS PZD 区长度为 2 个字长。

P2013 设置为 127,即 USS PKW 区的长度可变。

P2014 参数设置 COM Link 上的 USS 通信控制信号中断超时时间,单位为 ms;如设置为 0,则不进行此端口上的超时检查。

P0971＝1 将上述参数保存如 MM440 的 EEPROM 中。

(2) 编写程序

在 S7－1200PLC 的 OB1 中编写程序如图 6－41 所示。其中,程序段 1 用来与 MM440 进行交换数据,从而读取 MM440 的状态以及控制 MM440 的运行;程序段 2 用于通过 USS 通信从 MM440 读取参数;程序段 3 用于通过 USS 通信设置 MM440 的参数。需要注意的是,对读、写参数指令块编程时,各个数据的数据类型一定要正确对应。

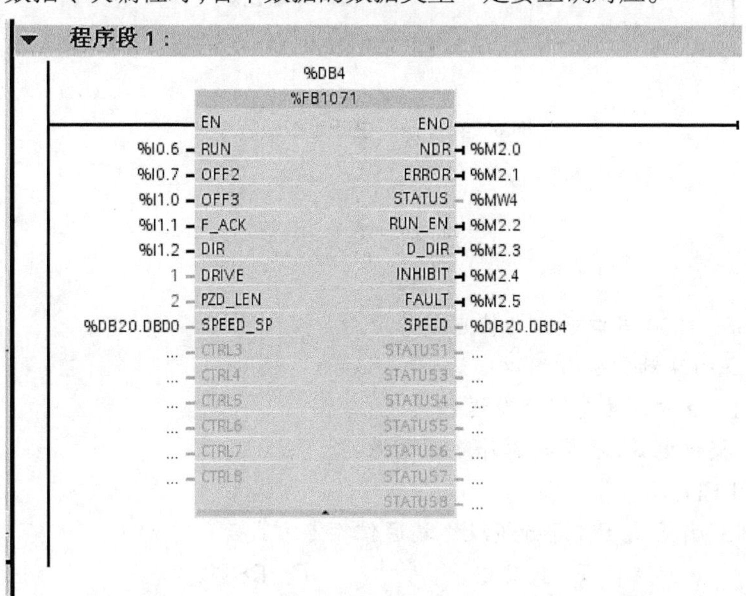

图 6－41　OB1 程序

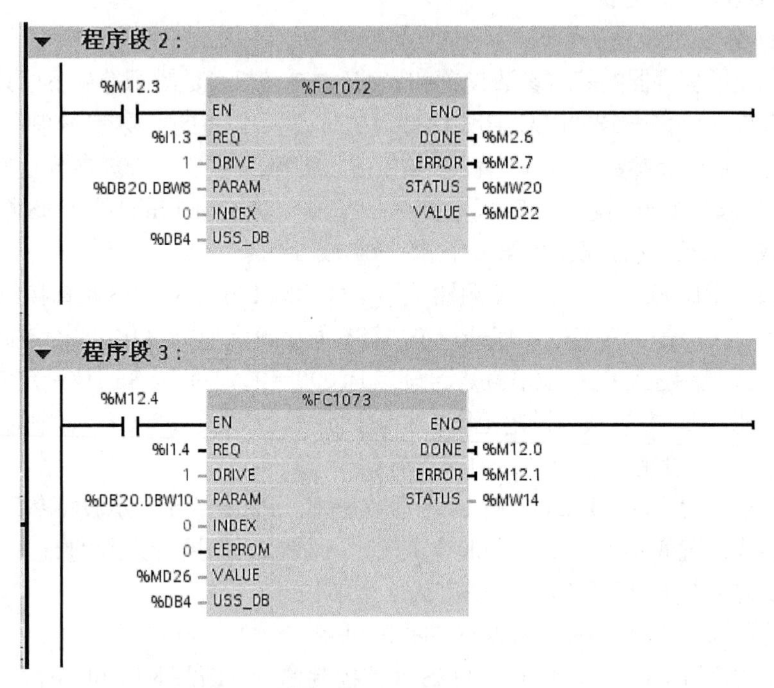

续图 6-41 OB1 程序

根据表 6-10 所示 USS_PORT 通信时间的处理，新建一个循环时间为 150ms 的循环中断组织块，在其中编写程序如图 6-42 所示，从而防止变频器超时。

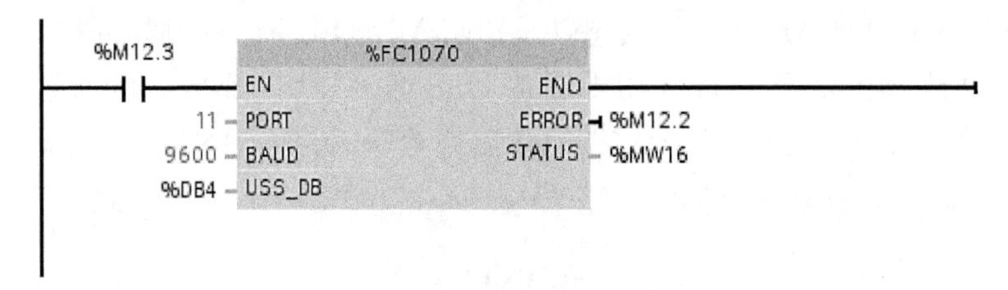

图 6-42 循环中断组织块程序

习题与思考题六

1. 以下不是 S7-1200 串口通信的特点是(　　)。
   A. 具有独立的 9 针 D sub 端口
   B. 能通过 LED 方式动态显示发送和接收
   C. 由 CPU 提供电源，不需要额外连接电源
   D. 无诊断 LED
2. S7-1200PLC 与台式 PC 进行超级终端通信额定方式是(　　)。
   A. RS485　　B. RS232　　C. RS422　　D. TCP/IP

3. S7 - 1200PLCRS232 模块在端口组态中没有的参数是(　　)。

A. 波特率　　B. 奇偶效验

C. 起始符号　　C. 停止位

4. 请设计两台 S7 - 1200PLC 之间通过 RS232 进行通信的硬件线路,并编程。

附录　STEP 7 Basic 软件使用

一、STEP 7 Basic 编程软件特点

SIMATIC STEP 7 Basic 是西门子公司开发的高集成度工程组态系统，包括面向任务的HMI 智能组态软件 SIMATIC WinCC Basic。上述两个软件集成在一起，也称为全集成自动化(Totally Integrated Automation，TIA)门户，它提供了直观易用的编辑器，用于对 S7－1200 和精简系列面板进行高效组态。除了支持编程以外，STEP 7 Basic 还是硬件和网络组态、诊断等通用的工程组态框架。

STEP 7 Basic 的操作直观、上手容易、使用简单，使用户能够对项目进行快速而简单的组态。由于具有通用的项目视图、用于图形化工程组态的最新用户接口技术、智能的拖放功能以及共享的数据处理等，有效地保证了项目的质量。

由于 STEP 7 Basic(包括 SIMATIC WinCC Basic)具有面向任务的智能编辑器，界面十分直观。由于它可以作为一个通用的工程组态软件框架，对 S7－1200 控制器进行编辑和调试，功能强大的 HMI 软件 WinCC Basic 用于对精简系列面板进行高效的组态。

用户可以在两种不同的视图中选择一种最适合的视图：

(1) 在 Portal(门户)视图中，可以概览自动化项目的所有任务。

(2) 在项目视图中，整个项目(包括 PLC 和 HMI 设备)按多层结构显示在项目树中。

可以使用拖放功能为硬件分配图标。用户可以在同一个工程组态软件框架下同时使用HMI 和 PLC 编辑器，大大提高了效率。

图形编辑器保证了对设备和网络快速直观地进行组态，使用线条连接设备就可以完成对通信连接的组态。在线模式可以提供故障诊断信息。

该软件采用了面向任务的理念，所有的编辑器都嵌入到一个通用框架中。用户可以同时打开多个编辑器。只需轻点鼠标，便可以在编辑器之间切换。

如图 1 所示为上述两种视图。Portal 视图提供了面向任务的视图，其类似于向导操作，可以一步一步进行相应的选择。项目视图是一个包含所有项目组态的结构视图，在项目视图中可以直接访问所有的编辑器、参数和数据，并进行高效的工程组态和编程。

Portal 视图的布局如图 1(a)所示。选择不同的“任务入口”可处理启动、设备和网络、PLC 编程、可视化、在线和诊断等各种工程任务。在已经选择的任务入口中可以找到相应的操作，例如选择“启动”任务后，可以进行“打开现有项目”“创建新项目”“移植项目”等操作。“与已选操作相关的列表”显示的内容与所选的操作相匹配，例如选择“打开现有项目”后，列表将显示最近使用的项目，可以从中选择打开。

项目视图的布局如图 1(b)所示，类似于 Windows 界面，包括了标题栏、工具栏、编辑区和状态栏等。项目视图的左侧为项目树，可以访问所有设备和项目数据，也可以在项目树中

直接执行任务，例如添加新组件、编辑已存在的组件、打开编辑器处理项目数据等；项目视图的右侧为任务卡，根据已编辑的或已选择的对象，在编辑器中可得到一些任务卡，并允许执行一些附加操作，例如从库或硬件目录中选择对象，查找和替换项目中的对象，将预定义的对象拖到工作区等；项目视图的下部为检查窗口，用来显示工作区中已选择对象或执行操作的附件信息，其中，“属性”选项卡显示已选择对象的属性，并可对属性进行设置，“信息”选项卡显示已选择对象的附件信息，以及操作执行的报警，例如编译过程信息，“诊断”选项卡提供了系统诊断事件和已配置的报警事件。

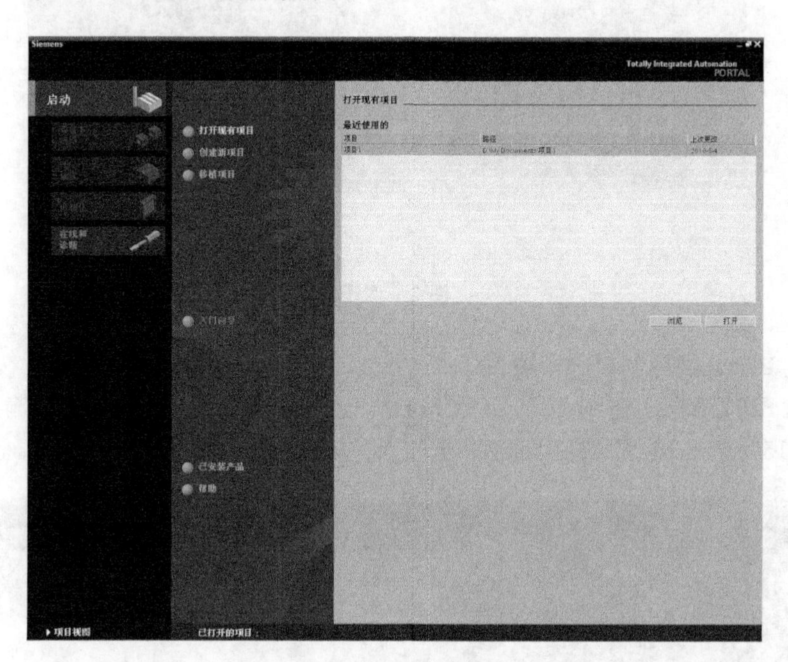

(a) Portal 视图

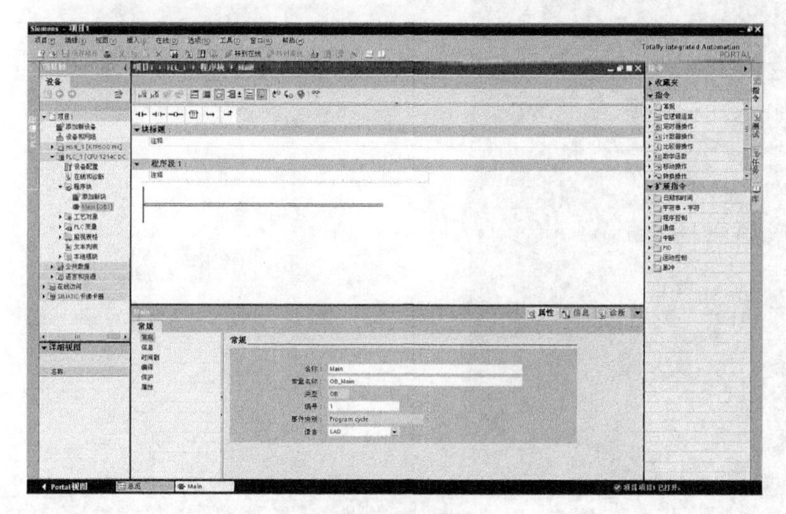

(b) 项目视图

图 1　STEP 7 Basic 的两种视图

二、STEP 7 Basic 使用入门

下面基于图 2 所示例子来说明 S7－1200PLC 的编程组态软件 STEP 7 Basic 的基本使用步骤。按下 S7－1200PLC 的按钮 I0.0 使输出 Q0.0 灯亮，按下按钮 I0.1 则 Q0.0 灯灭，并且在触摸屏 KTP 上通过一个 I/O 域显示 Q0.0 的值。

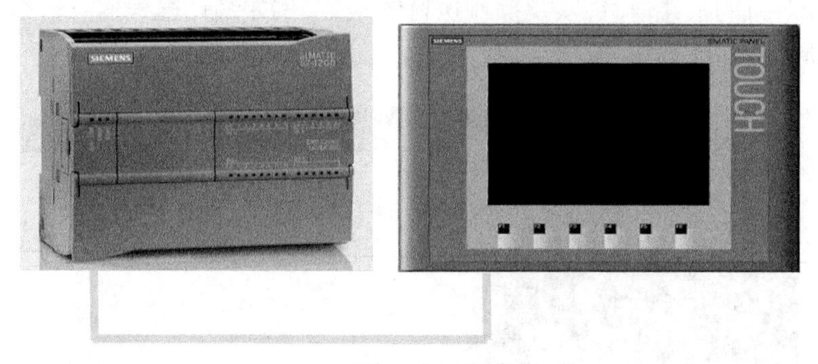

图 2　例子

1. 通过 Portal 视图创建一个项目

打开 STEP 7 Basic，在图 1(a)所示 Portal 视图中选择“创建新项目”，输入项目名称“test20100515”，单击“创建”按钮则自动进入“入门向导”界面，如图 3 所示。

图 3　“入门向导”界面

2. 组态硬件设备及网络

在图 3 中单击“组态设备”项开始对 S7－1200PLC 的硬件进行组态，选择“添加新设备”项，显示“添加新设备”界面(图 4)，单击“SIMATIC PLC”按钮先组态 PLC 硬件，在“设备名称”栏中输入要添加的设备的用户定义名称，如“DEMOPLC”，在中间的目录树中通过单击各项前的▼图标或双击项目名打开 PLC→SIMATIC S7－1200→CPU 1214C，选择对应订货号的 CPU，在目录树的右侧将显示选中设备的产品介绍及性能，如果勾选了“打开设备视图”项，单击“添加”按钮，则进入“设备视图”界面，此处不勾选。

重新选择“添加新设备”，单击“SIMATIC HMI”按钮，在中间的目录树中则显示 HMI 设备，选择 HMI→SIMATIC 基本面板→6 “Display”，选择对应订货号的面板，如果勾选了“启动设备向导”项，单击“添加”按钮将启动“HMI 设备向导”对话框，此处不勾选。

下面进行网络的组态，即 S7－1200 PLC 与 HMI 联网的组态。添加完 HMI 设备后，选择“组态网络”项，则进入到项目视图的“网络视图”画面，如图 5 所示，单击“网络视图”中呈

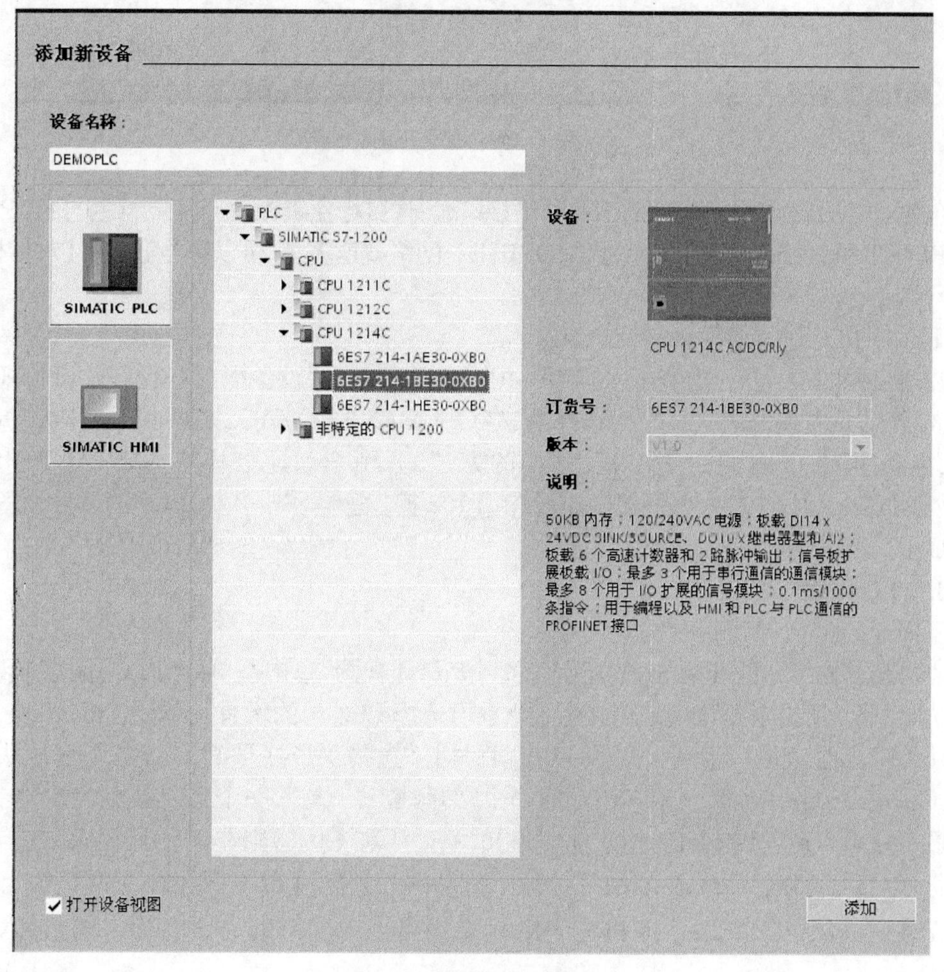

图 4　“添加新设备”界面

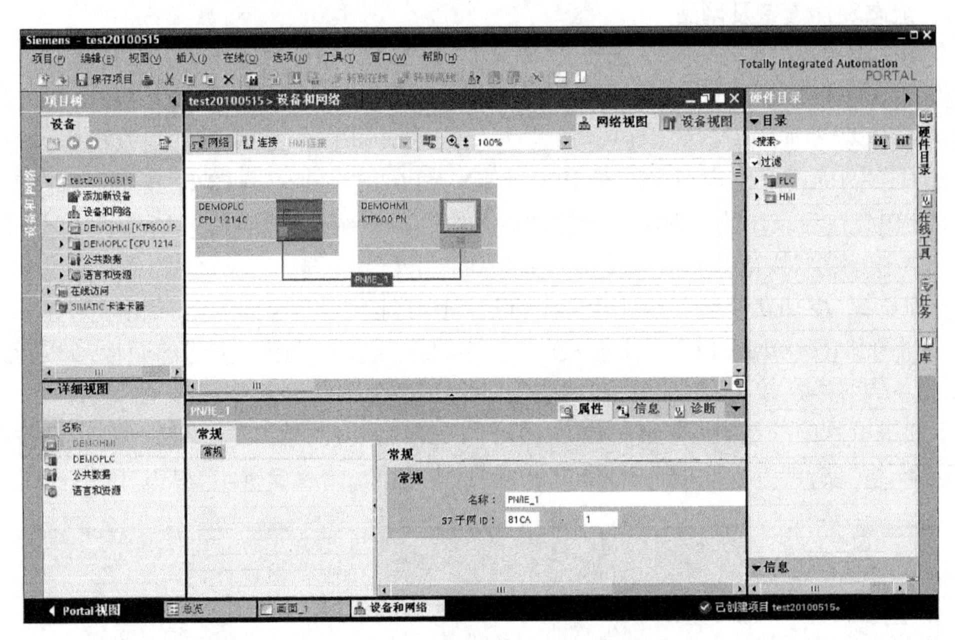

图 5　网络配置视图

现绿色的 CPU 1214C 的 PROFINET 网络接口，按住鼠标左键拖动至呈现绿色的 KTP 屏的 PROFINET 网络接口上，则两者的 PROFINET 网络就连上了，可以在“网络属性对话框”中修改网络名称。

下面对 PLC 进行各模块的设备组态。

在项目视图中，打开项目树下的“DEMOPLC”项，双击“设备配置”项打开“设备视图”，如图 6 所示，从右侧“硬件目录”中选择 AI/AO→AI4×13 位/AO2×14 位下对应订货号的设备，拖动至 CPU 右侧的第 2 槽；同样的方法，分别拖动通信模块 CM1241 RS485 和 CM1241 RS232 到 CPU 左侧的第 101 槽和第 102 槽。这样，S7－1200PLC 的硬件设备就组态完成了。

3. PLC 编程

下面开始对 PLC 进行编程。

点击图 6 左下角的“Portal 视图”，返回到 Portal 视图，单击左侧的“PLC 编程”项，可以看到选中“显示所有对象”时，右侧显示了当前所选择 PLC 中的所有块，双击“main”块，打开程序块编辑界面，如图 7 所示。也可以在项目树下直接双击打开 PLC 设备下程序块里的“main”程序块。拖动编辑区工具栏上的一个常开触点“ ⊣⊢ ”、一个常闭触点“ ⊣/⊢ ”和一个线圈“ —( )— ”到“程序段 1”，输入地址为 I0.0、I0.1 和 Q0.0，则在地址下出现系统自动分配的符号名称，可以进行修改，此处不修改。拖动常开触点到 I0.0 所在触点的下方，点击编辑区工具栏关闭分支“ ↱ ”按钮或者鼠标直接向上拖动得到完整的梯形图，输入地址 Q0.0。

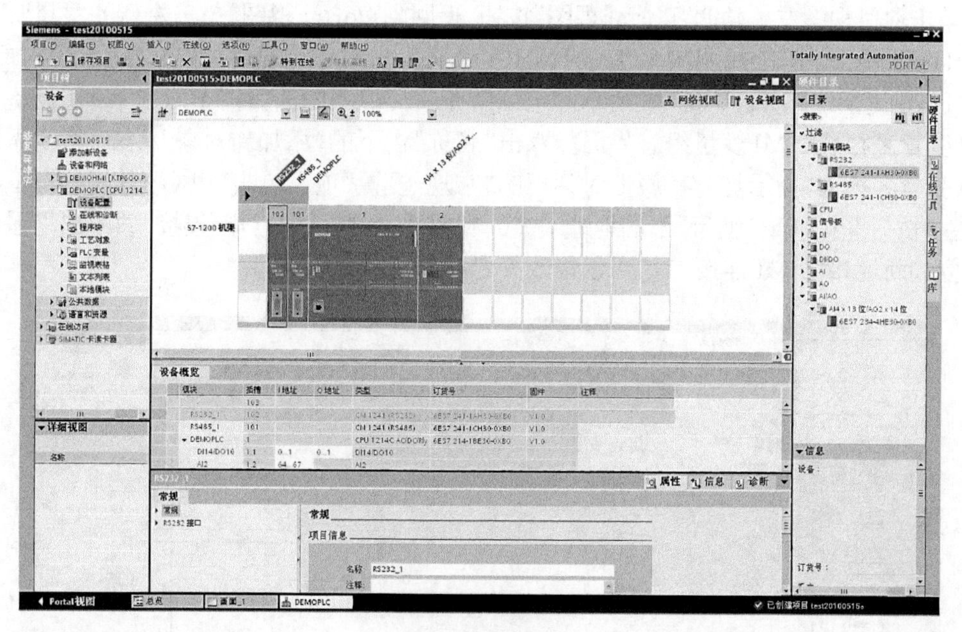

图 6　设备视图

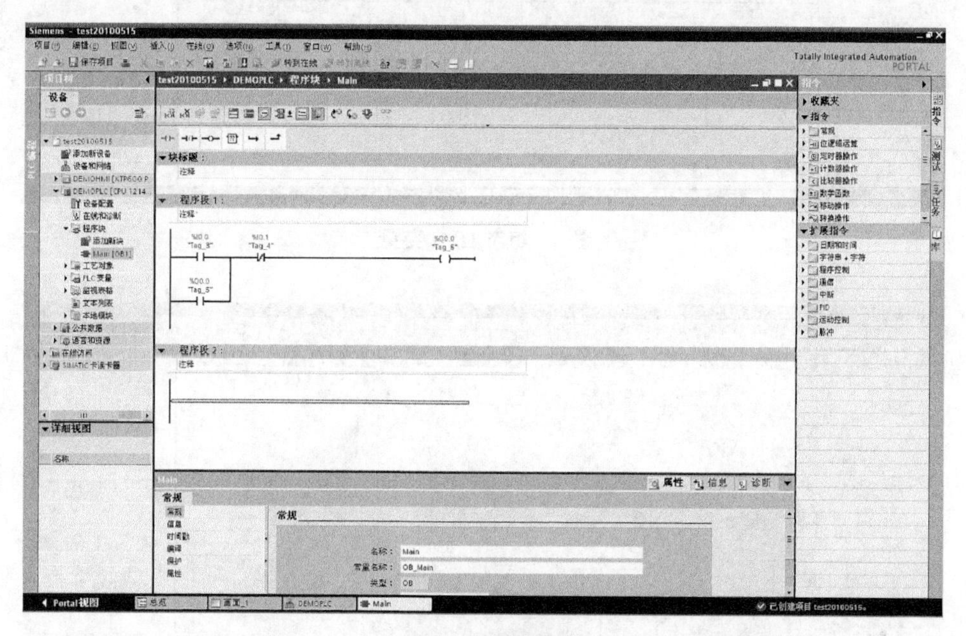

图 7　编写程序

上面的常开触点、常闭触点以及线圈等也可以从“指令”→“位编辑运算”项中选择，更多的指令可从指令树中选择。

4. 组态可视化

下面开始 KTP 面板的组态。此处仅是为了演示项目，在面板画面上组态一个 I/O 域，当按下按钮 I0.0，Q0.0 亮时，面板上的 I/O 域显示“1”，否则显示“0”。

单击项目视图左下角的“Portal 视图”按钮，返回到 Portal 视图，单击左侧的“可视化”项开始 HMI 的组态。在中间选择“编辑 HMI 变量”，双击右侧列表中的“HMI 变量”对象，则打开 HMI 变量组态界面，如图 8 所示。也可以在项目视图的项目树中双击 HMI 设备下的 HMI 变量来打开 HMI 变量组态界面。双击“名称”栏下的“添加新对象”，修改将要添加的 HMI 变量名称为“指示灯”，在属性对话框的“常规-设置”项下单击“PLC 变量”编辑框右侧的“...”按钮选择“PLC 变量”下的地址 Q0.0，则属性对话框中“常规-连接”项中出现系统自动建立的新连接“HMI 连接-1”，可以修改其名称，此处不修改。

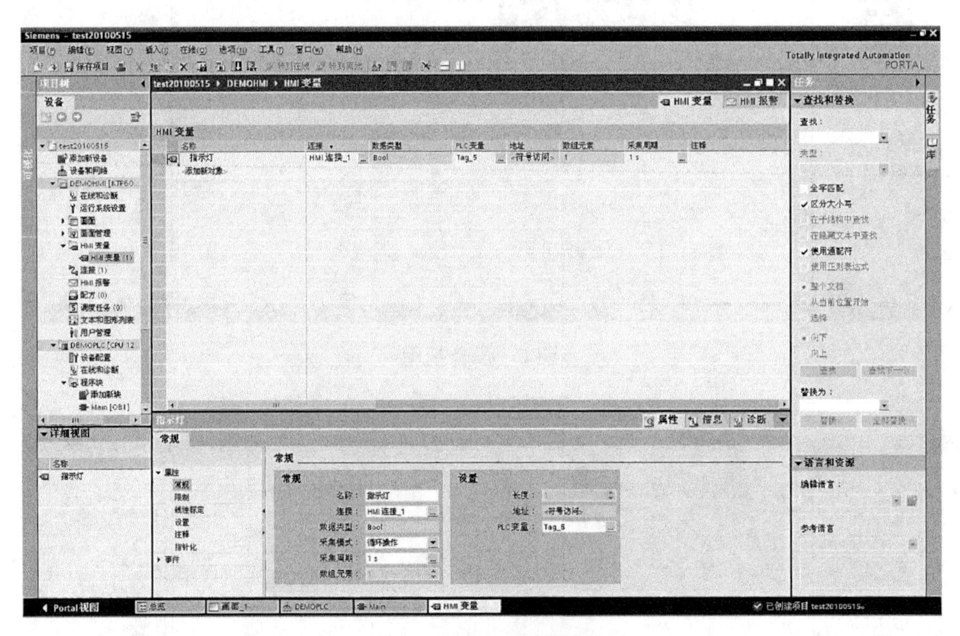

图 8　组态 HMI 变量

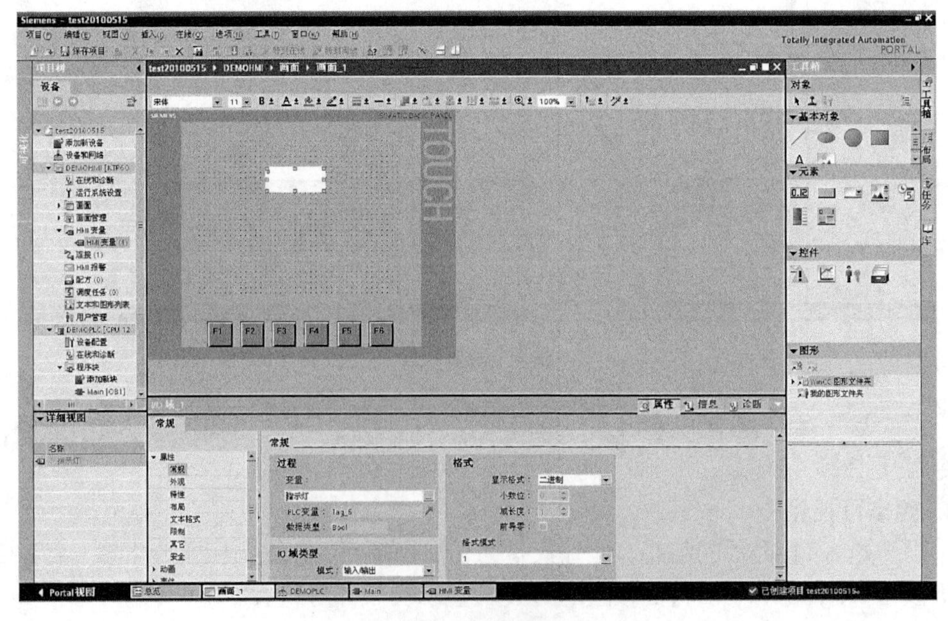

图 9　编辑画面

单击图 8 左下角的“Portal 视图”，返回到 Portal 视图，选择中间的“编辑画面”，双击右侧列表中的“画面_1”对象，打开画面编辑界面，拖动右侧“工具箱”下“元素”里的 I/O 域图标“0.12”到画面中，在 I/O 域的属性对话框中的“常规-过程”项下点击“变量”编辑框右侧的“...”按钮，添加“HMI 变量”→“指示灯”，则属性对话框中的“显示格式”自动根据变量的类型更改为“二进制”，如图 9 所示。

这样，一个简单的 PLC-SCADA 项目就组态完成了，单击工具栏中的“保存项目”按钮保存好编辑的项目。

5. 下载项目

下面开始下载项目。

先下载 PLC 项目程序。在项目视图中，选中项目树中的“DEMOPLC (CPU1214C AC/DC/Rly)”项，单击工具栏中的下载按钮图标“ ”，打开“扩展的下载到设备”对话框，如图 10 所示。此处勾选“显示所有可访问设备”，若已将编程计算机和 PLC 连接好，则将显示当前网络中所有可访问的设备，选中目标 PLC，单击“下载”按钮，将项目下载到 S7-1200PLC 中。

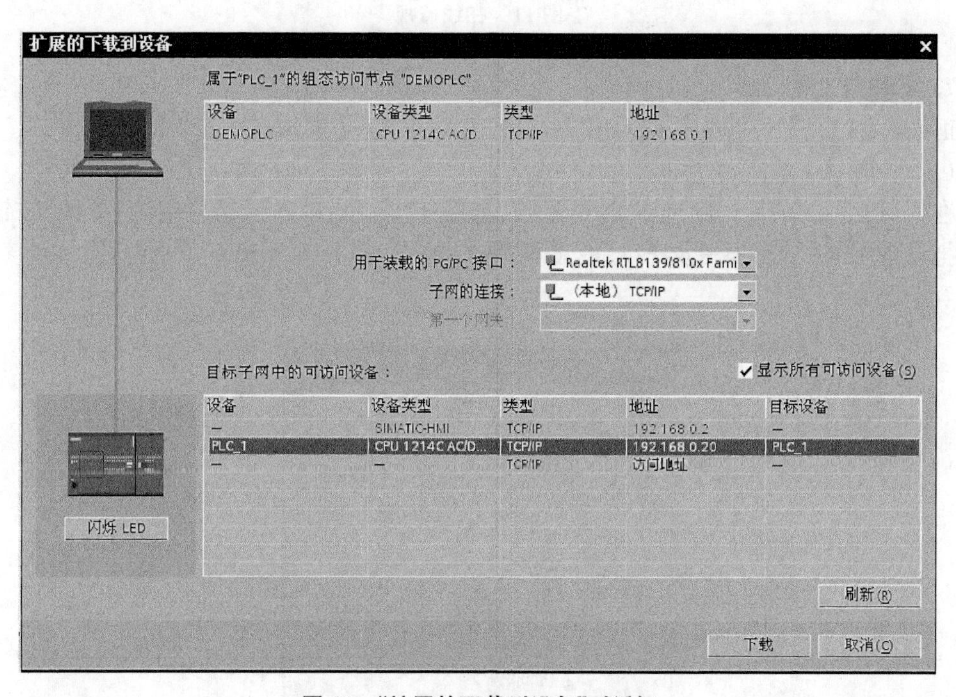

图 10　“扩展的下载到设备”对话框

然后下载 HMI 程序。在项目视图中，选中项目树中的“DEMOHMI(KTP 600 PN)”项，单击工具栏内的下载按钮“ ”图标，将 HMI 项目下载到面板中。

6. 在线监视项目

在项目视图中，点击工具栏中的“转到在线”按钮使得编程软件在线连接 PLC，点击编辑区工具栏中的“启用/禁用监视”按钮在线监视 PLC 程序的运行，如图 11 所示，此时项目右侧出现“CPU 操作员面板”，显示了 CPU 的状态指示灯和操作按钮，例如可以单击“停止”按钮来停止 CPU。程序段中，默认用绿色表示能流流过，蓝色的虚线表示能流断开。

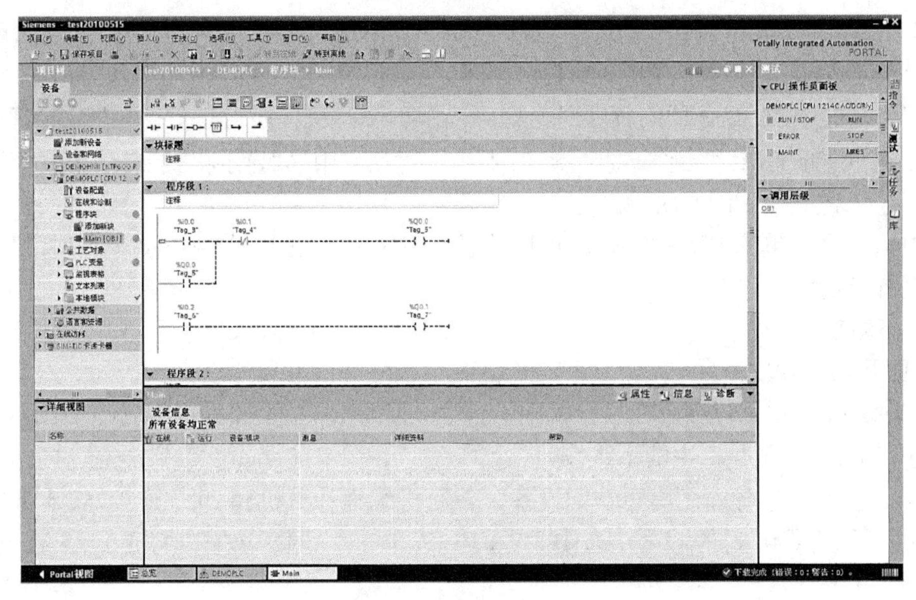

图 11　在线监视

7. 下载与上载

前面介绍了 S7－1200 中 PLC 和 HMI 的项目下载，下面做进一步说明。

(1) 下载

在项目视图的项目树中选中 PLC 设备，如图 12 所示，单击工具栏中的“下载”按钮，系统将把设备组态、所有程序及 PLC 变量和监视表格等都下载至 PLC，即所有项目树该项下的内容全部被下载。

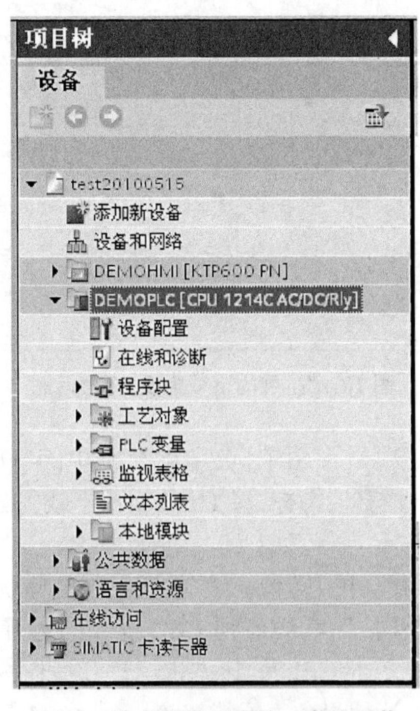

图 12　选中项目树中的一个站下载

若在项目视图中打开"设备配置"项,单击工具栏中的"下载"按钮,则只下载硬件组态及相关信息。

若在项目视图的项目树中选择一个 PLC 站下的某一个具体对象,如图 13(a)所示选中"程序块",点击工具栏中的"下载"按钮,则系统将只把所有程序块下载至 PLC。若选中"程序块"中的某一块如图 13(b)所示选中"Main(OB1)",点击"下载"按钮则只下载"Main(OB1)"程序块。

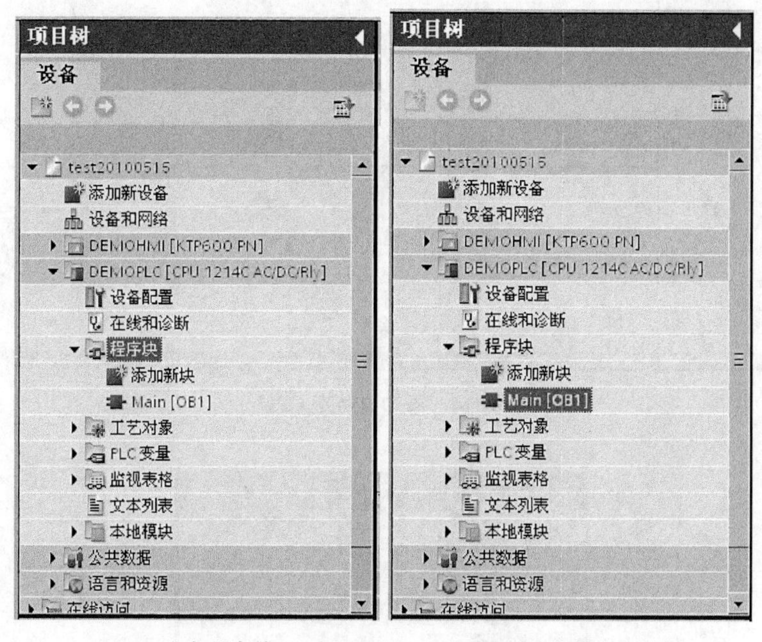

(a) 选中程序块　　(b) 选中某一个块

图 13　选中项目树中某一个具体对象

同样,若选中项目树 PLC 设备下的"PLC 变量""监视表格"或"本地模块"等,则将下载相应的对象。

(2) 上载

若需要上载项目到编程计算机上,则需要在项目中添加一个"非特定的 CPU 1200",如图 14 所示,点击 CPU 上的"检测"链接,则打开"硬件检测"对话框,在此可以浏览到网络上的所有 S7 设备,选中 S7 - 1200,点击"上载(Load)"即可上载硬件信息。上载成功后,可以在设备视图中看到所有模块的类型,包括 CPU、通信模块、信号模板和 I/O 模块等。

注意:硬件信息上载的只是 CPU(包含以太网地址)及模块的型号,而参数配置是不能上载的,必须进入硬件组态界面重新配置所需参数并下载,才能保证 CPU 正常运行。

在项目视图的项目树中打开"在线访问",则自动显示可访问到的 PLC,如图 15 所示,将程序块拖到离线的程序块中,就会自动弹出图 16 所示的"上传预览"对话框,勾选"动作"列的"继续"项,单击"从设备上传"按钮,即可将程序块复制到相应的离线项目中。

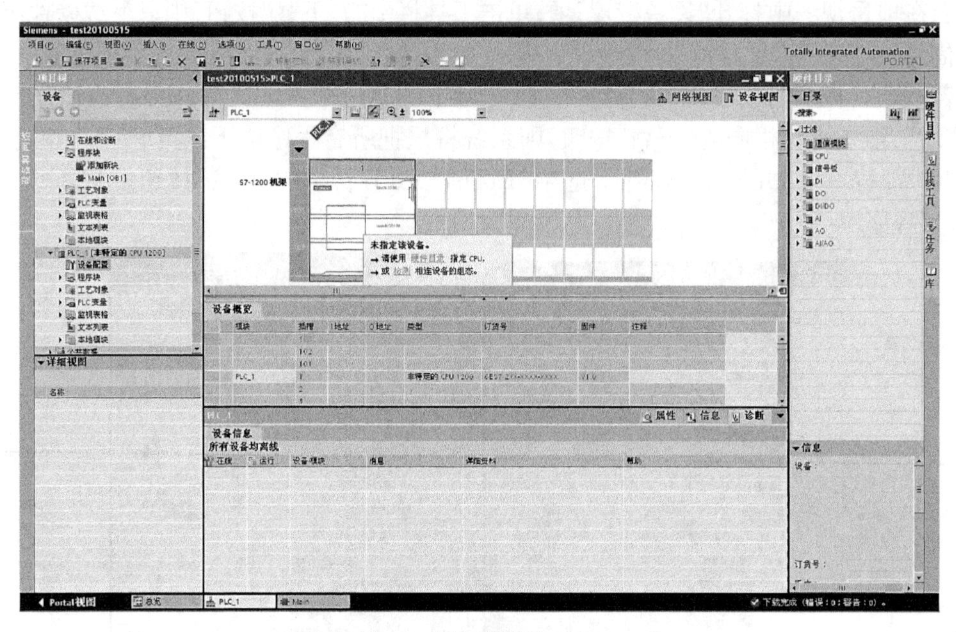

图 14　添加非特定 CPU

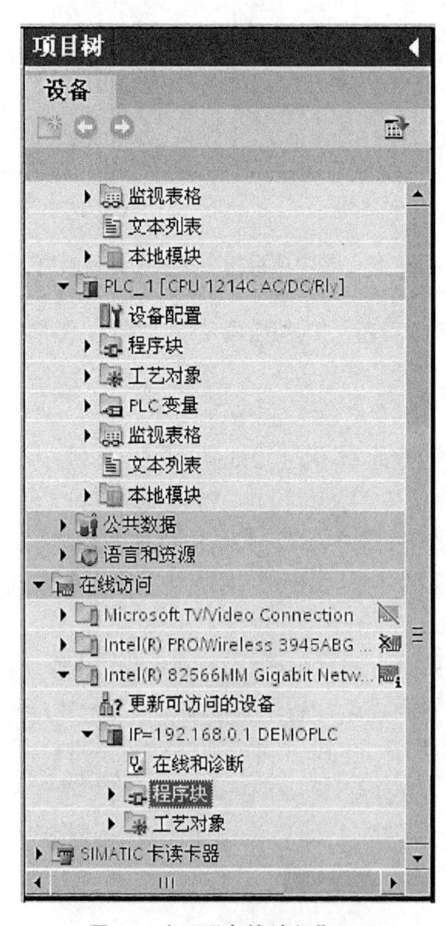

图 15　打开“在线访问”PLC

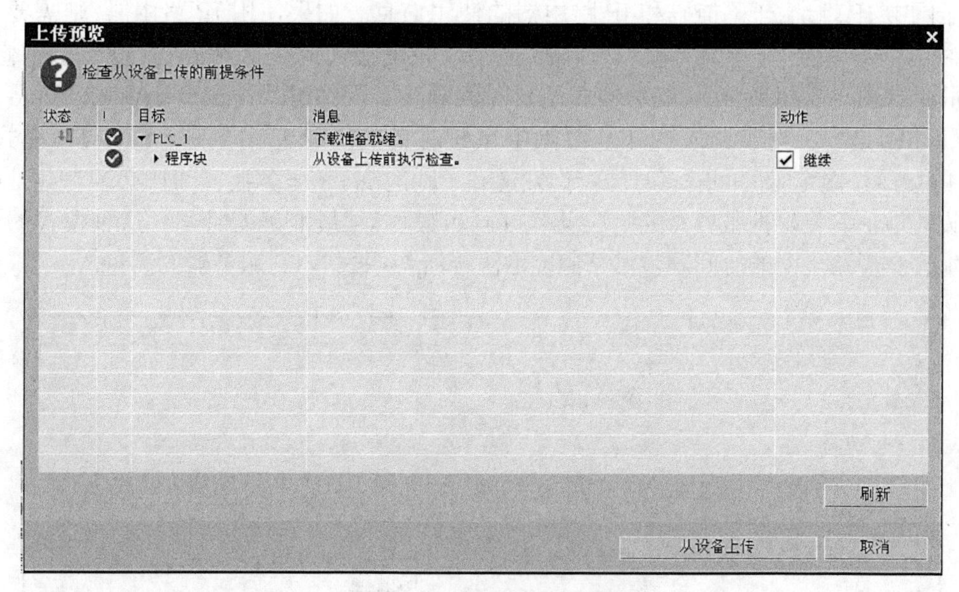

图 16　“上传预览”对话框

三、设备属性

在 S7－1200 的编程软件 STEP 7 Basic 中,可以对所有带参数的模块进行属性的查看和设置,可以根据需要对模块的默认属性进行修改。

CPU 的属性对系统行为有着决定性的意义。对 CPU,可以设置接口、输入输出、高速计数器、脉冲发生器、启动特性、日时钟、保护等级、系统位存储器和时钟存储器、循环时间以及通信负载等。

在项目视图中打开设备视图,选中 CPU,则在项目视图下方显示了所选对象的特性,如图 17 所示 CPU 的属性,常规项显示姓名信息和目录信息。

DEMOPLC
属性　信息　诊断
常规
常规
PROFINET 接口
DI14/DO10
AI2
高速计数器 (HSC)
脉冲发生器 (PTO/PWM)
启动
日时间
保护
系统和时钟存储器
循环时间
通信负载
I/O 地址总览
常规
项目信息
名称: DEMOPLC
注释:
作者: scp
插槽: 1
目录信息

图 17　CPU 属性对话框

“PROFINET”接口项如图 18 所示。“常规”项描述了所插入的 CPU 的常规信息,“以太网地址”项用于设置以太网接口是否联网。如果已在项目中创建了子网,则可在下拉列表中进行选择。如果未创建子网,则可使用“添加新子网”按钮创建新子网。“IP 协议”中提供了有关子网中 IP 地址、子网掩码和 IP 路由器的使用信息。如果使用 IP 路由器,则需要有关 IP 路由器的 IP 地址信息。“高级”项中描述了以太网接口的名称和端口注释,可以修改。“时间同步”项可以用来启用 NTP 模式的日时间同步。网络时间协议(Network Time Protocol,NTP)是用于同步局域网和全域网中系统时钟的一种通用机制。在 NTP 模式下,CPU 的接口按固定时间间隔将时间查询发送到子网的 NTP 服务器,同时,必须在此处的参数值设置地址。将根据服务器的响应计算并同步最可靠、最准确的时间。这种模式的优点是它能够实现跨子网的时间同步。精确度取决于所使用的 NTP 服务器的质量。

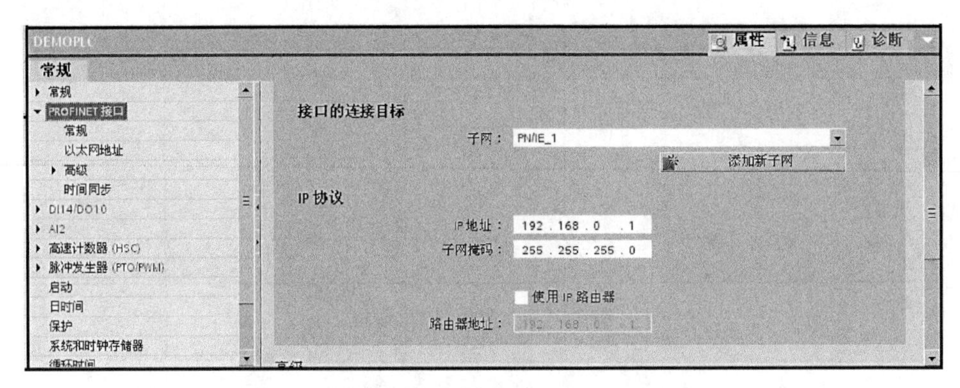

图 18　CPU 属性对话框“PROFINET 接口”项

“DI14/DO10”项分别描述了常规信息、数字量输入输出通道的设置及 IO 地址等,如图 19 所示。在数字量输入中,可为数字量输入设置输入延迟,可分组设置输入延迟;可为每个数字量输入启用上升沿和下降沿检测;可为该事件分配名称和硬件中断;根据 CPU 的不同,可激活各个输入的脉冲捕捉。在数字量输出项中,可为所有数字量输出设置 RUN 到 STOP 模式切换的响应;可以将状态冻结,相当于保留上一个值;也可以设置替换值(“0”或“1”)。IO 地址项可以查看和修改输入输出地址。

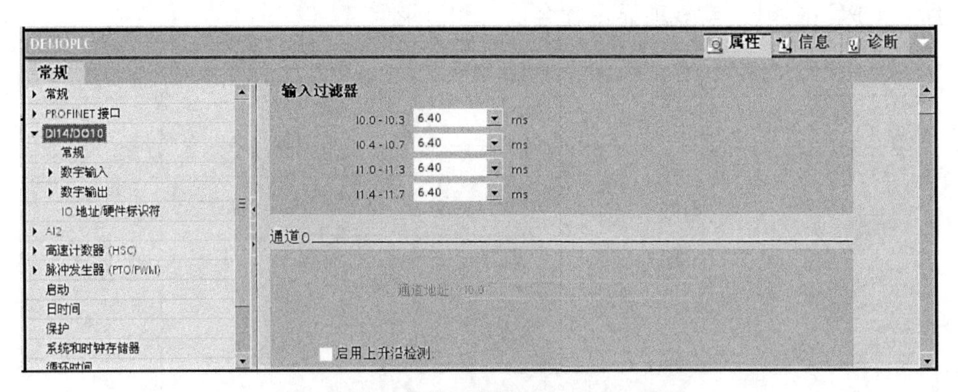

图 19　CPU 属性对话框“DI14/DO10”项

“AI2”项描述了常规信息,模拟量输入通道的设置及 IO 地址等,如图 20 所示。在“模拟量输入”项中,指定的积分时间会降低噪声时抑制指定频率大小的干扰频率。必须在通道组中指定通道地址、测量类型、电压范围、滤波和溢出诊断。CPU 自带的模拟量输入测量类型和电压范围被永久设置为“电压”和“0 到 10V”,无法更改。如果启用溢出诊断,则发生溢出时会生成诊断事件。

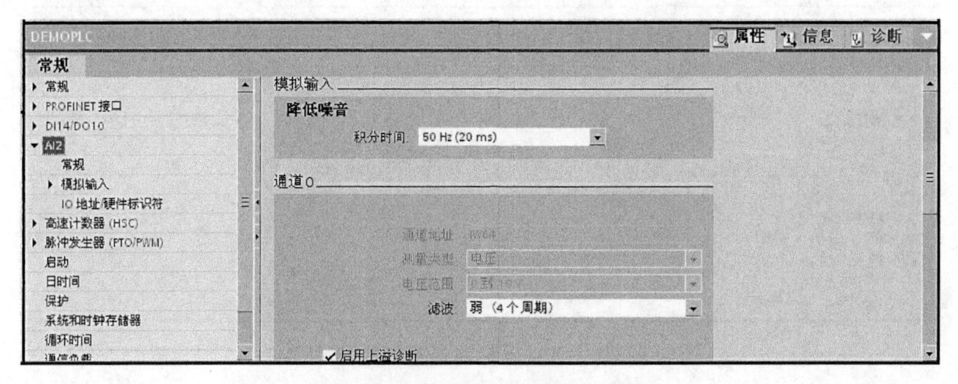

图 20　CPU 属性对话框“AI2”项

“启动”项用来设置启动类型，如图 21 所示。

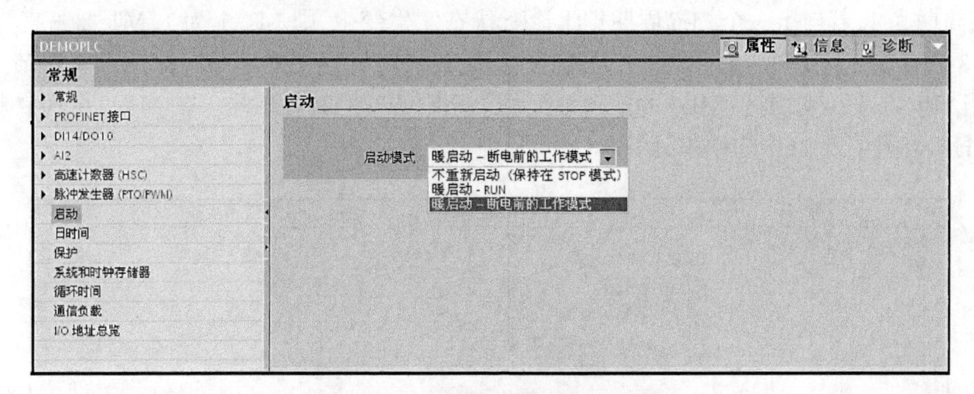

图 21　CPU 属性对话框“启动”项

“日时间”项用来设置 CPU 的运行时区以及夏令时/标准时间的切换等，如图 22 所示。

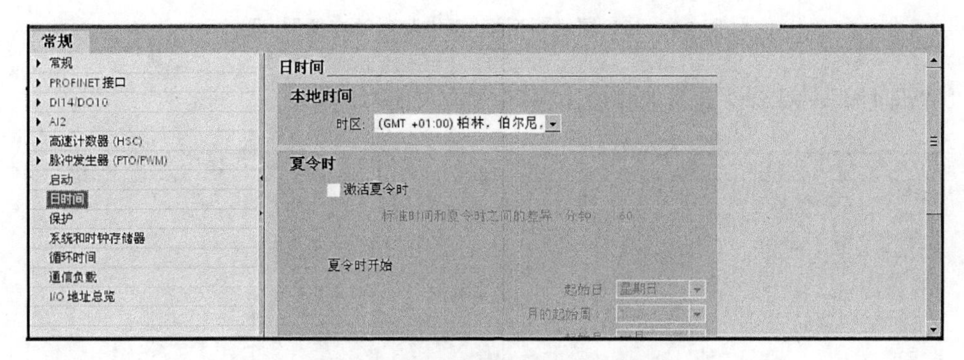

图 22　CPU 属性对话框“日时间”项

“保护”项用来设置读/写访问保护等级和密码，如图 23 所示。

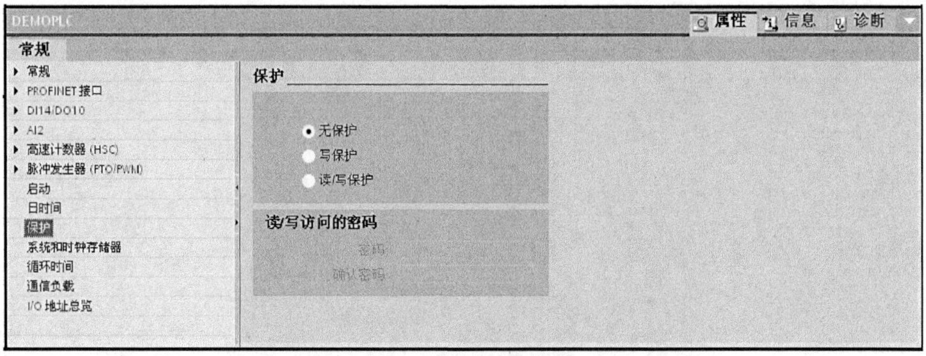

图 23　CPU 属性对话框“保护”项

“系统和时钟存储器”项用来设置系统存储器位和时钟存储器位，如图 24 所示。在“系统存储器位”下勾选“允许使用系统存储器字节”，采用默认字节地址 1，则 M1.0 表示第一个扫描周期为 1，若与上一个扫描周期相比诊断状态发生变化，则 M1.1 为 1，M1.2 一直为 1，M1.3 一直为 0。在“时钟存储器位”下勾选“允许使用时钟存储器字节”，采用默认字节地址 0，当然也可以修改，则在 MB0 的不同位提供了不同频率的时钟信号。如 M0.5 的时钟频率为 1Hz，当需要以 1Hz 的频率闪烁时，则可以利用 M0.5。

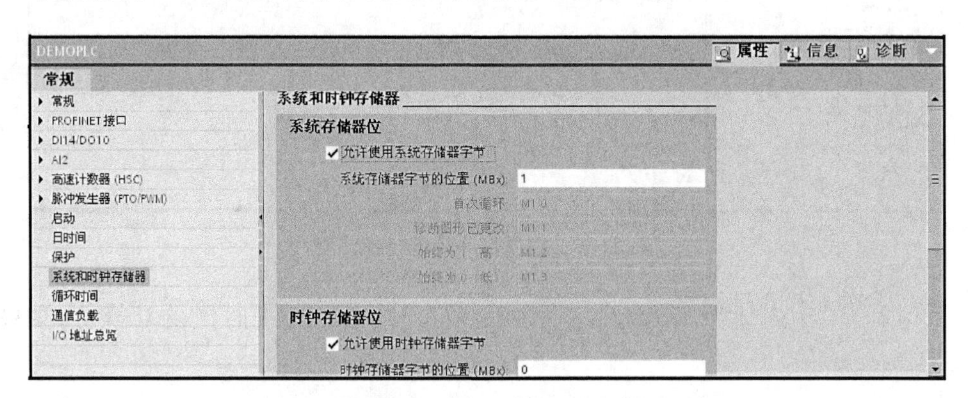

图 24　CPU 属性对话框“系统和时钟存储器”项

“循环时间”项可以设置最大和最小循环时间，如图 25 所示。

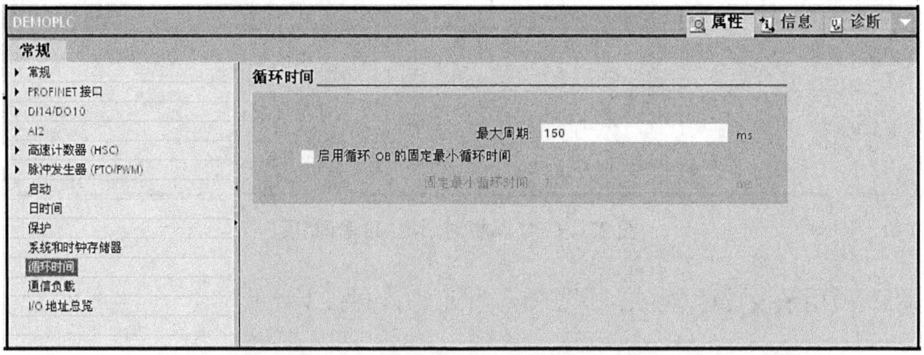

图 25　CPU 属性对话框“循环时间”项

“通信负载”项用于设置每个扫描周期中分配给通信的最大百分比表示的时间。I/O 地址概览以表格的形式表示集成输入/输出和插入模块使用的全部地址。

对于信号模块和通信模块，也可以通过类似的方法查看或修改其属性，在此不再赘述。

四、使用变量表

在 S7－1200PLC 的编程理念中，特别强调符号寻址的使用。默认情况下，在输入程序时，系统会自动为输入地址定义符号，建议在开始编写程序之前，为输入、输出、中间变量定义在程序中使用的符号名。

S7 PLC 中符号分为全局符号和局部符号。全局符号是在整个用户程序以站为单位的范围内有效的，在 PLC 变量表中定义；局部符号是仅仅在一个块中有效的符号，在块的变量声明区定义。输入全局符号时，系统自动为其添加“”(引号)；输入局部符号时，系统自动为其添加＃号。当全局符号和局部符号相同时，系统默认将其定义为局部符号，可以修改添加“”(引号)。

1. PLC 变量表

双击项目视图项目树 PLC 设备下的“PLC 变量”，可以打开 PLC 变量表编辑器，如图 26 所示。它包括两个选项卡：PLC 变量和常量。PLC 变量选项卡显示了关于 I、Q、M 不同数据类型的全局变量符号，常量选项卡显示分配了固定值的变量，使得用户可以在程序中用一个名称来代替静态值。

在变量选项卡对符号的定义步骤如下：单击名称列，输入变量符号名，如“启动按钮”，按回车键确认，在“数据类型”列选择数据类型如“Bool”型，在“地址”列输入地址如“I0.0”，按回车键确认，可以在“注释”列根据需要输入注释。同样，也可以在 PLC 变量编辑器中修改系统自动定义的变量名称。

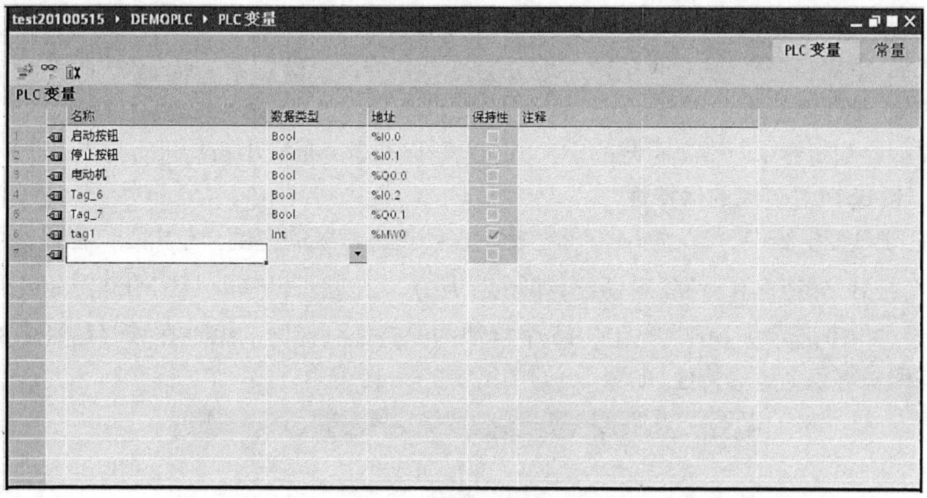

test20100515 ▸ DEMOPLC ▸ PLC变量

PLC变量　常量

PLC变量

	名称	数据类型	地址	保持性	注释
1	启动按钮	Bool	%I0.0	☐	
2	停止按钮	Bool	%I0.1	☐	
3	电动机	Bool	%Q0.0	☐	
4	Tag_6	Bool	%I0.2	☐	
5	Tag_7	Bool	%Q0.1	☐	
6	tag1	Int	%MW0	☑	
7				☐	

(a) 变量选项卡

test20100515 ▸ DEMOPLC ▸ PLC变量

PLC变量　常量

PLC变量

	名称	数据类型	值	注释
1	OB_Main	OB_PCYCLE	1	
2	PROFINET_接口[PN]	Hw_Interface	64	
3	HSC_1[HSC]	Hw_Hsc	1	
4	HSC_2[HSC]	Hw_Hsc	2	
5	HSC_3[HSC]	Hw_Hsc	3	
6	HSC_4[HSC]	Hw_Hsc	4	
7	HSC_5[HSC]	Hw_Hsc	5	
8	HSC_6[HSC]	Hw_Hsc	6	
9	AI2[AI]	Hw_SubModule	7	
10	DI14/DO10[DI/DO]	Hw_SubModule	8	
11	Pulse_1[PTO/PWM]	Hw_Pwm	9	
12	Pulse_2[PTO/PWM]	Hw_Pwm	10	
13	AI4_x_13_位/AO2_x_14_位_1[AI...	Hw_SubModule	11	
14	RS485_1[CM]	Port	12	
15	RS232_1[CM]	Port	13	

(b) 常量选项卡

图 26　PLC 变量表编辑器

注意：PLC 变量表每次输入后系统都会执行语法检查，并且找到的任何错误都将以红色显示，可以继续编辑以后进行所有更正。但是如果变量声明包含语法错误，将无法编译程序。

2. 在程序编辑器中使用和显示变量

由图 7 可以看出，默认情况下编辑程序时将自动显示地址的符号名称。另外，输入地址时可以点击输入域旁的按钮，打开"变量符号选择"对话框，选择期望的变量符号即可。

通过点击项目视图菜单"视图"→"显示"下的"自由格式的注释""地址信息"和"程序段注释"或者点击编辑区工具栏按钮"　""　"和"　"，可以分别设置是否启用自由格式的注释、程序指令的操作数显示符号还是地址或者都显示、程序注释是否显示等。

在程序编辑器中还可以定义和更改 PLC 变量。选中某一个指令操作数，通过单击鼠标右键选择"重命名变量"来修改该操作地址的符号名称，选择"重新连接变量"改变该操作变量对应的 PLC 地址。

在程序编辑器中对变量符号的定义、更改将在 PLC 变量表中自动进行更新。

3. 设置 PLC 变量的保持性

在 PLC 变量表中，可以为 M 存储器指定保持性存储区的宽度。单击工具栏保持型按钮"　"，打开"保持性存储器"对话框，如图 27 所示。在此可以修改"从 MB0 开始的存储器字节数"，如 10 表示从 MB0 开始的 10 个字节为保持性存储区。编址在该存储区中的所有变量随即被标识为有保持性，如图 26(a)中所示的 tag1 变量。

图 27　设置 PLC 变量的保持性

五、调试和诊断工具

STEP 7 Basic 提供了丰富的在线诊断和调试工具，方便项目的设计和调试，提高了效率。

1. 使用监视表格

程序状态监视和监视表格是 S7－1200PLC 重要的调试工具。

图 11 所示的“启用监视”即是在程序编辑器中对程序的状态进行监视。可以通过单击鼠标右键选择不同的“显示格式”来显示变量的值，单击鼠标右键，选择“修改”功能，对选中变量的数值进行修改，如选中 MW10，右键选择“修改”，输入修改值 20，格式选择“带符号十进制”，如图 28 所示，确定后可以看到其值被修改为 20。

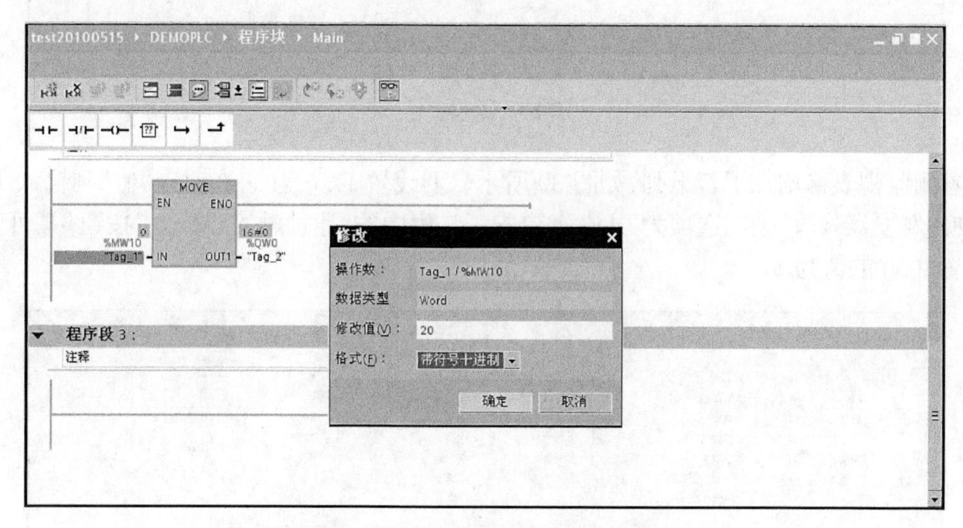

图 28　通过程序状态监视修改变量值

在项目视图的项目树 PLC 设备下，双击“添加新监视表格”，则自动建立并打开一个名为“监视表格_1”的监视表格，通过鼠标右键选择“重命名”将名称修改为“Test_Var”，在监视表格的地址列分别输入地址 I0.0、I0.1、Q0.0、MW10 和 QW0，如图 29 所示。单击监视表格的工具栏中的“全部监视”按钮，则在监视表格中显示所输入地址的监视值。单击“立即一次性监视所有值”按钮，则仅立即监视变量一次。

注意：需要根据情况选择变量地址的“显示格式”，例如 MW10 的显示格式为“带符号十进制”。

图 29 中，在 MW10 对应行后的修改值列输入 MW10 的修改值 10，单击工具栏按钮“立即一次性修改所有选定值”或者右键选择“修改”→“立即修改”，即可将 MW10 的值修改为 10。采用类似的方法修改 I0.0 为 1 时，可以看到无法修改，同样 QW0 的值也无法修改。这是因为结合 PLC 循环扫描工作原理分析，一次性修改 I0.0 的值时，其值又被外部输入所更新，而 QW0 的值无法修改的原因是一次性修改其值后，程序循环运行又对其进行了更新。这种情况下，可以通过触发器来进行修改。

点击监视表格工具栏中的“显示/隐藏高级设置列”按钮 使用触发器监视和修改，则

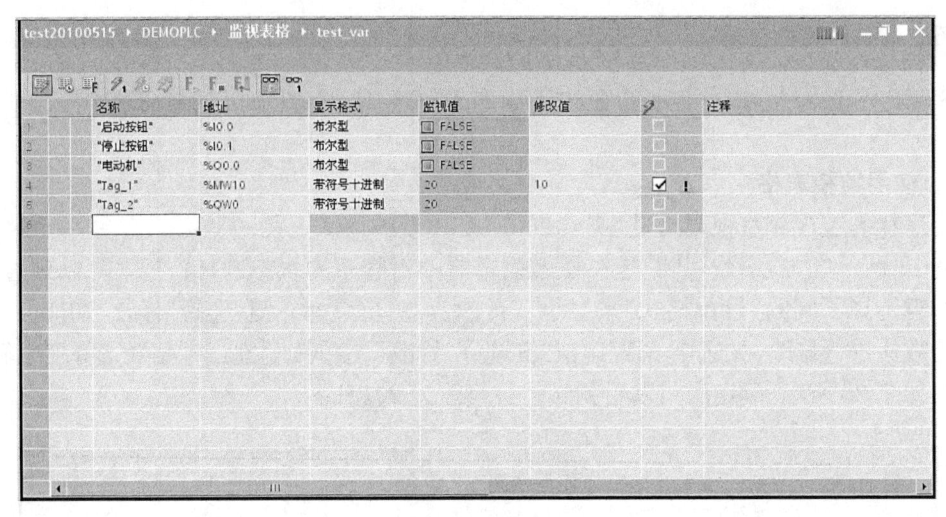

图 29 监视表格

可以看到监视表格增加了若干列,如图 30 所示。要设置 I0.0 为 1,在对应“值”列输入 1,设置“使用触发器修改”列的选项为“永久”,单击工具栏中的“通过触发器修改”按钮 可以永久设置 I0.0 的值为 1。

test20100515 ▸ DEMOPLC ▸ 监视表格 ▸ test_var

		名称	地址	显示格式	监视值	使用触发器监视	使用触发器修改	值		F	注释
1		"启动按...	%I0.0	布尔型	FALSE	永久	永久	TRUE	☑ !	☐	
2		"停止按...	%I0.1	布尔型	FALSE	永久	永久	TRUE	☑ !	☐	
3		"电动机"	%Q0.0	布尔型	FALSE	永久	永久		☐	☐	
4		"Tag_1"	%MW10	带符号十进制	10	永久	永久		☐	☐	
5		"Tag_2"	%QW0	带符号十进制	0	永久	永久		☐	☐	
6	F		%IB1:P	Hex	F 23	永久	永久	23	☐	☑	
7									☐	☐	

图 30 使用触发器修改

可以根据需要设置“使用触发器监视”或“使用触发器修改”的选项是“扫描周期开始永久”或“扫描周期结束永久”,“扫描周期开始仅一次”或“扫描周期结束仅一次”,“切换到 STOP 时永久”或“切换到 STOP 时仅一次”,如图 30 所示。

要在给定触发点修改 PLC 变量,选择扫描周期开始或结束的建议如下。

(1) 修改输出

触发修改输出事件的最佳时机是扫描周期结束且 CPU 马上要写入输出之前的时刻。

在扫描周期开始时监视输出的值以确定写入到物理输出中的值。此外,在 CPU 将值写入到物理输出前监视输出以检查程序逻辑并与实际 I/O 行为进行比较。

(2) 修改输入

触发修改输入事件的最佳时机是在周期开始、CPU 刚读取输入且用户程序要使用输入值之前的时间。

如果在扫描周期开始时修改输入,则还应在扫描周期结束时监视输入值,以确保扫描周期结束时的输入值自扫描周期开始起未改变。如果值不同,则用户程序可能会错误地写入到输入中。

图 30 中的“F”列用于强制功能,设置选择要强制的变量,注意只能对 P 型地址进行强制修改。

监视表格允许用户在 CPU 处于 STOP 模式时写入输出。“启用外部外设输出”功能允许在 CPU 处于 STOP 模式时改变输出,仅在 CPU 处于 STOP 模式时可用。如果任何输入或输出被强制,则处于 STOP 模式时不允许 CPU 启用输出,必须先取消强制功能。

注意:在设备配置期间将数字量 I/O 点的地址分配给高速计数器(HSC)、脉冲宽度调制(PWM)和脉冲串输出(PTO)设备之后,无法通过监视表格的强制功能修改所分配的 I/O 点的地址值。

2. 显示 CPU 中的诊断事件

诊断缓冲区是 CPU 系统存储器的一部分。诊断缓冲区包含由 CPU 或具有诊断功能的模块所检测到的事件和错误等。诊断缓冲区中记录以下事件:CPU 的每次模式切换,如上电、切换到 STOP 模式、切换到 RUN 模式等,以及每次诊断中断。

诊断缓冲区是环形缓冲区。S7－1200PLC 可保存最多 50 个条目。最上面的条目包含最新发生的事件。当诊断缓冲区已满而又需要创建新条目时,系统自动删除最旧的条目,并在当前空闲的顶部位置创建新条目,即先进先出的原则。

诊断缓冲区有以下优点:

(1) 在 CPU 切换到 STOP 模式后,可以评估在切换到 STOP 模式之前发生的最后几个事件,从而可以查找并确定导致进入 STOP 模式的原因。

(2) 可以更快地检测并排除出现错误的原因,从而提高系统的可用性。

(3) 可以评估和优化动态系统响应。

在项目视图的项目树中,双击 PLC 设备下的“在线和诊断”,打开“在线终端”对话框,单击工具栏中的“转到在线”按钮,转为在线连接状态。单击“诊断缓冲区”项,查看诊断缓冲区内容。诊断缓冲区条目由以下部分组成:编号、日期和时间以及事件等,如图 31 所示。事件 1

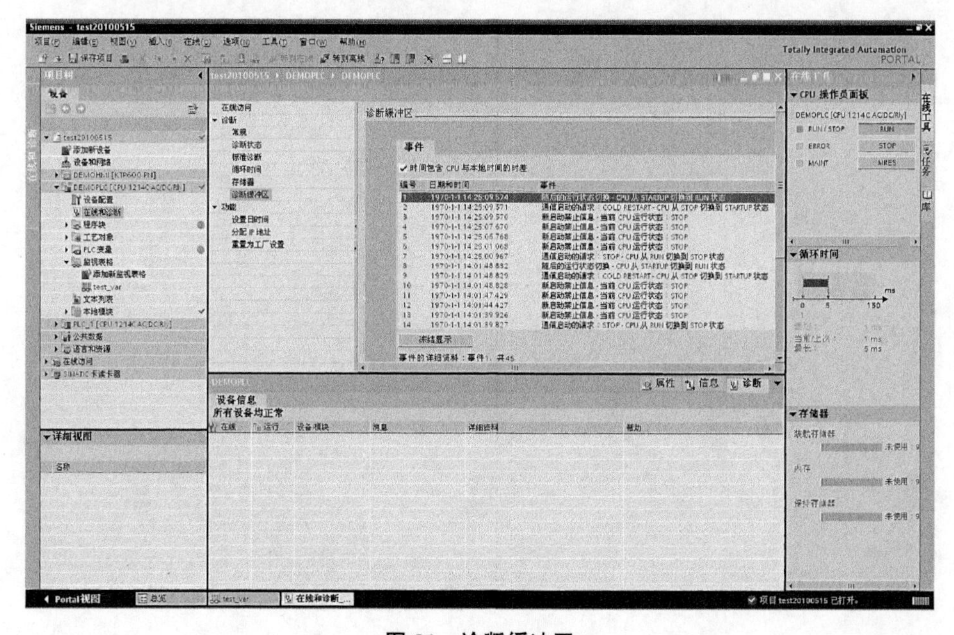

图 31　诊断缓冲区

记录了最近时刻的事件，依次查看各个事件，综合这些事件信息对 CPU 停机的原因进行分析判断。需要注意的是，某个错误可能导致多个记录的事件，故障分析时注意相近时刻内的事件要结合分析。另外，选中某一个提示事件时，可以单击“打开块”按钮，则直接可以打开出错的块。

连接到在线 CPU 后，可以查看系统循环时间和存储器使用情况，如图 31 右侧所示。

参 考 文 献

[1] 刘华波,刘丹,赵岩岭,等.西门子 S7-1200PLC 编程与应用,北京:机械工业出版社,2011.
[2] 廖常初.S7-1200PLC 编程及应用.2 版.北京:机械工业出版社,2015.
[3] 陈建明.电气控制与 PLC 应用.北京:电子工业出版社,2006.
[4] 郭丙君,黄旭峰.深入浅出 PLC 技术及应用设计.北京:中国电力出版社,2008.
[5] 何文雪,刘华波,吴贺荣.PLC 编程与应用.北京:机械工业出版社,2010.
[6] 西门子(中国)有限公司自动化与驱动集团.SIMATIC S7-1200 可编程控制器系统手册,2009.